高等学校教材

无机化学实验

WUJI HUAXUE SHIYAN

魏小兰　主编
邓远富　展树中　副主编

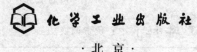

·北京·

内容简介

《无机化学实验》是编者在多年无机化学实验教学改革的基础上编写而成的,全书对无机化学实验的要求和基础知识加以介绍,同时收编了43个实验,包括:基本操作实验、基本化学原理实验、重要元素及其化合物性质实验、综合性实验、设计性及研究性实验。针对无机化学实验通常面向大学一年级学生开设的实际情况,以及适应大类招生导致无机化学实验后移到其他年级的新形势,本书加强对学生基本实验技能训练的同时,通过综合性实验、设计性及研究性实验,进一步提高学生的综合分析问题、解决问题的能力。本书配有数字资源,在安排上具有一定的灵活性,可根据具体的学时和教学要求进行选择。

《无机化学实验》可作为高等学校化学、化工、材料、轻工、食品、环境、生物工程等专业的无机化学实验教材,也可供从事化学实验室工作或化学研究工作的人员参考。

图书在版编目(CIP)数据

无机化学实验/魏小兰主编. —北京:化学工业出版社,2020.11
ISBN 978-7-122-37541-4

Ⅰ.①无⋯ Ⅱ.①魏⋯ Ⅲ.①无机化学-化学实验-高等学校-教材 Ⅳ.①O61-33

中国版本图书馆CIP数据核字(2020)第149699号

责任编辑:杜进祥 马泽林　　　　　　装帧设计:韩　飞
责任校对:张雨彤

出版发行:化学工业出版社(北京市东城区青年湖南街13号　邮政编码100011)
印　　刷:三河市航远印刷有限公司
装　　订:三河市宇新装订厂
787mm×1092mm　1/16　印张14¼　字数375千字　2021年1月北京第1版第1次印刷

购书咨询:010-64518888　　　　　　　　售后服务:010-64518899
网　　址:http://www.cip.com.cn
凡购买本书,如有缺损质量问题,本社销售中心负责调换。

定　价:38.00元　　　　　　　　　　　　　　　　　　　版权所有　违者必究

前 言

《无机化学实验》是编者经过多年无机化学实验教学实践,并在对以往使用的教材进行适当修改、补充和完善的基础上编写而成,其主要内容如下。

(1) 无机化学实验基础知识和基本操作、常用测量仪器的使用及实验结果的表示与处理等内容的介绍。

(2) 基本操作实验。着重对学生进行简单玻璃加工、称量、试剂取用、溶液配制、滴定、固体溶解、固液分离、蒸发、结晶等基本实验技能的训练。

(3) 基本化学原理实验。旨在通过实验加深学生对无机化学基本理论(包括化学热力学、化学动力学及酸碱平衡、沉淀溶解平衡、氧化还原平衡、配位平衡等)的理解、掌握和运用。

(4) 重要元素及其化合物性质实验。对非金属、s 区和 p 区金属(即主族金属)以及过渡金属主要化合物的性质和变化规律进行学习、巩固和验证。

(5) 综合性实验。注重理论与实际的结合,将无机化学理论和化学实验的基本原理和操作技术与其他化学分支的理论与实验技术在实验内容上加以融合并综合应用。

(6) 设计性及研究性实验。以无机材料为载体,注重科研方法的训练和科学思维的培养。

全书共收编 43 个实验,具有以下几方面的特色。

(1) 加强基础知识、基本操作和基本技能的训练,为学生进一步学习打下坚实的基础。

(2) 实验内容由浅入深,由基础—综合—设计—研究,循序渐进,符合学生的认知规律。

(3) 教材中增加与无机化学相关的安全教育内容,培养学生的安全意识。

(4) 增设数字资源,可扫描二维码观看,以完善大类招生形势下教材的适应性。

(5) 对一些经典的实验进行适当改造。例如,将传统"三草酸配铁(Ⅲ)酸钾的制备"改造成集制备、性质和组成测定为一体的综合性实验。学生需对其产物进行结晶水、中心离子、配体含量和配离子电荷测定,对配合物内、外界反应差异与光化学特性进行实验。既有效利用现有实验室条件,又使学生的综合实践能力得到强化,经过十年的教学实践,得到良好的效果。

(6) 利用本教研室的科研项目,新编了相关研究性实验,包括:"邻菲罗啉铜(Ⅱ)的制备及其化学核酸酶活性研究""偏钨酸盐基可逆光致变色材料的制备与性能研究""氮掺杂多孔碳材料的合成、表征及其比电容的测定""质子导体陶瓷材料的制备及其在纯化氢气中的应用""有序介孔氧化硅 KIT-6 负载氧化铜催化剂的合成、表征及其催化苯乙烯环氧化反应的研究"等，有些可作为开放实验，使学生感受到无机化合物在生物、能源、材料等领域的应用，并学习相关的科学研究方法，有助于其科学思维和创新能力的培养。在内容编写中，增加了"研究任务分配"环节，指导学生通过分工协作，在规定的教学时空内完成研究任务，再通过整合彼此数据形成研究报告，以此培养学生的团队协作精神。

本教材由魏小兰担任主编，负责全书的策划、编排、审定和统稿，邓远富与展树中担任副主编，李朴负责前7章的定稿。参与编写工作的有魏小兰（实验5、6、13、19、22~24、26、31、32、34、36、37、附录1~14），邹智毅（实验3、8、11、12、16~18、20、21、27），李朴（绪论，第1~3章，实验2、4、15、33），李白滔（实验9、10、14、43），邓远富（实验28、35、39），展树中（实验25、29、30），薛健（实验40、42），黄莺（实验1、7），刘海洋（实验41），王湘利（实验38）。魏小兰完成元素性质的视频制作，王湘利完成其他补充资料的整理，徐立宏为"无机化学实验常用仪器"中各种仪器提供英文翻译，章浩、柳松、林亦晖、曾祥德及华南理工大学化学与化工学院无机化学教研室的同仁为本书编写提供了大量的帮助，在此谨向他们致以诚挚的谢意。

本书编写时也参考了兄弟院校的教材及互联网上的相关内容，在此对有关作者表示衷心的感谢。

由于笔者水平有限，书中难免有疏漏之处，敬请同行和读者批评指正。

编　者
2020年5月

目 录

绪论 — 1

0.1 无机化学实验的目的 — 1
0.2 无机化学实验的学习方法 — 1
0.3 化学实验室规则 — 3
0.4 安全守则和意外事故的处理 — 4
0.5 实验室"三废"的处理 — 5

第1章 基础知识与基本操作 — 6

1.1 化学实验常用仪器 — 6
1.2 试剂的取用 — 12
1.3 加热方法及操作 — 14
1.4 溶解、蒸发和结晶 — 17
1.5 固、液分离及沉淀的洗涤 — 17
1.6 试纸的使用 — 20
1.7 干燥剂及干燥器的使用 — 20
1.8 气体的制备、净化和干燥、收集及气体钢瓶的安全使用 — 22

第2章 常用测量仪器的使用 — 26

2.1 称量仪器 — 26
2.2 酸度计 — 28
2.3 分光光度计 — 31
2.4 电导率仪 — 33

第3章 实验结果的表示与处理 — 37

3.1 有效数字 — 37
3.2 误差 — 38

3.3　实验数据的处理 -- 40

第 4 章　基本操作实验　　43

实验 1　简单玻璃加工操作 -- 43
实验 2　分析天平的使用 -- 46
实验 3　二氧化碳分子量的测定 ------------------------------------ 48
实验 4　摩尔气体常数的测定 -------------------------------------- 50
实验 5　溶液的配制 -- 52
实验 6　酸碱滴定 -- 57
实验 7　氯化钠的提纯 -- 62
实验 8　硫酸亚铁铵的制备 -- 65

第 5 章　基本化学原理实验　　68

实验 9　化学反应焓变的测定 -------------------------------------- 68
实验 10　化学反应速率、反应级数与活化能的测定 ------------------- 71
实验 11　电离平衡和沉淀反应 ------------------------------------- 75
实验 12　氧化还原反应及电化学 ----------------------------------- 78
实验 13　醋酸电离度和电离常数的测定 ----------------------------- 82
实验 14　电势法测定反应的平衡常数 ------------------------------- 84
实验 15　配位化合物 --- 86

第 6 章　重要元素及化合物性质实验　　89

实验 16　卤素 --- 89
实验 17　氧、硫 --- 92
实验 18　氮、磷 --- 97
实验 19　碳、硅、硼、铝 --- 100
实验 20　锡、铅、锑、铋 --- 103
实验 21　碱金属和碱土金属 --------------------------------------- 106
实验 22　铬、锰 --- 109
实验 23　铁、钴、镍 --- 112
实验 24　铜、银、锌、镉、汞 ------------------------------------- 115

第 7 章　综合性实验　　120

实验 25　不同形貌 CdS 的制备与性质 ------------------------------ 120

实验 26　纳米 TiO_2 的制备和表征 ······ 122
实验 27　三草酸合铁（Ⅲ）酸钾的制备、性质及组成测定 ······ 124
实验 28　柠檬酸钙配合物的合成、表征及柠檬酸根离子极限摩尔电导率的测定 ······ 129
实验 29　溶剂萃取法处理电镀厂含铬废水 ······ 133
实验 30　氰桥配合物 $K[(NC)_5Fe^{Ⅲ}\text{-}\mu\text{-}CN\text{-}Cu^{Ⅱ}(en)_2]$ 的合成与表征 ······ 135
实验 31　由锌焙砂制备硫酸锌及其产品质量分析 ······ 138

第 8 章　设计性及研究性实验　143

实验 32　磺基水杨酸铁（Ⅲ）配合物的组成和稳定常数的测定 ······ 143
实验 33　硫酸铜的提纯和产品分析 ······ 147
实验 34　混合离子的分离和鉴定 ······ 150
实验 35　针状水合草酸配铜（Ⅱ）酸钾的控制合成及其组成的测定 ······ 156
实验 36　阳极氧化法制备 Al_2O_3 有序纳米孔阵列 ······ 160
实验 37　偏钨酸盐基可逆光致变色材料的制备与性能研究 ······ 162
实验 38　邻菲罗啉铜（Ⅱ）的制备及其化学核酸酶活性研究 ······ 166
实验 39　氮掺杂多孔碳材料的合成、表征及其比电容的测定 ······ 172
实验 40　质子导体陶瓷材料的制备及其在纯化氢气中的应用 ······ 178
实验 41　四乙氧羰基卟啉（TECP）及其锌配合物（ZnTECP）的合成及纯化 ······ 183
实验 42　无机氧离子导体陶瓷材料在分离氧气及天然气高效利用转化中的应用 ······ 188
实验 43　有序介孔氧化硅 KIT-6 负载氧化铜催化剂的合成、表征及其催化苯乙烯环氧化反应的研究 ······ 193

附录　198

附录 1　常用元素的原子量 ······ 198
附录 2　常用酸、碱溶液的近似浓度 ······ 199
附录 3　我国化学试剂的等级 ······ 199
附录 4　几种常用酸碱指示剂 ······ 199
附录 5　不同温度下水的蒸气压 ······ 200
附录 6　一些弱电解质的电离常数（298K） ······ 200
附录 7　难溶电解质的溶度积（291~298K） ······ 201
附录 8　一些配离子的不稳定常数（298K） ······ 202
附录 9　标准电极电势（298.15K） ······ 203
附录 10　常见离子和化合物的颜色 ······ 207

附录 11　常见阳离子的鉴定方法 …………………………………… 208
附录 12　常见阴离子的鉴定方法 …………………………………… 212
附录 13　无机化学实验室常见安全标志 …………………………… 213
附录 14　《危险化学品目录（2015）》（常见无机物部分） ……… 214

参考文献　217

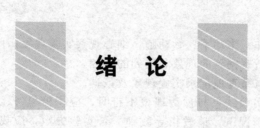

绪 论

0.1 无机化学实验的目的

实验是化学研究的基础,它除了对化学理论进行验证,还通过解决实验中发现的新现象、新问题,不断充实化学理论,促进化学理论的发展。对于化学化工类专业的学生来说,无机化学实验是所有化学课程中最基础的课程之一,它和无机化学理论课程一起为后续的化学基础课及专业课,甚至以后的实际工作和科学研究奠定坚实的基础。因此,开设无机化学实验课程的目的包括:

(1) 使学生亲自动手做实验,通过对实验现象的观察和分析,获得直观感性知识,加深对化学元素及其化合物性质的认识和掌握,进一步理解物质性质和物质结构的关系、化学热力学和化学动力学原理,以及酸碱平衡、沉淀溶解平衡、氧化还原平衡和配位平衡对化学反应的影响。

(2) 通过系统学习、实践,正确地掌握化学实验的基本操作技术和技能,掌握重要化合物的一般制备、分离及检验的方法,了解某些基本常数的测定原理和方法。了解实验方法和实验条件的选择和确定原则。学习常规仪器的使用,获得准确的实验数据,并学会科学整理、分析和归纳实验结果。

(3) 通过科学、规范的实验操作,培养学生认真、严谨的工作作风;通过对实验现象的细致观察,实验数据的准确记录,培养学生实事求是的科学态度;通过对实验结果的分析、处理,以及对一些实际问题(如异常现象、疑难问题、实验失败等)的解决,培养学生发现问题,独立思考、独立分析和解决问题的能力;通过综合性、研究性、设计性实验的训练,培养学生独立获取知识、运用知识解决问题的综合能力。

0.2 无机化学实验的学习方法

要学好无机化学实验应有正确的学习方法,包括预习时、实验时和实验报告。

0.2.1 预习

(1) 认真阅读实验教材和参考资料中的有关内容,并利用网络获取与实验相关的拓展信息。

(2) 明确实验目的及有关的实验原理，了解实验内容、操作要点和注意事项，合理安排实验方案。

(3) 简明扼要地撰写预习报告，准备实验现象或数据记录的表格。

0.2.2 实验

(1) 认真正确地操作，多动手、勤动脑，细心观察实验现象，用已学过的知识判断、理解、分析和解决实验中所观察到的现象和遇到的问题。

(2) 及时、如实并有条理地记录实验现象及数据。

(3) 遇到问题，或实验结果与预测现象不符时，应积极思考、查找原因，力争自己解决，在自己难以解决的情况下，请教指导教师。若实验失败，应找出原因，经指导教师同意，可重做。

(4) 在实验过程中保持肃静，严格遵守实验课的纪律。

(5) 严格遵守实验室的各项规章制度，安全第一，注意节约水电、药品和器材，爱护实验室各项仪器和设备。

0.2.3 实验报告

实验报告的内容包括：
(1) 实验目的。
(2) 实验原理。
(3) 实验内容或步骤，可用简图、表格、化学式或符号表示。
(4) 实验现象或数据记录。
(5) 解释、结论，数据处理或计算、讨论。性质实验要写出反应方程式；制备实验应计算产率；测定实验应进行数据处理并将结果与理论值相比较，并分析产生误差的原因。

下面列举三种不同类型的实验报告格式供参考。

---

① 无机化学制备实验报告

实验名称：＿＿＿学院＿＿＿＿＿专业＿＿＿＿＿班 姓名＿＿＿＿＿＿日期＿＿＿＿＿＿

实验目的：＿＿

实验原理（简述）：＿＿＿＿＿＿＿＿＿＿＿＿＿＿＿＿＿＿＿＿＿＿＿＿＿＿＿＿＿＿＿＿＿＿＿＿

简要实验步骤（可用框图）：＿＿＿＿＿＿＿＿＿＿＿＿＿＿＿＿＿＿＿＿＿＿＿＿＿＿＿＿＿＿＿＿

实验现象：＿＿＿

实验结果：
　　产品外观＿＿＿＿＿＿＿＿＿＿＿＿＿＿＿＿＿＿＿＿＿＿＿＿＿＿＿＿＿＿＿＿＿＿
　　产量＿＿＿＿＿＿＿＿＿＿＿＿＿＿＿＿＿＿＿＿＿＿＿＿＿＿＿＿＿＿＿＿＿＿＿＿
　　产率＿＿＿＿＿＿＿＿＿＿＿＿＿＿＿＿＿＿＿＿＿＿＿＿＿＿＿＿＿＿＿＿＿＿＿＿

问题和讨论：＿＿＿＿＿＿＿＿＿＿＿＿＿＿＿＿＿＿＿＿＿＿＿＿＿＿＿＿＿＿＿＿＿＿＿＿＿＿＿

② 无机化学常数测定实验报告

实验名称：_____
_____学院_____专业_____班 姓名_____日期_____
实验目的：_____
_____

实验原理（简述）：_____
_____

数据记录和结果处理（可用表格）：_____
_____

问题和讨论（分析造成误差的主要原因等）：_____
_____

③ 元素及其化合物性质实验报告

实验名称：_____
_____学院_____专业_____班 姓名_____日期_____
实验目的：_____
_____

实验内容	实验现象	解释和反应方程式
一、		
1.		
…		
结论：		
二、		
1.		
…		
结论：		
三、		
1.		
…		
结论：		
讨论或小结：		

0.3 化学实验室规则

（1）实验前应认真预习，明确实验目的，了解实验内容及注意事项，写出预习报告。

（2）做好实验前的准备工作，清点仪器，如发现缺损，应报告指导教师，按规定流程向实验准备室补领。实验时仪器如有损坏，亦应按规定向实验准备室换领，并按规定进行适当赔偿。未经指导教师同意，不得随意拿其他位置上的仪器。

（3）实验时保持肃静，集中思想，认真操作，仔细观察现象，如实记录，积极思考问题。

（4）保持实验室和台面清洁整齐，火柴梗、废纸屑、废液、废金属屑应倒在指定的地方，不能随手乱扔，更不能倒在水槽中，以免水槽或下水道堵塞、腐蚀或发生意外。

（5）爱护国家财物，小心正确地使用仪器和设备，注意安全，节约水、电和药品。使用精密仪器时，必须严格按照操作规程进行，如发现故障，立即停止使用，并及时报告指导教师。实验药品应按规定取用，取用药品后，应立即盖上瓶塞，以免弄错，污染药品。放在指定地方的药品不得擅自拿走。自瓶中取出的药品不能再倒回原瓶中。

（6）实验完毕将玻璃仪器清洗干净，放回原处整理好桌面，经指导教师批准后方可离开。

（7）每次实验后由学生轮流值日，负责整理公用药品、仪器，打扫实验室卫生，清理实验后废物；检查水、电、煤气开关是否已关闭，关好门窗。

（8）实验室内的一切物品（包括仪器、药品、产物等）不得带离实验室。

0.4 安全守则和意外事故的处理

0.4.1 安全守则

（1）熟悉实验室环境，了解电源、煤气总阀，急救箱和消防用品的位置及使用方法。

（2）易燃、易爆物品操作时应远离火源。严禁用火焰或电炉等明火直接加热易燃液体。

（3）注意酒精灯及酒精喷灯的使用安全。酒精灯内的酒精不能超过其容量的2/3。灯内酒精不足1/4时，应熄火后添加酒精。燃烧着的酒精灯焰需用灯盖熄灭，不可用嘴吹灭，以防引燃灯内酒精。不同结构的酒精喷灯使用，应严格按照使用说明书操作。

（4）能产生刺激性、有毒和有恶臭气味物质的实验，应在通风橱内或通风罩口处进行。

（5）严禁用手直接接触化学药品。使用具有强腐蚀性的试剂，如强酸、强碱、强氧化剂等，应特别小心，防止溅在衣服、皮肤尤其是眼睛上。稀释浓硫酸时，应在不断搅动下，将浓硫酸慢慢注入水中，切勿将水倒入浓硫酸中，以免因局部过热使浓硫酸溅出，引起灼伤。溶解氢氧化钠、氢氧化钾等强碱性物质，由于过程放热，应选择在耐热的容器中进行。

（6）嗅瓶中气味时，鼻子不能直接对着瓶口，应用手把少量气体轻轻地扇向自己的鼻孔。

（7）加热试管时，不能将管口对着自己或他人。不要俯视正在加热的液体，以防被意外溅出的热液体灼伤。

（8）严禁做未经指导教师允许的实验，或任意将药品混合，以免发生意外。

（9）不用湿手去触碰电源。水、电、钢瓶装气体用完后应立即将开关关闭。

（10）严禁在实验室内饮水、进食、吸烟。实验用品严禁入口。实验结束后，须将手洗净。

0.4.2 意外事故的处理

（1）割伤 伤处不能用水洗，应立即用药棉擦净伤口（若伤口内有玻璃碎片，应先挑出），涂上甲紫（即紫药水，或红药水、碘酒，但红药水和碘酒不能同时使用），再用止血贴或纱布包扎，如果伤口较大，应立即去医院医治。

（2）烫伤 可用1%高锰酸钾溶液擦洗伤处，然后涂上医用凡士林或烫伤膏。

（3）化学灼伤 酸灼伤时，应立即用大量水冲洗，然后用3%～5%碳酸氢钠溶液（或稀氨水、肥皂水）冲洗、再用水冲洗，最后涂上医用凡士林。碱灼伤时，应立即用大量的水冲洗，再依次用2%醋酸溶液（或3%硼酸溶液）冲洗、水冲洗，最后涂上医用凡士林。

（4）不慎吸入刺激性或有毒气体，如氯、氯化氢，可立即吸入少量酒精和乙醚的混合气体，若吸入硫化氢气体而感到头晕等不适时，应立即到室外呼吸新鲜空气。

（5）触电 立即切断电源，必要时进行人工呼吸。

(6) 起火　熄灭火源，停止加热。小火可用湿布或砂土覆盖燃烧物，火势较大时用泡沫灭火器。油类、有机物的燃烧，切忌用水灭火。电器设备着火，应首先关闭电源，再用防火布、砂土、干粉等灭火。不能用水和泡沫灭火器，以免触电。实验人员衣服着火时，不可慌张跑动，否则会加强气流流动使燃烧加剧，应尽快脱下衣服，或在地面打滚或跳入水池。

0.5 实验室"三废"的处理

实验室排放的"三废"为废气、废液、废渣。为防止污染环境，保障实验人员的健康安全，一方面应节约使用化学药品，从源头减少污染物的产生，另一方面应将"三废"进行适当的处理。

0.5.1 化学实验室废气的处理

化学实验室常见的废气有 Cl_2、HCl、H_2S、NH_3、SO_2、NO_x、酸雾和一些如 CCl_4、乙醚、戊醇、甲醇、苯等有机物质的蒸气。处理方法如下。

(1) 溶液吸收法　用适当的液体吸收处理气体废弃物。如用酸性液体吸收碱性气体，用碱性液体吸收酸性气体。此外还可用水、有机溶液作为吸收剂吸收废气。

(2) 固体吸附法　用固体吸附剂吸收废气，使气体吸附在固体表面而被分离。常用的固体吸附剂有活性炭、硅胶、分子筛、活性氧化铝等。

除此之外，还有用氧化、分解等方法对废气进行处理。

0.5.2 化学实验室废液的处理

(1) 废酸液　用塑料桶收集后以过量的碳酸钠或石灰乳溶液中和，或用废碱液中和，然后用大量的水冲稀，清除废渣后排放。

(2) 废碱液　用废酸液中和，然后用大量的水冲稀，清除废渣后排放。

(3) 含砷、锑、铋、汞和重金属离子的废液　加碱或硫化钠使之转化为难溶的氢氧化物或硫化物沉淀，过滤分离，清液处理后排放，残渣若无回收价值，则以废渣的形式送固废处理中心深埋处理。

(4) 含氟废液　加入石灰使其生成氟化钙沉淀，以废渣的形式处理。

(5) 含氰废液　切勿将含氰废液倒入酸性液体中，因氰化物遇酸产生剧毒的氰化氢气体，危害人员的生命安全。正确的处理方法是，先用氢氧化钠调节 pH>10，再加过量的 3%$KMnO_4$ 溶液，使 CN^- 被氧化分解。若 CN^- 含量较高，可加入次氯酸钠或漂白粉使 CN^- 氧化成氰酸盐，并进一步分解为 CO_2 和 N_2。另外，氰化物在碱性介质中与亚铁盐作用可生成亚铁氰酸盐而被破坏。

在有化学废液处理企业的地区，也可将分类收集的废液送往企业进行专业处理。

0.5.3 化学实验室废渣的处理

化学实验室产生的废渣通常集中到一定量后，分类送往固废处理中心采用掩埋的方法进行处理。

第1章 基础知识与基本操作

1.1 化学实验常用仪器

化学实验常用仪器、种类和规格、用途及注意事项见表1-1。

表1-1 化学实验常用仪器、种类和规格、用途及注意事项

仪 器	种类和规格	用 途	注意事项
试管 test tube　　离心试管 centrifuge tube	玻璃质。分硬质和软质。有普通试管和离心试管。普通试管有翻口、平口;有刻度、无刻度;具塞、无塞等。离心试管也分有刻度、无刻度;具塞、无塞。有刻度的试管和离心试管的规格以容量表示。无刻度试管的规格以管口外径(mm)×管长(mm)表示	在常温或加热时作少量试剂的反应,便于观察和操作。可收集少量气体。离心试管主要用于沉淀分离	普通试管可直接用火加热。硬质试管可加热至高温。加热时应使用试管夹夹持。加热时注意增大受热面积,防止暴沸或受热不均匀使试管破裂。加热后不能骤冷。离心试管只能在水浴中加热
试管架 test tube rack	有木、铝和塑料等不同质地。有不同大小、形状的各种规格	放置试管	避免骤冷或架上湿水使试管破裂。避免腐蚀试管架
试管夹 test tube holder	有木质、塑料质和金属质。有不同形状	加热试管时,夹持试管	防止烧毁或锈蚀

续表

仪 器	种类和规格	用 途	注意事项
烧杯 beaker	玻璃质。以容积大小表示。分为有刻度和无刻度。外形有一般型和高型	用作反应量较多时的反应容器,反应物易混合。也用作配制溶液时的容器和简易水浴的盛水器	所盛反应液体不能超过烧杯容积的2/3,防止搅拌时液体溅出或沸腾时液体溢出。加热前擦干烧杯的外壁,加热时应放在石棉网上,使受热均匀
表面皿 watch glass	玻璃质。规格以口径(mm)表示	盖在烧杯上,防止液体进溅或作其他用途	不能直接用火加热
量筒 graduated cylinder 量杯 measuring cup	玻璃质。规格以刻度所标识的最大容积(mL)表示	用于量取一定体积的液体	不能加热,不能量取热的液体。不能用作反应容器。不能在其中配制溶液。操作时应沿内壁加入或倒出液体
容量瓶 volumetric flask	玻璃质。规格以刻度所标的容积标度表示	用于配制准确浓度的标准溶液	不能加热。不能盛装热的液体。瓶与磨口塞应配套使用,不能与其他瓶塞互换
锥形瓶 Erlenmeyer flask	玻璃质。规格以容积表示	反应容器,振荡方便,适用于滴定操作	加热时应放在石棉网上,使受热均匀
碘量瓶 iodine flask	玻璃质。规格以容积表示	反应容器。适用于易挥发物质的滴定操作,可水封	加热时应放在石棉网上,使受热均匀

续表

仪 器	种类和规格	用 途	注意事项
称量瓶 weighing bottle	玻璃质。分高型和矮型。规格以外径（mm）×瓶高（mm）表示	用于准确称取一定量的固体样品	不能直接用火加热。瓶与盖配套使用，不能互换。瓶与盖同编号
蒸发皿 evaporating dish	有瓷、玻璃、石英或金属制品。规格以口径或容量表示	用于蒸发或浓缩液体。根据液体的性质选用不同质地的蒸发皿	耐高温，但不宜骤冷
滴瓶　细口瓶试剂瓶 reagent bottle　广口瓶	玻璃质。有无色和棕色。规格以容积表示	滴瓶和细口瓶用于盛装液体药品。广口瓶用于盛装固体药品	不能直接加热。瓶塞不能互换。盛装碱液时改用胶塞，防止瓶塞被腐蚀粘牢。使用滴瓶时不要将液体吸入橡皮胶头内
药匙 spoon　药铲 spatula	药匙由牛角、瓷或塑料制成。药铲为不锈钢制品	用于拿取固体药品。根据所取药量的多少选用药匙或药铲两端的大、小匙	药匙不能用于量取灼热的药品。用后洗净、擦干备用
移液管 volumetric pipet　吸量管 Mohr measuring pipet	玻璃质。移液管为单刻度。吸量管有分刻度。规格以刻度的最大标度表示	用于准确移取或量取一定体积的液体	不可加热。用后洗净
酸式滴定管 acid burette　碱式滴定管 alkali burette	玻璃质。管身颜色为无色或棕色。规格以刻度的最大标度表示	用于滴定，也可用于量取一定体积的液体。酸式滴定管可盛装酸性及氧化性溶液。碱式滴定管可盛装碱性及无氧化性的溶液	不能加热。不可量取热的液体。不能用毛刷洗涤管的内壁。酸式滴定管和碱式滴定管不能互换使用。酸式滴定管和其玻璃旋塞配套使用，不能互换。棕色滴定管用于盛装见光易分解的液体

续表

仪器	种类和规格	用途	注意事项
滴定台与蝴蝶夹 burette stand and clamp	由金属制成,滴定台的台面有玻璃质表面,或白色和黑色的石质、瓷质或人造材质表面	用于固定滴定管	
漏斗 funnel　　长颈漏斗 long-stem funnel	玻璃质、塑料质或搪瓷质。规格以漏斗口径(mm)表示	用于过滤操作。长颈漏斗特别适用于定量分析中的过滤操作	不能直接用火加热
圆底烧瓶　平底烧瓶　磨口圆底烧瓶 flask	玻璃质。规格以容量表示。圆底烧瓶有普通型和标准磨口型。磨口圆底烧瓶还以磨口标号表示其口径的大小	用作反应物较多,且需长时间加热时的反应器	加热时应放在石棉网上,或用适当的加热浴加热。圆底烧瓶竖放在台面上时应垫以合适的器具,以防滚动而打破烧瓶
三口烧瓶 three-necked flask	玻璃质。规格以容量表示。有普通型和标准磨口型。标准磨口型以磨口标号表示其口径的大小	用作反应物较多,且需长时间加热时的反应器	加热时应放在石棉网上,或用适当的加热浴加热。竖放在台面上时应垫以合适的器具,以防滚动而打破烧瓶
蛇形　直形　球形 冷凝管 condenser tube	玻璃质。规格以长度表示。有直形、球形、蛇形三种。内管两端接驳磨口型,以磨口标号表示其口径的大小,与三口烧瓶或圆底烧瓶配套使用	接驳在需长时间加热时在反应器上进行回流,或蒸馏时冷凝馏分	需要铁架台固定,水冷却时,外管的下开口通常用胶管接驳冷水龙头

续表

仪　器	种类和规格	用　途	注意事项
坩埚 crucible	有瓷、石英、铁、镍、铂和玛瑙等制品。规格以容量表示	用于灼烧固体。根据固体的性质选用不同质地的坩埚	可直接灼烧至高温。灼热的坩埚应放在石棉网上
坩埚钳 tong	金属（铁、铜）制品。有不同长短的各种规格	夹持坩埚加热，或往热源（煤气灯、电炉、马弗炉等）中取、放坩埚	使用前应先预热。用后尖朝上放在石棉网上
泥三角 clay triangle	用铁丝弯成，套以瓷管，有大小之分	用于灼烧坩埚时放置坩埚	铁丝已断裂的不能使用。灼热的泥三角应放置在石棉网上
石棉网 wire gauze	用铁丝编成，中间涂有石棉。规格以铁网边长（cm）表示	加热时垫在受热仪器与热源之间，能使受热物体均匀受热	用前应检查石棉是否完好，石棉脱落的不能使用。不能与水接触或卷折
烧瓶夹和双顶丝 clamp holder			
铁架台与铁环 iron ring stand and iron ring	铁制品。烧瓶夹和双丝顶也有铝或铜制成的	用于固定或放置反应容器。铁环和铁架台还可代替漏斗架使用	用前检查各旋钮是否可以旋动。使用时仪器的重心应处于铁架台底盘的中部
研钵 mortar	有瓷质、玻璃、玛瑙或金属制品。规格以口径（mm）表示	用于研磨固体物质或固体物质的混合。按固体物质的性质和硬度选用研钵	不能用火直接加热，研磨大块固体时不能舂碎，只能碾压。研磨物质的量不能超过研钵体积的1/3。不能研磨易爆物品

续表

仪　　器	种类和规格	用　途	注意事项
三脚架 tripod	铁制品。有大小、高低之分	用作仪器的支撑物,放置较大或较重的加热容器	
点滴板 spot plate	有透明玻璃和瓷制品。瓷质分黑釉和白釉两种。按凹穴的多少分为四穴、六穴和十二穴等	用作同时进行的不用分离的少量沉淀反应的容器。根据生成的沉淀及反应溶液的颜色选用黑、白或透明点滴板	不能加热。不能用于含氢氟酸溶液和浓碱液的反应
布氏漏斗 Buchner funnel　　吸滤瓶 filtering flask	布氏漏斗为瓷质。规格以容量或漏斗口径表示。吸滤瓶为玻璃质。规格以容量表示	两者配套,用于无机制备中晶体或粗颗粒沉淀的减压过滤	不能直接用火加热
分液漏斗 separatory funnel	玻璃质。规格以容量或形状（球形、梨形、筒形）表示	用于两种互不相溶液体的分离。也可用于少量气体发生器装置中加液	不能直接用火加热。玻璃活塞、磨口漏斗塞子与漏斗配套使用,不能互换。长期不用时磨口处要垫一张纸
比色管 colorimetric tube	玻璃质。有刻度和无刻度;具塞和无塞。规格以容量表示	用于比色分析	不可直接加热。非标准磨口的塞子必须原配。注意保持管壁透明。不可用去污粉刷洗
水浴锅 water bath kettle	铜或铝制品	用于间接加热,也可用于粗略控温实验	加热时防止锅内水烧干,损坏锅体。用后应将水倒出

续表

仪　器	种类和规格	用　途	注意事项
毛刷 brush	以用途和大小表示	洗刷玻璃器皿	使用前检查顶部竖毛是否完整,避免顶端铁丝戳破玻璃仪器
干燥器 exsiccator	玻璃质。有普通干燥器和真空干燥器,无色和棕色。规格以直径大小表示	内放干燥剂,用于样品的干燥和保存	盖子磨口处要涂凡士林,小心盖子滑动而打破。灼烧过的样品应稍冷却后才能放入干燥器,并在冷却过程中每隔一定时间打开一下盖子,以调节干燥器内的压力
集气瓶 gas gathering bottle	玻璃质。无塞,瓶口面磨砂,并配有毛玻璃盖片。规格以容量表示	用于气体的收集,或气体燃烧实验	进行固-气燃烧实验时,瓶底应放少量的砂子或水
洗气瓶 gas washing bottle	玻璃质。有多种形状。规格以容量表示	用于去除杂质气体	安装时应使进气管通入洗涤液中。内装洗涤液的量不能超过洗气瓶高度的1/2,以防洗涤液被气体冲出
气体干燥塔 drying tower　干燥管 drying tube	玻璃质。有多种形状。规格以大小表示	用于气体的干燥	所填装的干燥剂应不与气体反应,颗粒要大小适中,填充时也要松紧适中。填装的干燥剂两端用棉花团填塞,避免气流将干燥剂粉末带出

1.2 试剂的取用

化学试剂的选用,直接影响到实验结果的好坏。不同的实验对试剂的规格、纯度的要求是不一样的，有关化学试剂的等级可参见附录 3。

化学实验室中，一般将固体试剂装在广口瓶内，液体试剂装在细口瓶或滴瓶中。见光易分解的试剂（如 $AgNO_3$、$KMnO_4$）应装在棕色试剂瓶内。装碱液的玻璃瓶不应使用玻璃塞，而要使用软木塞或橡皮塞。腐蚀玻璃的试剂（如氢氟酸、含氟盐）应保存在塑料瓶中。每一个试剂瓶上都应贴有标签，上面标明试剂的名称、规格或浓度以及配制日期。

取用试剂时，不能用手接触化学药品，应本着节约的原则，根据实验的要求选用适当规格的药品，并按用量取用。从试剂瓶中取出但没有用完的试剂，不能倒回原瓶，应放在指定容器中或供他人使用。打开易挥发的试剂瓶塞时，应在通风橱（口）处进行操作，不可将瓶口对准自己或他人，更不可用鼻子对准试剂瓶口猛吸。如果需要嗅试剂的气味，可将瓶口远离鼻子，用手在试剂瓶的上方扇动，使气流吹向自己而嗅出其味。

1.2.1 液体试剂的取用

（1）从滴瓶中取用液体试剂时，滴管不能触及所使用的容器器壁，以免污染，如图 1-1 所示。滴管放回原滴瓶时，不要放错。不能用自己的滴管从试剂瓶中取药品。装有试剂的滴管不能平放或管口朝上斜放，以免试剂流到橡皮胶头内被污染。

（2）取用细口瓶中的液体试剂时，应将瓶塞倒置于台面上，拿试剂瓶时，瓶上的标签面向手心，如图 1-2 所示。倒出的试剂沿试管壁流下或沿一支紧贴器壁的干净玻璃棒流入容器，以免洒在外面。取出所需量后，逐渐竖起瓶身。把瓶口剩余的一滴试剂碰到容器口或用玻璃棒引入烧杯中，以免液滴沿瓶的外壁流下。用完后应立即将瓶盖盖回原瓶，注意不要盖错。

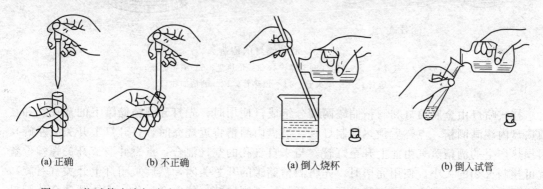

(a) 正确　　　(b) 不正确　　　　　　(a) 倒入烧杯　　　　　(b) 倒入试管

图 1-1　往试管中滴加溶液　　　　图 1-2　细口瓶中液体试剂的取用

（3）定量取用液体试剂时，可根据要求选用量筒、移液管（吸量管）或滴定管。若无须准确量取一定体积的试剂时，可不必使用上述度量仪器，只要学会估计从瓶内取用液体的量即可。如 1mL 液体相当于多少滴，2mL 液体相当于一个试管容量的几分之几等。

1.2.2 固体试剂的取用

（1）要用干净的药匙取试剂。最好每种试剂有专用的药匙，否则用过的药匙必须洗净，擦干后才能再使用。

（2）固体颗粒太大时，可用研钵研细后使用。

（3）常用的塑料匙和牛角匙的两端分别为大、小两个匙。取大量试剂用大匙，取少量试剂用小匙。向试管中加入固体，若试管干燥可用药匙送入；若是湿的试管，可将试剂放在一张对折的干净纸条槽中，伸入试管的 2/3 处，扶正试管，使固体试剂滑下；取少量试剂时，也可用自己烧制的玻璃药匙，将试剂送入试管底部。块状固体应沿管壁慢慢滑下。

(4) 取出试剂后应立即盖紧瓶盖,注意不要盖错盖子。

(5) 一般的固体试剂可以在干净的称量纸或表面皿上称量。具有腐蚀性或易潮解的固体不能放在纸上,而应放在玻璃容器内进行称量。

1.3 加热方法及操作

1.3.1 加热设备

1. 酒精喷灯

对于需要用高于500℃火焰加热的实验,如玻璃管/棒热处理等,用酒精喷灯代替煤气灯可消除管道泄漏煤气带来的安全隐患。酒精喷灯的火焰温度约1000℃,以95%乙醇为燃料。酒精喷灯主要有挂式和座式,其构造如图1-3所示。

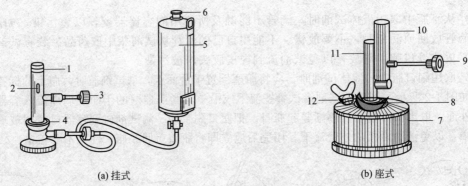

图1-3 酒精喷灯的构造

1—灯管;2—气孔;3,9—空气调节器;4,8—预热盘;5—酒精储罐;6—盖子;
7—壶体;10—喷火管;11—预热管;12—酒精加注口

挂式喷灯由金属喷灯和酒精储罐两部分组成。使用时,先打开酒精储罐下的开关,并在预热盘内注满酒精,点燃后预热铜制灯管。当盘内酒精将近烧完时,打开灯上开关(左旋),因预热产生的酒精蒸气由此上升至灯管,与来自气孔的空气混合,点燃并调节开关螺丝位置就可控制火焰的大小。使用完毕时,先将酒精储罐的开关关闭,然后关闭灯上开关(右旋),火焰即可熄灭。点燃之前,灯管必须充分预热,否则酒精不能完全汽化,液体酒精会从管口喷出,形成"大雨",甚至引起火灾。遇到这种情况,应立即关闭灯上开关,重新预热。

座式喷灯由导热性良好的黄铜制成,酒精储罐(又称壶体)与预热管密封旋接,预热管横出酒精喷口小管之上是与预热管焊接的喷火管。预热管靠近壶体处有预热盘。使用时,先检查喷口并用通针将喷口刺通;打开酒精加注口旋盖,加入总容量3/5~2/3的酒精,确保旋盖内衬橡胶密封垫垫好并拧紧旋盖;将喷灯放到石棉或瓷隔热板上,将空气调节器气孔调到最小;向预热盘中注入约2/3容量的酒精并将其点燃,预热管内酒精受热汽化并从喷口喷出时,预热盘的火焰会将喷出的酒精蒸气点燃,高温火焰从喷火管喷出;调节空气进入量,使火焰持续喷出并发出"嘶嘶"声。如果火焰不是持续喷出,用具柄金属片或石棉网平压覆盖喷火管口熄灭火焰,重新预热,直到火焰正常喷出。停止使用时,同样用具柄金属片或石棉网平压覆盖喷火管口熄灭火焰。待喷火管冷却,拧松壶体上的旋盖,放出壶内酒精蒸气并将剩余酒精倒出。

2. 电加热装置

电炉、电热套、电热板、马弗炉、管式炉等都是实验室常用的电加热装置,如图1-4所示。

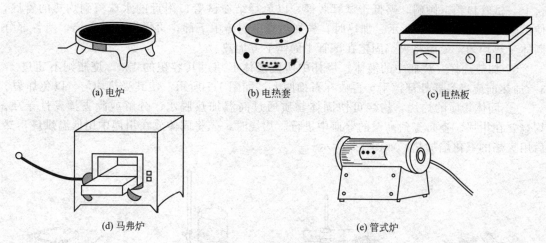

图 1-4 电加热装置

电炉和电热套可通过外接变压器来调控温度。电炉靠电阻丝通过电流产生热能,按功率大小分为不同的规格,常用的有 500W、800W、1000W、2000W 等,加热玻璃容器内容物时,必须垫上石棉网,电炉属明火加热,在保障安全下方可使用。电热套是加热烧瓶的专用电热设备,可取代油浴、砂浴对圆底容器进行加热,其热能高、省电、安全。电热套按烧瓶的大小可分为 50mL、100mL、250mL、1000mL、2000mL 等规格,使用时严禁向电热套内注水。

电热板是一封闭的电炉,有时是几个电炉的组合。其加热面积比电炉大。由于电炉丝不外露,功率可调,使用安全、方便,因此是实验室常用的电热设备之一。

马弗炉是一种用电热丝、硅碳棒或其他加热体加热的炉子。它的炉膛为长方体,有一炉门,打开炉门可放入要加热的坩埚或其他耐高温器皿。最高使用温度有 1000℃、1300℃ 或 1800℃。其温度的测量是用一对热电偶和一只毫伏计组成的高温计来完成。如果连接温度控制器,就能在额定的温度范围内进行自动测温、控温;如果连接程序控温器,可控制升/降温速率。

管式炉是由硅碳棒进行加热的电热设备,常配有调压器及配电装置(包括电流表、电压表、热电偶、测温毫伏计)。管式炉具有管状炉膛,炉膛内可插入一根石英管或刚玉管,管内放入盛有反应物的瓷舟,管两端可安装密封转换接口,使反应在空气或其他气氛中受热进行。管式炉正常使用温度不超过 1350℃。

1.3.2 加热的方法

实验室常用煤气灯、酒精灯、酒精喷灯、电炉等进行直接加热。此外还用水浴、油浴、砂浴等进行间接加热。实验中常用来加热的玻璃器皿有试管、烧杯、烧瓶、锥形瓶、蒸发皿、坩埚等。离心试管、表面皿、吸滤瓶等不能作为直接加热的容器。

(1) 直接加热

① 直接加热试管中的液体或固体。通常用酒精灯加热试管中的液体。加热时,被加热的液体量不能超过试管容积的 1/3。加热前,应先擦干试管外壁。加热液体时,用试管夹夹住试管的中上部(距试管口约 1/3 处),试管稍倾斜,如图 1-5 所示。管口切勿对着自己或别人。先加热液体的中上部,再慢慢往下移动,并不断上下移动或振摇试管,使各部分溶液受热均匀,防止溶液局部沸腾而发生喷溅。

直接加热试管中的固体时,使固体试剂尽可能平铺在试管底部末端,将试管固定在铁架台上，试管口稍下倾斜，略低于试管底部，以免凝结在试管口附近的水珠流到灼热的管底，使试管炸裂，如图 1-6 所示。加热时，先加热管中固体中下部，再慢慢移动火焰，使各部分固体受热均匀，最后将火焰固定在试管中固体下方加热。

② 加热烧杯、烧瓶中的液体。烧杯中所盛液体不超过其容积的 1/2，烧瓶则不超过 1/3。加热前应将容器外部擦干，再放在石棉网上，如图 1-7 所示。使其受热均匀，以免炸裂。

③ 固体物质的灼烧。灼烧可使固体物质通过高温加热脱水、分解或除去挥发性杂质。灼烧要在坩埚、瓷舟等耐高温的器皿中进行。灼烧时，先将固体放在坩埚中用低温烘烧，然后用火焰的氧化焰加热，如图 1-8 所示。

图 1-5　加热试管中的液体

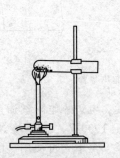
图 1-6　加热试管中的固体

图 1-7　加热烧杯中的液体

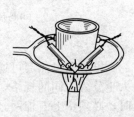
图 1-8　灼烧坩埚

(2) 间接加热

① 水浴加热。当要求被加热物质受热均匀，温度恒定且不超过 100℃ 时，使用水浴加热。水浴加热时，可使用水浴锅，如图 1-9（a）所示。锅中水量不超过锅容积的 2/3。在水浴锅上放置一套铜（或铝）制成的大小不等的同心圆圈，以固定各种器皿。将要加热的器皿浸入水中，进行加热。加热过程中要随时补充水，避免将锅烧干。实验中为方便起见，加热试管常用烧杯代替水浴锅，如图 1-9（b）所示。

实验室也常使用电热恒温水浴进行间接加热，如图 1-10 所示。它是内外双层箱式加热设备，电热管安装在槽底部。槽的盖板上按不同规格开有一定数目的孔（常见有 2 孔、4 孔、6 孔、8 孔，以单列或双列排列），每孔都配有几个同心圆圈和盖子，可放置大小不同的被加热的仪器。使用前，要向水浴锅内加水，加水量不超过内锅容积的 2/3，使用过程中要注意补充水，避免将锅烧干。完成实验后，锅内的水可从水箱下侧的放水阀放出。使用电热恒温水浴要特别注意不要将水溅到电器盒内，以免引起漏电造成危险。

(a) 水浴锅水浴加热

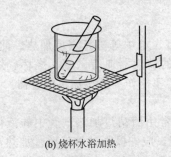
(b) 烧杯水浴加热

图 1-9　水浴加热

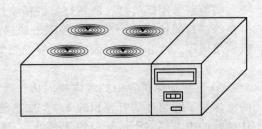
图 1-10　电热恒温水浴加热

② 油浴或砂浴。当被加热物质要求受热均匀且温度高于 100℃ 时，可用油浴或砂浴。油浴是以油代替水，使用时应防止着火。常用的油有甘油（150℃ 以下的加热）、液体石蜡

（200℃以下的加热）等。砂浴是用清洁、干燥的细砂铺在铁制器皿中，用灯焰或电炉加热，被加热容器部分埋入沙中，如图1-11所示。需要测量温度时，可将温度计的水银球埋在靠近器皿处的砂中。

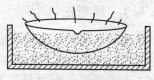

图1-11 砂浴加热

1.4 溶解、蒸发和结晶

1.4.1 溶解

将溶质（常为固体物质）溶于水、酸或碱等溶剂的过程为溶解。溶解固体物质时需要根据其性质和实验的要求选择适当的溶剂，所加溶剂的量应使固体物质完全溶解。为加快溶解的速度，常需借助加热、搅拌等方法。

搅拌液体时，应手持玻璃棒并转动手腕，用微力使玻璃棒在容器中部的液体中均匀转动，让固体与溶剂充分接触而溶解。在搅拌时不可用玻璃棒沿容器壁划动，更不可用力过猛，大力搅动液体，甚至使液体溅出或戳破容器。

若需加热溶解，可根据被溶解物质的热稳定性，选择直接加热或间接加热的方法。

1.4.2 蒸发

当溶液很稀而所制备的无机物的溶解度又较大时，为了能从溶液中析出该物质的晶体，必须通过加热，使溶液浓缩到一定程度后，经冷却，方可析出晶体。当物质的溶解度较大时，要蒸到溶液表面出现晶膜才停止加热；当物质的溶解度较小或高温下溶解度大而室温下溶解度小时，不必蒸发到溶液表面出现晶膜就可冷却。蒸发通常在蒸发皿中进行，这样蒸发的表面积大，有利于快速浓缩。蒸发皿中所盛的液体不要超过其容积的2/3。若无机物是稳定的，可以直接加热，否则应用水浴等间接加热。

1.4.3 结晶

当溶液蒸发到一定浓度后冷却，此时溶质超过其在溶剂中的溶解度（过饱和状态），晶体即从溶液中析出。当溶液蒸发到一定浓度后经冷却仍无结晶析出，可采用下列办法。

（1）用玻璃棒摩擦容器内壁。

（2）投入一小粒晶体（即"晶种"）。

（3）用冰水浴冷却溶液，当晶体开始析出后，仍然使溶液保持静止状态。

析出晶体颗粒的大小与结晶的条件有关。如果溶液的浓度较高，溶质的溶解度较小，冷却的速度较快，如用快速结晶法（即蒸发浓缩至表面有晶膜，然后用冷水或冰水浴强制冷却），且一边冷却一边不停搅拌，这样析出的晶体颗粒较细小，不易在晶体中裹入其他杂质。相反，若将溶液慢慢冷却或静置，得到的晶体颗粒较大，但易裹入其他杂质。如果不是需要在纯溶液中制备大晶体，一般的无机制备中为提高纯度通常要求制得的晶体不要过于粗大。

如果第一次结晶所得物质的纯度不符合要求，可重新加入少量的溶剂，加热溶解，然后进行蒸发、结晶、分离母液，这种操作过程称为重结晶。重结晶是提纯固体物质常用的重要方法。它只适用于溶解度随温度变化较大的物质。

1.5 固、液分离及沉淀的洗涤

固、液分离的方法有：倾析法、过滤法和离心分离法。

1.5.1 倾析法

为了使过滤操作进行得较快,当沉淀的结晶颗粒较大,静置后容易沉降时,常采用倾析法进行分离。其方法如下:分离前,先让沉淀尽量沉降在容器的底部。分离时,不要搅动沉淀,将沉淀上面的清液小心地沿玻璃棒倾入另一容器内,即可将沉淀与溶液分离。如图1-12所示。

图1-12 倾析法分离沉淀

有时为了充分地洗涤沉淀,也可采用倾析法洗涤,即往盛有沉淀的容器中加入少量洗涤剂,经充分搅拌后静置,沉降,再小心地倾析出洗涤液。如此重复操作三遍,即可洗净沉淀。

1.5.2 过滤法

(1) 常压过滤

过滤前,先把滤纸按图1-13所示的虚线的方向折两次,成扇形(如不是圆形滤纸,则需剪成扇形),展开滤纸成圆锥体(一边为三层,另一边为一层),放入漏斗中。滤纸放入漏斗后,其边缘应略低于漏斗的边缘。漏斗的圆锥角应为60°,这样滤纸可完全贴在漏斗壁上。如果漏斗的规格不标准,不是60°,则应适当改变滤纸折叠的角度,使之与漏斗相密合。然后撕去一角用食指按着滤纸,用少量水润湿,轻压滤纸四周,赶去纸和壁之间的气泡,使滤纸紧贴在漏斗壁上,再向漏斗内注入蒸馏水至近滤纸边缘,如图1-14所示。此时在漏斗颈可形成水柱,即使滤纸上部分水流尽之后,漏斗颈内的水柱仍可保留。然后进行过滤操作,漏斗颈内可充满滤液,使过滤加速。倒滤液时,烧杯嘴靠着玻璃棒,玻璃棒下端靠着漏斗中滤纸的三层部分,倒入漏斗中液体的液面应低于滤纸边缘约1cm,切勿超过。溶液滤完后,用洗瓶冲洗原烧杯内壁和玻璃棒,洗涤液全部倒在漏斗中,待洗涤液滤完后,再用洗瓶冲洗滤纸和沉淀。

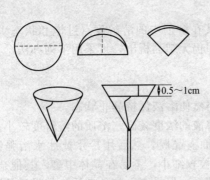

图1-13 滤纸的折叠和安放

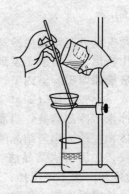

图1-14 常压过滤

(2) 减压过滤(抽滤或吸滤)

为了加快过滤的速度,常用减压过滤,如图1-15所示。水泵一般装在实验室中的自来水龙头上。也有用循环水真空泵或其他真空泵进行减压过滤。

减压过滤的原理是利用水泵把吸滤瓶中的空气抽出,使吸滤瓶内呈负压,由于瓶内和布氏漏斗液面上的压力差,而使过滤速度加快。

布氏漏斗为瓷质,中间的瓷质滤板具有许多小孔,以便使溶液通过滤纸从小孔流出。布氏漏斗必须安装在与吸滤瓶口径相匹配的橡皮塞上。橡皮塞塞进吸滤瓶的部分不超过整个橡

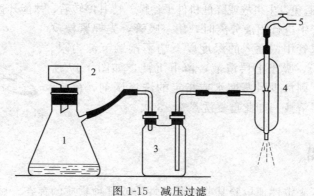

图 1-15 减压过滤
1—吸滤瓶；2—布氏漏斗；3—安全瓶；4—水泵；5—自来水龙头

皮塞高度的 1/2，吸滤瓶用来承接滤液。安全瓶的作用是防止水泵中的水发生外溢而倒灌入吸滤瓶中。这是由于水泵中的水压在发生变动时，常会有水溢流出来。如发生这种情况时，可将吸滤瓶与安全瓶拆开，倒出安全瓶中的水，再重新把它们连接起来。如果不要滤液，也可不安装安全瓶。

减压过滤的操作步骤如下。

① 安装仪器。安全瓶的长管接水泵，短管接吸滤瓶。布氏漏斗颈的下斜口应与吸滤瓶的支管相对。

② 贴好滤纸。滤纸的直径应略小于布氏漏斗的内径，但要能覆盖住瓷质滤板上所有小孔。把滤纸放在漏斗内，先用少量蒸馏水润湿滤纸，再开启水泵减压，使滤纸紧贴住瓷质滤板。

③ 过滤时。采用倾析法，先将清液沿玻璃棒倒入漏斗中，再将沉淀移到滤纸的中间部位。在过滤过程中，留心观察，当滤液上升到接近吸滤瓶的支管处，应停止往漏斗中倾倒溶液和沉淀的混合物，拔去吸滤瓶上的胶管，取下漏斗，将吸滤瓶的支管朝上，从瓶口倒出滤液。重新安装好装置，继续吸滤。应注意，在过滤的过程中切勿突然关小或关闭水泵，以防自来水倒灌。如果需中途停止抽滤，可先拔去吸滤瓶支管上的胶管，再关水泵。

④ 洗涤沉淀。若要在布氏漏斗内洗涤沉淀时，应停止吸滤，让少量洗涤液慢慢浸过沉淀，然后再抽滤。

⑤ 结束过滤。抽滤结束时，应先拔去吸滤瓶上的胶管，再关闭水泵。取下漏斗，将漏斗颈口朝上，轻轻敲打漏斗边缘，使沉淀脱离漏斗，落入准备好的滤纸或容器中。

1.5.3 离心分离法

少量沉淀与溶液分离时，可用离心机。离心机的外形如图 1-16 所示。使用离心机时应注意如下事项。

（1）把盛有溶液和沉淀混合物的离心试管放入离心机的试管套内（常为金属或塑料质的），注意试管放置要对称，各离心管及其盛装物要等重，以避免由于重量不平衡而使离心机"走动"或轴弯曲磨损。若只有一支装有待分离物的试管，则应在其对称位置上，放入一支装有等质量水的试管，以保持平衡。

（2）放好离心管后，盖好离心机盖，然后打开调速开关，使转速由小到大。离心旋转不宜太快，一般调至 2000 r·min^{-1} 左右。运转 2～3 min 后，可完成离心操作。

（3）使用完毕，逐渐把调速开关调慢至零，待其自停，切不可施

图 1-16 离心机

加外力强行停止，以避免发生事故或降低机件平稳性。待其停转后，才能开盖，取出离心试管。

(4) 在离心试管中进行固液分离时，用一吸管，先捏紧橡皮头，然后插入离心试管中，插入的深度以下端不接触沉淀为限。然后慢慢放松橡皮头，吸出上层清液，留下沉淀，如图 1-17 所示。如需洗涤沉淀，则加少量蒸馏水或指定的洗涤试剂，搅拌，离心分离，吸出上层清液。如此重复洗涤 2～3 次。

图 1-17　用吸管吸去上层清液

1.6　试纸的使用

实验中常用试纸来定性地检验某些溶液的性质或某种物质的存在，试纸的种类很多，常用的有以下几种。

1.6.1　pH 试纸及其使用

pH 试纸常用于测定溶液的酸碱性，并能测出溶液的 pH。pH 试纸分为广泛试纸和精密试纸两种。广泛试纸的 pH 范围为 1～14，只能粗略地测定溶液的 pH。精密试纸在酸碱度变化较小的情况下就有颜色变化，所以能较精确地测定溶液的 pH。根据试纸的变色范围，精密试纸可分为多种，如 pH 为 1.4～3.0、3.8～5.4、5.3～7.0、6.4～8.0、8.2～10.0、9.5～13.0 等。

使用时，将一小块试纸放在洁净且干燥的表面皿上，用玻璃棒蘸取被试验的溶液，点在试纸中部，观察颜色变化，并与标准色板对比，确定 pH 或 pH 范围。切勿把试纸直接浸泡在待测溶液中。

1.6.2　KI-淀粉试纸及其使用

KI-淀粉试纸是滤纸在 KI-淀粉溶液中浸泡后晾干制成。使用时要用蒸馏水将其润湿。有时为了方便，将 KI 和淀粉溶液直接滴到滤纸上。KI-淀粉试纸用于定性检验氧化性气体（如 Cl_2、Br_2 等）。氧化性气体将试纸上的 I^- 氧化成 I_2，I_2 立即与淀粉作用，使试纸变为蓝紫色。

使用 KI-淀粉试纸时，可将一小块试纸润湿后粘在一洁净的玻璃棒的一端，然后用此玻璃棒将试纸放到管口，如有待测气体逸出且为氧化性气体，则试纸变色。

1.6.3　醋酸铅试纸及其使用

醋酸铅试纸是将滤纸在醋酸铅溶液中浸泡晾干后制成的。使用时要用蒸馏水润湿试纸，也可以取一小块滤纸在上面直接滴加醋酸铅溶液。醋酸铅试纸可用于定性地检验反应中是否有 H_2S 气体产生（即溶液中是否有 S^{2-} 存在）。H_2S 气体遇到试纸，即溶于试纸上的水中，然后与试纸上的醋酸铅反应，生成黑色的 PbS 沉淀：

$$Pb(Ac)_2 + H_2S \longrightarrow PbS\downarrow + 2HAc$$

PbS 使试纸呈黑褐色并有金属光泽，若溶液中 S^{2-} 的浓度较小，用此试纸就不易检出。醋酸铅试纸的使用方法与 KI-淀粉试纸的使用方法相同。

1.7　干燥剂及干燥器的使用

1.7.1　干燥剂

干燥是指除去样品中水分或防止一些物质吸收水分的过程。凡能够吸收水分的物质都可用作干燥剂。

干燥剂可分为酸性、中性和碱性物质干燥剂，以及金属干燥剂等。在选择干燥剂时应注意选用的干燥剂不能与被干燥的物质发生任何反应，同时还要考虑干燥的速率、效果和干燥剂的吸水量。一般，酸性物质的干燥选用酸性干燥剂，中性物质的干燥选用中性干燥剂，碱性物质的干燥选用碱性干燥剂。表1-2列出了一些常用干燥剂的性能。

表 1-2 一些常用干燥剂的性能

干燥剂	吸水量/干燥速率	酸碱性	适用范围	不适用范围	备注
P_2O_5	大/快	酸性	大多数中性和酸性气体、C_2H_2、CS_2、烷烃、卤代烃、酸与酸酐、腈	碱性物质、醇、酮、易发生聚合的物质、HCl、HF	一般先用其他干燥剂预干燥；潮解
浓 H_2SO_4	大/快	酸性	大多数中性或酸性气体（干燥器、洗气瓶）、饱和烃、卤代烃、芳烃	不饱和化合物、醇、酮、酚、碱性物质、H_2S、HI	不适宜升温真空干燥
CaO	—/慢	碱性	中性和碱性气体、胺、醇	醛、酮、酸性物质	特别适合于干燥气体
NaOH、KOH	大/较快（均为熔融过的）	碱性	NH_3、胺、醚、烃（干燥器）、肼	醛、酮、酸性物质	潮解
$CaCl_2$	大/快（熔融过的）	含碱性杂质(CaO)	HCl、烷烃、链烯烃、醚、卤代烃、腈、中性气体	NH_3、醇、胺、酸、碱性物质、某些醛、酮及酯	价廉；能与许多含氮和氧的化合物生成溶剂化物质、配合物或发生反应
Na_2SO_4	大/慢	中性	普遍适用；特别适用于酯及敏感物质溶液		价廉；常用作预干燥剂
$MgSO_4$	大/较快	中性，有的微酸性	普遍适用；特别适用于酯及敏感物质溶液		价廉
硅胶	大/快	酸性	普遍适用（干燥器）	HF	常先用 Na_2SO_4 预干燥；可加 $CoCl_2$ 制成变色硅胶，干燥时，无水 $CoCl_2$ 呈蓝色，吸水后 $CoCl_2 \cdot 6H_2O$ 呈粉红色
分子筛	大/较快	酸性	温度在100℃以下的大多数流动气体、有机溶剂（干燥器）	不饱和烃	一般先用其他干燥剂预干燥；特别适用于低分压的干燥

1.7.2 干燥器的使用

由于空气中常含有一定量的水分，为防止一些易吸潮的物质及灼烧过的坩埚和样品吸收水分，应将它们放入干燥器内。

干燥器是一种具有磨口盖子的厚质玻璃器皿，盖子磨口处涂以一层薄薄的凡士林，可以使其更好地密封。干燥器的底部放置适当的干燥剂，其上架有洁净的带孔瓷板，以便放置需干燥保存的样品。干燥器中的干燥剂不要放得太满，一般装至干燥器下室的一半即可。灼烧过的样品应稍冷却后才能放入干燥器内，并在冷却的过程中每隔一定时间打开一下盖子，以调节干燥器内的压力。防止热的样品冷却后，干燥器内部产生负压，使盖子难以打开。

由于凡士林将干燥器黏合得很紧，开启干燥器时，应左手按住干燥器的下部，右手握住盖的圆顶，小心向前推开盖子，如图1-18（a）所示。搬动干燥器时，应用两手的拇指同时按住干燥器的盖子，以防盖子滑落打碎，如图1-18（b）所示。

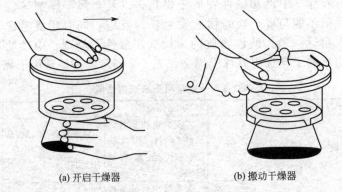

(a) 开启干燥器　　　　(b) 搬动干燥器

图1-18　干燥器的使用

1.8　气体的制备、净化和干燥、收集及气体钢瓶的安全使用

1.8.1　气体的制备

实验室在制备少量气体时，常根据反应物的状态和反应条件采用不同的装置。

启普发生器（图1-19）适用于不溶于水的块状或较大颗粒状固体与液体反应物（常是酸溶液）在常温下的反应。它由球形漏斗、葫芦状的玻璃容器组成。葫芦状容器的球体上有气体出口（也兼作固体试剂的加入口和反应渣的出口），与带活塞的导气管连接。球形漏斗插入玻璃容器下端的半球体中，固体试剂放在中间的球体内（为防止固体掉入半球体中，常在固体试剂下垫放一些玻璃棉）。使用时，打开导气管的旋塞，由于压力差，液体与固体接触而发生反应，气体由导气管放出。关闭导气管旋塞，由于装置密闭，继续产生的气体使球内压力增大，将液体压回到底部的半球体和球形漏斗中，因固体和液体不再接触，使反应停止。因此，启普发生器在加入足够的试剂后，可反复多次使用，且可以随用随制气，易于控制和操作。启普发生器常用来制取 H_2、CO_2、NO_2、NO 和 H_2S 等气体。

图1-19　启普发生器

启普发生器在使用一段时间后，固体或液体试剂会因消耗而减少。加液体试剂时，可将半球体侧边的玻璃塞拔下，倒掉废液，塞好塞子，再向球形漏斗中加入新的液体。更换或添加固体试剂时，先倒出液体，拔去中间球体侧口（气体出口处）的塞子，将固体残渣从侧口倒出，再添加新的固体。

启普发生器不能加热，也不适用于小颗粒或粉末状固体反应物。因此，制备 Cl_2、SO_2、HCl 等气体时，可以采用如图1-20所示的气体发生装置。该装置由分液漏斗和烧瓶组成，适用于固体（尤其是粉末状的固体）与液体，或液体与液体之间的反应，可以加热，也可以不加热。当打开分液漏斗的活塞时，滴下的液体就与烧瓶中的固体或液体反应，放出气体。

若制备像 O_2、NH_3 等由加热固体反应物产生的气体，一般使用如图1-21所示的装置。经研磨的固体反应物平铺在硬质试管的底部末端，将试管固定在铁架台上，试管口略低于管的底部，且在管口塞好带有导气管的塞子，伸入试管里的玻璃导管的头不能太长，一般在0.5cm左右。如太长，气体产生后，管内的空气常由于形成涡流而难以排尽；如果太短，也会漏气。加热时，产生的气体由导气管导出。加热试管的方法可参见本章1.3节。

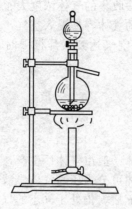

图 1-20　气体发生装置

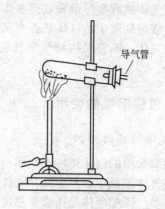

图 1-21　固体加热制备气体装置

1.8.2　气体的净化和干燥

实验室制备的气体常带有酸雾、水汽和其他杂质，通常根据气体的性质及所含杂质的种类，选择不同的吸收剂和干燥剂，要求既除去杂质又不损失所制备的气体。一般先用水洗去酸雾，再用浓硫酸、无水氯化钙等吸收水汽，其他杂质需根据具体情况分别处理。对于还原性的杂质（如 SO_2、H_2S 等）用氧化性试剂（$K_2Cr_2O_7$、$KMnO_4$ 等）除去；氧化性的杂质用还原性试剂除去，如通过灼热的还原铜粉可除去 O_2 杂质；酸性的 CO_2 可用 NaOH 或石灰水除去；碱性的 NH_3 可用稀硫酸除去。气体干燥时也应注意，具有碱性或还原性的气体不能用浓硫酸干燥，如 NH_3 和 H_2S。

气体的净化和干燥是在洗气瓶和干燥塔（管）中进行的，液体处理剂（如水、浓硫酸等）盛于洗气瓶中，固体处理剂则是装入干燥塔或干燥管中，填装时要均匀，而且固体的颗粒不能太细，以免造成堵塞。

1.8.3　气体的收集

气体的收集方式主要取决于气体的密度和在水中的溶解度。常用的有排水集气法和排气集气法。排气集气法又分为向上排气集气法和向下排气集气法。

不溶于水，又不与水反应的气体（如 O_2、H_2、N_2、NO、CO 等）可用排水集气法收集（图 1-22）。不与空气反应，密度又与空气相差较大的气体，可用排气集气法收集。密度小于空气的气体（如 H_2、NH_3、CH_4 等）可用向下排气集气法收集（图 1-23）；密度大于空气的气体（如 HCl、CO_2、SO_2、H_2S、NO_2 等）可用向上排气集气法收集（图 1-24）。

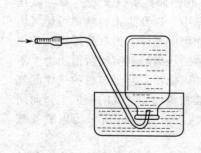

图 1-22　排水集气法

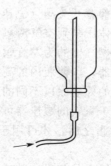

图 1-23　向下排气集气法

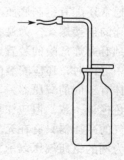

图 1-24　向上排气集气法

通常气体的收集尽量采取排水集气法，因为排水集气法收集的气体浓度大、纯度高，而且容易观察集气瓶中的气体是否充满。而排气集气法收集的气体容易混入空气，所以，收集大量易爆气体，不宜采用排气集气法。因为易爆气体混入空气达到爆炸极限时，遇火发生爆炸。

1.8.4 气体钢瓶的使用

1. 气体钢瓶的标识

实验室常用的气体还可由气体钢瓶获得。钢瓶中的气体一般由气体厂生产，经高压压缩后储存在气体钢瓶中。根据储存气体的性质，钢瓶内装气体可分为压缩气体、液化气体和溶解气体三类。压缩气体是指临界温度<-10℃，经高压压缩后，仍处于气态的气体。如 O_2、H_2、N_2、空气等。液化气体是指临界温度≥10℃，经高压压缩，转为液态与其蒸气处于平衡状态的气体，如 CO_2、NH_3、Cl_2、H_2S 等。溶解气体是指单纯加高压压缩可能产生分解、爆炸等危险的气体，这类气体必须在加高压的同时，将其溶解在适当的溶剂中，并由多孔性固体填充物吸收。如乙炔钢瓶是将颗粒活性炭、木炭、石棉或硅藻土等多孔性固体物质填充在钢瓶内，再掺入丙酮，通入乙炔气使之溶解在丙酮中。表1-3列出了部分高压气体钢瓶的颜色和标志。

表 1-3 部分高压气体钢瓶的颜色和标志

气瓶名称	瓶身颜色	字样	字样颜色	横条颜色	瓶内气体状态
氧气瓶	天蓝	氧	黑	—	压缩气体
氢气瓶	深绿	氢	红	红	压缩气体
氮气瓶	黑	氮	黄	棕	压缩气体
氩气瓶	灰	氩	绿	—	压缩气体
氦气瓶	棕	氦	白	—	压缩气体
压缩空气瓶	黑	压缩空气	白	—	压缩气体
二氧化碳气瓶	黑	二氧化碳	黄	—	液化气体
氨气瓶	黄	氨	黑	—	液化气体
氯气瓶	草绿（保护色）	氯	白	白	液化气体
硫化氢气瓶	白	硫化氢	红	红	液化气体
乙炔气瓶	白	乙炔	红	—	溶解气体
其他可燃气体瓶	红	气体名称	白	—	
其他不可燃气体瓶	黑	气体名称	黄	—	

2. 气体钢瓶的使用

气体钢瓶是用无缝合金或锰钢钢管制成的圆柱形高压容器。其底部呈半球形，为便于竖放，通常还配有钢制底座。气瓶的顶部有开关阀（总压阀），其侧面接头（支管）有与减压器相连的连接螺纹。为避免把可燃气体压缩到空气或氧气钢瓶中，以及防止偶然把可燃气体连接到有爆炸危险的装置上，用于可燃气体的为左旋螺纹，非可燃气体的为右旋螺纹。使用钢瓶中气体时，还应安装配套的减压器，以使瓶内的高压气体的压力降到实验所需压力。不同气体有不同的减压器。不同减压器的外表涂以不同的颜色加以标识，且要与各种气体的气瓶颜色标识一致。但应注意的是：用于氧气的减压器可以安装在氮气或空气的钢瓶上，而用于氮气的减压器只有在充分清除了油脂之后，才可用于氧气瓶上。图1-25所示为以氧气减压器为例的钢瓶气压表示意图。

安装减压器时应先将钢瓶侧面支管上的灰尘、脏物等清理干净，并检查支管接头上的丝扣没有滑牙，然后将减压器与钢瓶侧面的支管连接，拧紧，在确保安装牢固后，才能打开钢

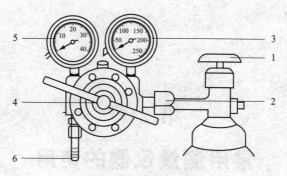

图 1-25 氧气表结构
1—总压阀；2—气表和钢瓶连接螺丝；3—总压表；
4—调压螺杆与减压阀门；5—分压表；6—供气阀门

瓶的总压阀。

安装好减压器后先开钢瓶总压阀，并注意总压表的指示压力。然后慢慢旋紧减压器的调压螺杆，此时减压阀开启，气体由此经过低压室通向出口，从分压表上可读取出口气体的压力，转动调压螺杆至所需的压力为止。当气体流入低压室时要注意有无漏气现象。实验完毕，应先关钢瓶的总压阀，放尽减压器内的气体，然后旋松调压螺杆。

安全使用气体钢瓶还应注意以下事项：

(1) 钢瓶应放置在阴凉、通风、远离热源及避免强烈振动和暴晒的地方，并将之直立，用铁链固定。易燃、具有腐蚀性等气体钢瓶应放置在具有报警装置专用的气柜中，铁链固定。气体管路必须是专用不锈钢管线，严禁使用塑胶管路。可燃气体管路末端所连使用设备的上方亦必须安装报警装置。

(2) 室内存放的钢瓶尽可能少。钢瓶和气柜应安放在远离烟火、电加热设备、室内电源总闸以及阳光直射的地方。钢瓶应经常检查是否漏气（用肥皂水检查法）。氧气瓶不可与易燃性气体钢瓶同放一室，更不能安放在同一气柜中；氧气瓶要严禁与油类接触，操作人员不能穿戴沾有油污的衣物和手套，以免引起燃烧。使用氢气钢瓶应避免氢气与其他气体混合发生爆炸。乙炔瓶应放在通风、温度低于35℃的地方，充灌后的乙炔钢瓶需静置24h后才能使用；使用时气速不可太快，以防带出丙酮；如发现瓶身发热，应立即停止使用，并用水冷却。

(3) 开启钢瓶时，人应站在出气口的侧面，动作要慢，避免被气流射伤。

(4) 钢瓶内的气体不可完全用尽，其余压一般不应低于 9.8×10^5 Pa，以防空气倒灌，再次充气时发生危险。

(5) 搬运钢瓶须专用气瓶车，轻拿轻放，防止剧烈振动、撞击。乙炔钢瓶严禁横卧滚动。

(6) 钢瓶应定期进行安全检查，如耐压试验、气密性检查和壁厚测定等。

第 2 章 常用测量仪器的使用

2.1 称量仪器

2.1.1 电子天平

近年来，高校实验室的称量仪器一般都采用电子天平替代过去的机械天平。电子天平是应用现代电子控制技术进行称量仪器的统称，它是利用电磁力平衡原理对物体进行称量。电子天平采用体积小的集成电路，其支撑点为弹簧片，以数字显示方式呈现质量。因此，电子天平具有灵敏度高、性能稳定、寿命长、易于安装维护等优点，是一种可靠性强、操作简便的称量仪器。根据其称准至 0.01g、0.001g、0.0001g 或 0.00001g，电子天平主要分为几个档次，其中仅称准至 0.01g 的又被称为电子台秤。天平的称量准确度越高，对应的称量范围越小。

BS 系列电子天平的称量范围为 0~210g，其外观结构如图 2-1 所示。

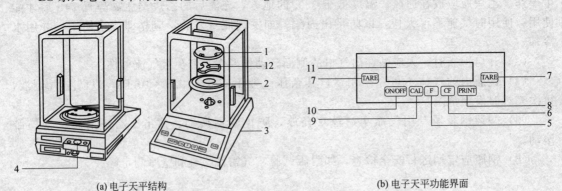

(a) 电子天平结构　　　　　　(b) 电子天平功能界面

图 2-1　电子天平外形图

1—称盘；2—屏蔽环；3—地脚螺栓；4—水平仪；5—功能键；6—清除键；
7—除皮键；8—打印键；9—校正键；10—开关键；11—显示器；12—称盘支架

电子天平的操作方法如下。

(1) 调水平　调整地脚螺栓高度，使水平仪内空气泡位于圆环中央。

(2) 开机　接通电源，按开关键 ON/OF 直至全屏自检。

(3) 预热　天平在初次接通电源或长时间断电后,至少需要预热 30min。为取得理想的测量结果,天平应保持待机状态。

(4) 校正　首次使用天平必须校正,按校正键 $\boxed{\text{CAL}}$,天平将显示所需校正砝码质量,放上砝码直至出现"g",校正结束,可进行正常称量。

(5) 去皮　如需去除器皿皮重,则先将器皿放在称盘上,待示值稳定后,按除皮键 $\boxed{\text{TARE}}$,除皮清零。然后将需称量样品放于器皿上,此时显示的数值为样品净重。

(6) 关机　为使天平保持保温状态,延长天平使用寿命,应使天平保持通电状态,不使用时,将开关键关至待机状态。

电子台秤的操作方法与电子天平的操作类似。

2.1.2　试样的称量方法

1. 直接称量法

此法可用于称量在空气中无吸湿性的试样,如金属或合金等。称量时将试样放在已知质量(或已除皮清零)的洁净干燥表面皿或称量纸上,关闭天平门,待显示平衡后,记录所称试样的质量。

2. 固定质量称量法

此法可用于称量没有吸湿性且在空气中稳定的试样。称量时,将干燥洁净的表面皿或称量纸放在天平称盘上,待示值稳定后,按除皮键 $\boxed{\text{TARE}}$,除皮清零。再手持盛试样的药匙,从天平的侧门伸入到器皿的近上方,以食指轻击药匙柄,将试样慢慢加入表面皿或称量纸上(图 2-2),直至显示屏上显示出所需的

图 2-2　固定质量称量

质量,关闭天平门,待显示平衡后,记录所称试样的质量。称量完毕,应小心地将称好的试样全部转移到接受容器中。

3. 差减称量法

若欲称量的试样易吸水、易氧化或易与 CO_2 反应,此时应采用差减法进行称量。即在洗净、烘干后的称量瓶中,装入略超过实验用量的固体试样,用干净的纸条套住称量瓶,放到天平称盘中央,准确称得其质量,如图 2-3 所示。然后,再用纸条将称量瓶套住取出,在欲盛样品的容器上方,使称量瓶倾斜,用称量瓶盖轻轻敲瓶口的上部,使试样慢慢落入接受容器中,如图 2-4 所示。

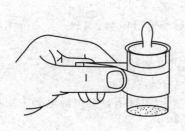

图 2-3　称量瓶的拿法

图 2-4　试样敲击的方法

当倾出的试样量接近所要称的质量时，慢慢将瓶口竖起，再用称量瓶盖轻敲瓶口上部，使附着在瓶口上的试样回到瓶内，然后盖好瓶盖，将称量瓶放到天平上称量，前后两次称量之差，就是倒入容器中的样品质量。如倒出量太少，则按上述方法再倒一些。如倒出试样的量超出所需范围，决不可将样品倒回称量瓶中，只能倒掉重新称量。

2.2 酸度计

溶液中的氢离子浓度的大小一般可用 pH 来表示，即

$$pH = -\lg[H^+]$$

溶液的 pH 可通过酸度计（又称 pH 计）来进行测量，其工作原理是测定指示电极和参比电极在一定 pH 溶液中组成电池的电动势，并通过转换器转换为测量结果（pH）。

指示电极一般采用玻璃电极（图 2-5），其电极电势随溶液的 pH 不同而变化。参比电极常采用甘汞电极（图 2-6），其电极电势不随溶液的 pH 变化。

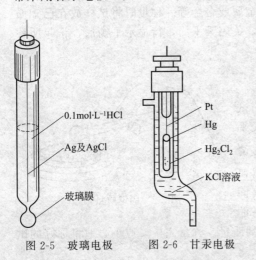
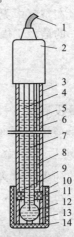

图 2-5　玻璃电极　　图 2-6　甘汞电极　　图 2-7　复合电极

1—电极导线；2—电极帽；3—电极塑壳；4—内参比电极；5—外参比电极；6—电极支持杆；7—内参比溶液；8—外参比溶液；9—液接界；10—密封圈；11—硅胶圈；12—电极球泡；13—球泡护罩；14—护套

玻璃电极是由对 H^+ 敏感的导电玻璃吹制成的球形膜（其敏感层厚度 0.1mm），玻璃球膜内充以 $0.1 mol \cdot L^{-1}$ HCl 溶液（或一定 pH 的缓冲溶液），以 Ag-AgCl 丝（覆盖 AgCl 的 Ag 丝）为内参比电极。将玻璃电极插入待测溶液就构成了原电池的一极，可表示为

$$Ag, AgCl(s) \mid HCl(0.1 mol \cdot L^{-1}) \mid 玻璃 \mid 待测溶液$$

25℃时，玻璃电极的电极电势可表示为

$$E_G = E_G^\ominus + 0.0592 \lg[H^+] = E_G^\ominus - 0.0592 pH$$

式中，E_G 为玻璃电极的电极电势；$E_G^\ominus$ 为玻璃电极的标准电极电势；$[H^+]$ 为待测溶液中氢离子的相对浓度。

甘汞电极是由 Hg 和糊状 Hg_2Cl_2 及 KCl 溶液组成，可表示为

$$Pt, Hg(l) \mid Hg_2Cl_2(s) \mid KCl(一定浓度)$$

甘汞电极的电极电势不随待测溶液的 pH 变化，在一定温度下，其电极电势为定值。将玻璃电极和甘汞电极插入待测溶液中组成原电池的电动势为

$$E = E_正 - E_负 = E_{甘汞} - E_G = E_{甘汞} - E_G^\ominus + 0.0592 pH$$

$$pH = \frac{E + E_G^\ominus - E_{甘汞}}{0.0592}$$

式中，$E_{甘汞}$ 为甘汞电极的电极电势，在一定温度条件下，其电极电势的大小取决于 KCl 的浓度。KCl 浓度达到饱和时，称为饱和甘汞电极。常温下，饱和甘汞电极具有稳定的电极电势，为 0.2415V。E_G 可通过用已知 pH 的标准缓冲溶液代替待测溶液组成原电池，测定该原电池的电动势求得。在实际测定的过程中，酸度计将测定的电动势通过 pH 的形式显示出来。

由于玻璃电极易破碎，同时也为了便于操作，近年多使用复合电极（图 2-7）。它是一种将测量电极（玻璃电极）和参比电极（甘汞电极）组合在一起的电极，使用更方便，响应更快。

实验室常用的酸度计有 pHS-25C 型、雷磁 pHS-25 型、pHS-2C 型和 pHS-3D 型等。

2.2.1 雷磁 pHS-25 型 pH 计

雷磁 pHS-25 型 pH 计的外观如图 2-8 所示。与之配套使用的电极是 E-201-C-9 复合电极。雷磁 pHS-25 型 pH 计的操作步骤如下。

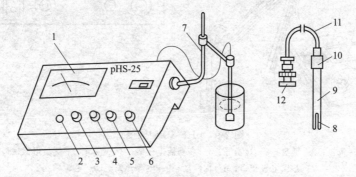

图 2-8 雷磁 pHS-25 型 pH 计
1—指示表；2—指示灯；3—温度补偿旋钮；4—定位旋钮；5—选择开关；
6—范围开关；7—电极杆；8—球泡；9—玻璃管；10—电极帽；11—电极线；12—电极插头

（1）先将复合电极端部塑料保护套拔去，并将它浸泡在 3.3mol·L^{-1} KCl 溶液中。

（2）在接通电源前，先检查指示表指针是否指零（pH＝7.0），如不指零，调节仪器机械零点使 pH＝7.0。

（3）接通电源，打开电源开关，指示灯亮，预热 10min。

（4）将短路插接在电极插口上，调节仪器零点使 pH＝7.0。

（5）拆下电极插口上的短路插，插上复合电极。

（6）仪器的定位

① 将"温度"补偿旋钮旋到被测溶液的温度值。

② 将"选择"开关置于 pH 挡。

③ 选择预先配制好的标准缓冲溶液作为校正溶液。

④ 用蒸馏水冲洗复合电极，再用滤纸吸干，把电极插入缓冲溶液中。

⑤ 将"范围"开关置于与缓冲溶液相应的 pH 范围。

⑥ 调节"定位"旋钮，使指针的读数与该温度下缓冲溶液的 pH 相同。

⑦ 拔去电极插头，接上短路插，指针回到 pH＝7.0 处，如有变动，再重复④～⑥的操作，直到达到要求为止。

至此，仪器已定位好，在以后测量中，"零点"旋钮和"定位"旋钮不得再转动。

（7）测量。取出复合电极，用蒸馏水冲洗干净，并用滤纸吸干，把电极插头插入仪器电极插口上,并把电极浸入待测溶液中,指针所指的数值就是待测溶液的pH。

当测量时溶液的温度与定位的温度不同时,可将"温度"旋钮旋到待测溶液的温度值,然后再测量。

仪器在测量电极电势时,只要根据电极电势的极性置"选择"开关,当此开关置"+mV"时,仪器所指示的电极电势的极性与仪器后面板上的标志相同;当此开关置"-mV"时,电极电势的极性与仪器后面板上的标志相反。

(8) 测量完毕,拆下复合电板,插上短路插,移走并冲洗电极,然后浸在 3.3mol·L^{-1} KCl 溶液中备用。

2.2.2 pHS-3D 型酸度计

pHS-3D 型酸度计的外观如图 2-9 所示,其操作步骤如下。

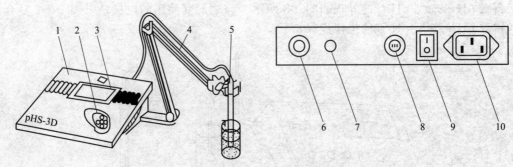

图 2-9 pHS-3D 型酸度计
1—机箱;2—键盘;3—显示屏;4—多功能电极架;5—电极;6—测量电极插口;
7—参比电极接口;8—保险丝;9—电源开关;10—电源插座

(1) 自动标定　仪器使用前首先要标定。一般情况下仪器在连续使用时,每天要标定一次。

① 打开电源开关,仪器进入 pH 测量状态。

② 按"模式"键一次,使仪器进入溶液温度显示状态(此时温度单位℃,指示灯闪亮),按"△"键或"▽"键调节温度显示值上升或下降,使温度显示值和溶液温度一致,然后按"确认"键,仪器又回到 pH 测量状态。

③ 把用蒸馏水清洗过的复合电极插入 pH=6.86 的标准缓冲溶液中,待读数稳定后按"模式"键两次(此时 pH 指示值全部锁定,液晶显示器下方显示"定位",表明仪器在定位标定状态),按"确认"键,仪器显示该温度下标准缓冲溶液的标称值。

④ 把用蒸馏水清洗过的复合电极插入 pH=4.00 的标准缓冲溶液中,待读数稳定后按"模式"键三次(此时 pH 指示值全部锁定,液晶显示器下方显示"斜率",表明仪器在斜率标定状态),然后按"确认"键,仪器显示该温度下标准缓冲溶液的标称值。

(2) pH 测量

① 用蒸馏水清洗电极头部,再用少量被测溶液清洗 2~3 次。

② 把电极浸入被测溶液中,在显示屏上读出溶液的 pH。

(3) 电极电势测量

① 打开电源开关,仪器进入 pH 测量状态;连续按"模式"键四次,使仪器进入 mV 测量状态。

② 把离子选择电极(或金属电极)和参比电极夹在电极架上。

③ 用蒸馏水清洗电极头部,再用少量被测溶液清洗 2~3 次。

④ 把离子选择电极的插头插入测量电极插口处;把参比电极接入参比电极接口处。

⑤ 将两种电极插在被测溶液内，即可在显示屏上读出该离子选择电极的电极电势。

⑥ 如被测信号超出仪器的测量范围，显示屏会显示 1…mV，作超载报警。

(4) 使用 pHS-3D 型酸度计时的注意事项

① 在使用 pHS-3D 型酸度计标定过程中操作失误或按键按错而使仪器测量不正常时，可关闭电源，然后按住"确认"键后再开启电源，使仪器恢复初始状态，然后重新标定。

② 测量时，水平方向轻轻摇动小烧杯以缩短电极响应时间。

2.3 分光光度计

分光光度计是利用物质分子对不同波长或特定波长的光具有吸收特性而进行定性、定量或结构分析的光学仪器。

2.3.1 721型分光光度计

721型分光光度计示意图，如图2-10所示。721型分光光度计的操作步骤如下。

(1) 检查

① 未接电源前，首先检查电源线是否接好，地线是否接地。

② 检查电表指针是否指"0"，若不在"0"线时可将电表上的校正螺丝调至"0"线。

(2) 校正调节

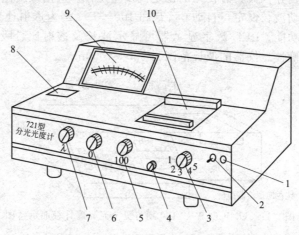

图 2-10 721型分光光度计板面示意图

1—指示灯；2—开关；3—灵敏度旋钮；4—比色皿定位器拉杆；5—光亮调节（100%旋钮）；
6—调"0"旋钮；7—波长（λ）调节器旋钮；8—波长视孔；9—电表（刻表盘）；10—比色皿暗盒盖

① 将灵敏度挡放在最低位置挡，打开电源开关，指示灯亮。打开比色皿暗盒盖，预热20min。

② 根据被测溶液选择所需的单色波长，转动波长调节器旋钮，由观察孔查看波长数值。然后依次放入4只比色皿（其中1只盛装参比溶液，3只盛装待测溶液），合上比色皿暗盒，使光通过参比溶液，转动100%旋钮，使指针落在满刻度。

③ 标定光度计的透光度。打开比色皿暗盒（即切断光路），调节调"0"旋钮，使表针指"0"。然后盖上比色皿暗盒盖，旋转100%旋钮，使表针调在满刻度（如调不到满刻度，说明照度不够，应先将100%旋钮反旋回来，再将灵敏度挡调高，以免指针猛烈偏转而损坏），然后再次调"0"和满刻度。

(3) 测量 调好"0"线和满刻度后,将比色皿定位器拉杆拉出一格,使一号待测溶液进入光路,记录溶液的吸光度。依次拉出第二、三格,分别记录它们的吸光度,再校准"0"线和满刻度,重复测定一次,取两次测量的平均值。

测量完毕后,迅速将暗盒盖打开,关闭仪器的电源开关,然后将灵敏度旋钮调至最低挡。取出比色皿,将装有硅胶的干燥袋放入暗盒内,合上暗盒盖。最后将比色皿用蒸馏水洗净,并用镜头纸将外面的水擦干,倒置晾干后放入盒内。

(4) 注意事项

① 仪器若连续使用超过 2h,应切断仪器的电源,30min 后,再开机使用。

② 仪器在通电而未比色测量时,必须将比色皿暗盒盖打开,切断光路,以延长光电管使用寿命。

③ 拿比色皿时,要用手指捏住两侧的磨砂面,透明光面严禁用手直接接触,以防止沾上油污或磨损,影响透光度。

④ 为避免待测溶液浓度改变,比色皿必须用待测溶液淋洗 2~3 次后,方可注入待测溶液。添加溶液高度不要超过比色皿高度的 2/3。沾在皿壁上的溶液先用滤纸轻轻吸干,然后再用镜头纸轻轻擦净透光表面,对光观察透明后才可放入暗盒内。

2.3.2 UNICO WFJ2100 型可见分光光度计

UNICO WFJ2100 型可见分光光度计的示意图如图 2-11 所示。它采用低杂散光、高分辨率的单光束光路结构,仪器具有良好的稳定性及重现性。应用最新微机处理技术,使操作更为简便,且具有自动波长设定,自动 $0\%T$ 和 $100\%T$(T 为透射比)调校等控制功能及多种方法的数据处理功能。LED 数字显示器可显示波长及透射比、吸光度和浓度等参数,提高了仪器的读数准确性。仪器的波长范围为 320~1000nm。

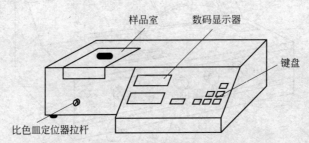

图 2-11 UNICO WFJ2100 型可见分光光度计板面示意图

UNICO WFJ2100 型可见分光光度计的操作步骤如下。

(1) 基本操作

① 连接仪器电源线,确保仪器供电电源有良好的接地性能。

② 接通电源,至仪器自检完毕,显示器显示"100.0 546nm"即可进行测试。为使仪器进入热稳定的工作状态,仪器应至少预热 20min。

③ 用<MODE>键设置测试方式:透射比(T)、吸光度(A)、已知标准样品浓度值(C)方式或已知标准样品浓度斜率(F)方式。

④ 用波长设置键设置测试波长。根据分析规程,每当分析波长改变时,必须重新调整 $0A/100\%T$。而且仪器特别设计了防误操作功能:每当改变波长时,显示器第一排会显示"BLA"字样,提示下步必须调 $0A/100\%T$。若设置完分析波长时,没有调 $0A/100\%T$,仪器将不会继续工作。

⑤ 根据设置的分析波长,选择正确的光源。光源的切换波长在 335nm 处(即 335nm 钨

灯，334nm 氘灯）。正常情况下，仪器开机后，钨灯和氘灯同时点亮。为延长光源灯的使用寿命，仪器特别设置了光源灯开关控制功能。当分析波长在 335～1000nm 时，可将氘灯关掉；而波长低于 334nm 时，可将钨灯关掉。

⑥ 将参比样品溶液和被测样品溶液分别倒入比色皿中，打开样品室盖，将盛有溶液的比色皿分别插入比色皿槽中，盖上样品室盖。一般情况下，参比样品放在第一个槽位中。

⑦ 将参比样品推（拉）入光路中，按 "0A/100%T" 键，调 $0A/100\%/T$，此时显示器显示 "BLA"，直至显示 "100.0" 或 "0.000" 为止。

⑧ 将被测样品推（拉）入光路中，从显示器上读到被测样品的透射比或吸光度值。

(2) 已知标准样品浓度值（C）的测量方法

① 用<MODE>键将测试方式设置至 A（吸光度）状态。

② 用 WAVE LENGTH $\wedge$ $\vee$ 设置键，设置样品的分析波长，根据分析规程，每当分析波长改变时，必须重新调整 $0A/100\%T$ 和 $0\%T$。

③ 将参比样品溶液、标准样品溶液和被测样品溶液分别倒入比色皿中，打开样品室盖，将盛有溶液的比色皿分别插入比色皿槽中，盖上样品室盖。一般情况下，参比样品放在第一个槽位中。

④ 将参比样品推（拉）入光路中，按 "0A/100%T" 键，调 $0A/100\%/T$，此时显示器显示 "BLA"，直至显示 "0.000" 为止。

⑤ 用<MODE>键将测试方式设置至 C 状态。

⑥ 将标准样品推（或拉）入光路中。

⑦ 按 "INC" 或 "DEC" 键，输入已知的标准样品浓度值，当显示器显示样品浓度值时，按 "ENT" 键。浓度值只能输入整数值，设定范围为 0～1999。

⑧ 将被测样品推（拉）入光路中，从显示器上读出被测样品的浓度值。

注意：若标准样品浓度值与它的吸光度的比值大于 1999 时，将超出仪器测量范围，此时无法得到正确结果。比如标准溶液浓度数值为 150，其吸光度数值为 0.065，二者之比为 150/0.065＝2308，已大于 1999。这时可将标样浓度值除以 10 后输入，即输入 15 后进行测试。此时从显示器上读到的浓度值需乘以 10 后才是被测样品的实际浓度值。

(3) 已知标准样品斜率（F）的测量方法

① 用<MODE>键将测试方式设置至 A（吸光度）状态。

② 用 WAVE LENGTH $\wedge$ $\vee$ 设置键，设置样品的分析波长，根据分析规程，每当分析波长改变时，必须重新调整 $0A/100\%T$ 和 $0\%T$。

③ 将参比样品溶液、标准样品溶液和被测样品溶液分别倒入比色皿中，打开样品室盖，将盛有溶液的比色皿分别插入比色皿槽中，盖上样品室盖。一般情况下，参比样品放在第一个槽位中。

④ 将参比样品推（拉）入光路中，按 "0A/100%T" 键，调 $0A/100\%/T$，此时显示器显示 "BLA"，直至显示 "0.000" 为止。

⑤ 用<MODE>键将测试方式设置至 F 状态。

⑥ 将标准样品推（或拉）入光路中。

⑦ 按 "INC" 或 "DEC" 键输入已知的标准样品斜率值，当显示器显示标准样品斜率值时，按 "ENT" 键。这时，测试方式指示灯自动指向 "F"，斜率值只能输入整数值。

⑧ 将被测样品依次推（拉）入光路中，从显示器上分别得到被测样品的浓度值。

2.4　电导率仪

电导率仪是测量电解质溶液电导率的仪器。其测量方法是将电导电极插入电解质溶液中，通过一定的方法测量两极间的电阻。而电阻的倒数是电导，影响电解质溶液电导的因素除了电解质的性质、溶液的浓度及温度外，还有测量时所用电极的面积（S）和两极间的距离（l）。在电导率仪中，常用的电极有铂黑电极和光亮电极，它们统称为电导电极，如图2-12所示。对于给定的电导电极，其l/S是常数，称为电极常数。每一电导电极的常数由生产厂家提供。

电导电极需根据被测溶液电导率的大小选择不同的形式。

若被测溶液的电导率较小（$<10^{-3} S \cdot m^{-1}$），选用光亮电极；若被测溶液的电导率较大（$1 \times 10^{-3} \sim 1 S \cdot m^{-1}$），则选铂黑电极，以增大电极的表面积，减小电流密度，防止极化的影响。

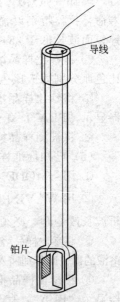

图2-12 电导电极

2.4.1 DDS-11A型电导率仪

DDS-11A型电导率仪示意图，如图2-13所示。

DDS-11A型电导率仪分为12个量程，其量程范围为$0 \sim 10^5 \mu S \cdot m^{-1}$。配套电极有DJS-1型光亮电极、DJS-1型铂黑电极、DJS-10型铂黑电极。表2-1列出了各量程范围对电导电极的选择情况。

DDS-11A型电导率仪的操作步骤如下。

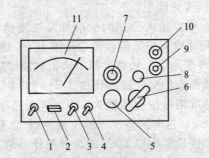

图2-13 DDS-11A型电导率仪示意图

1—电源；2—指示灯；3—高周/低周开关；4—校正/测量开关；5—校正调节器；
6—量程选择开关；7—电极常数调节器；8—电容补偿调节器；9—电极插口；
10—10mV输出插口；11—表盘

(1) 检查表头指针是否为零，若不指零，调节表头上的螺丝至指针指零。

(2) 将"校正/测量"开关扳至"校正"位置。

(3) 接通电源，打开电源开关，预热5min，待表头指针完全稳定下来。调节"校正调节器"，使表头指针在满刻度上。

表2-1 测量范围与配用电极

量程	电导率[①]/$\mu S \cdot m^{-1}$	测量频率	配用电极
1	$0 \sim 0.1$	低周	DJS-1型光亮电极
2	$0 \sim 0.3$	低周	DJS-1型光亮电极
3	$0 \sim 1$	低周	DJS-1型光亮电极
4	$0 \sim 3$	低周	DJS-1型光亮电极
5	$0 \sim 10$	低周	DJS-1型铂黑电极
6	$0 \sim 30$	低周	DJS-1型铂黑电极
7	$0 \sim 10^2$	低周	DJS-1型铂黑电极
8	$0 \sim 3 \times 10^2$	低周	DJS-1型铂黑电极
9	$0 \sim 10^3$	高周	DJS-1型铂黑电极

续表

量程	电导率[①]/μS·m^{-1}	测量频率	配用电极
10	0～3×10^3	高周	DJS-1 型铂黑电极
11	0～10^4	高周	DJS-1 型铂黑电极
12	0～10^5	高周	DJS-10 型铂黑电极

① 如以 SI 单位制的 S·m^{-1} 表示，则测量值×10^{-6}。

(4) 根据液体电导率的大小，选用低周或高周。将"高周/低周开关"扳向"低周"或"高周"位置。

(5) 将"量程选择开关"扳到合适挡上（若预先不知待测液体的电导率大小，先把它扳到最大挡，然后逐渐下降，以防表盘指针被打弯）。

(6) 根据液体电导率的大小选择不同的电极。使用 DJS-1 型光亮电极和 DJS-1 型铂黑电极时，将"电极常数调节器"调至与所用电极上标有的电极常数相对应的位置上。例如，若配套电极的电极常数为 1.0，则将"电极常数调节器"调至 1.0 处。

当溶液的电导率大于 10^4 μS·m^{-1} 时，使用 DJS-1 型电极无法进行测定，需使用 DJS-10 型铂黑电极，此时，应将"电极常数调节器"调节在配套电极的 1/10 电极常数位置上。例如，若电极常数为 9.8，则应将"电极常数调节器"调至 0.98 处，再将测得的读数乘以 10，就是被测溶液的电导率。

(7) 将电极插头插入电导率仪电极插口，拧紧螺丝，用少量待测溶液冲洗电极 2～3 次，将电极浸入待测溶液（应使待测溶液完全浸没电极上的铂片）。

(8) 调节"校正调节器"，使表针指在满刻度。

(9) 将"校正/测量开关"扳到"测量"位置，读得指针的指示数再乘"量程选择开关"所指倍率，即为待测溶液的电导率（读数时注意红点对红线，黑点对黑线）。将"校正/测量"开关再扳回"校正"位置，看指针是否满刻度，然后再将该开关扳到"测量"位置，重复测一次，取平均值。

(10) 测量完毕，将"校正/测量"开关扳到"校正"位置，取出电极，用蒸馏水冲洗后放回盒中。

(11) 关闭仪器电源，拔下插头，把仪器及附件包装放于仪器箱内。

2.4.2 DDS-307 型电导率仪

DDS-307 型电导率仪示意图，如图 2-14 所示。

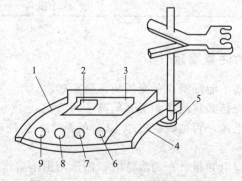

图 2-14 DDS-307 型电导率仪示意图
1—机箱盖；2—显示屏；3—面板；4—机箱底；5—电极杆插座；6—温度补偿调节旋钮；7—校准调节旋钮；8—常数补偿调节旋钮；9—量程选择开关旋钮

DDS-307 型电导率仪的操作步骤如下。

(1) 开机前检查仪器电源线是否接好，地线是否接地。

(2) 开机 预热 30min 后，进行校准。

(3) 校准 将量程选择开关旋钮指向"检查"，常数补偿调节旋钮指向"1"刻度线，温度补偿调节旋钮指向"25"刻度线，调节校准调节旋钮，使仪器显示 $100.0\mu S \cdot m^{-1}$。

(4) 选择电极 电导电极的电极常数有四种类型：0.01、0.1、1.0、10，可根据测量范围参照表 2-2 选择相应常数的电导电极。

表 2-2 电导常数的选择

测量范围/$\mu S \cdot m^{-1}$	推荐使用电导常数的电极	测量范围/$\mu S \cdot m^{-1}$	推荐使用电导常数的电极
0～2	0.01、0.1	2000～20000	1.0、10
0～200	0.1、1.0	20000～100000	10
200～2000	1.0		

常数为 1.0、10 的电导电极有光亮和铂黑两种形式，光亮电极测量范围以 $0～300/\mu S \cdot m^{-1}$ 为宜。

(5) 设置电极常数 调节常数补偿调节旋钮，使仪器显示值与电极上所标数值一致。如：电极常数为 $0.01025cm^{-1}$，则调节常数补偿调节旋钮使仪器显示值为 102.5（测量值=读数值×0.01）；电极常数为 $0.1025cm^{-1}$，则调节常数补偿调节旋钮，使仪器显示值为 102.5（测量值=读数值×0.1）；电极常数为 $1.025cm^{-1}$，则调节常数补偿调节旋钮，使仪器显示值为 102.5（测量值=读数值×1）；电极常数为 $10.25cm^{-1}$，则调节常数补偿调节旋钮，使仪器显示值为 102.5（测量值=读数值×10）。

(6) 设置温度 调节温度补偿调节旋钮，使其指向待测溶液的实际温度值。此时，测量得到的是待测溶液经过温度补偿后折算为 25℃下的电导率值。如果将温度补偿调节旋钮指向"25"刻度线，那么测量的将是待测溶液在该温度下未经补偿的原始电导率值。

(7) 测量 将量程选择开关旋钮按表 2-3 所示置于合适位置。当测量过程中显示值消失，说明测量值超出量程范围，此时，应切换量程选择开关旋钮至上一档量程。

表 2-3 量程范围表

序号	选择开关位置	量程范围/$\mu S \cdot m^{-1}$	被测电导率/$\mu S \cdot m^{-1}$
1	Ⅰ	0～20.0	显示读数×C[①]
2	Ⅱ	20.0～200.0	显示读数×C
3	Ⅲ	200.0～2000	显示读数×C
4	Ⅳ	2000～20000	显示读数×C

① C 为电导电极常数值。

2.4.3 使用电导率仪的注意事项

(1) 测量时电极的导线不能潮湿，否则影响测量准确度。

(2) 盛装被测溶液的烧杯必须洁净，无其他离子污染。

(3) 对纯水的测量应迅速，否则因空气中 CO_2 的溶入，会使电导率很快上升，影响测量结果。

(4) 测量电阻很高（即电导很低）的溶液时，需选用由溶解度极小的中性玻璃、石英或塑料制成的容器盛装。

(5) 测量时一般用被测溶液冲洗电极三次即可。如用吸水纸（如滤纸）吸干电极上的液体，应注意切不可擦及铂黑，以免铂黑脱落。

第 3 章
实验结果的表示与处理

3.1 有效数字

3.1.1 有效数字简介

在化学实验中,经常用仪器来测量某些物理量,对测量数据所选取的位数,以及在计算时该选几位数字,都要受到所用仪器的精确度的限制。从仪器上能直接读出(包括最后一位估计读数在内)的几位数字通常称为有效数字。任何超越或低于仪器精确度的有效数字位数的数字都是不正确的。由此可见,有效数字是由实验时的实际情况决定的,而不是由计算结果决定的。

例如,100mL 量筒的最小刻度为 1mL,两刻度之间可估计出 0.1mL。用量筒测量溶液体积时,最多只能取到小数点后第一位。如 16.4mL,是三位有效数字。又如 50mL 滴定管的最小刻度是 0.1mL,两刻度之间可估计出 0.01mL。用滴定管测量溶液体积时,可取到小数点后第二位,如 16.42mL,是四位有效数字。

以上这些测量值中,最后一位(即估计读出的)为可疑数字,其余为准确数字。所有的准确数字和最后一位可疑数字都称为有效数字。任何一次直接测量,其数值都应记录到仪器刻度的最小估计数,即记录到第一位可疑数字。

有效数字的位数可从表 3-1 中的几个数值来说明。

表 3-1 有效数字的位数

数值	0.108	0.0108	0.1080	1.080	1000	1800
有效数字的位数	3	3	4	4	不确定	不确定

从以上几个数字可看出,"0"只有在数字的中间或在小数部分的数字后面时,才是有效数字。此时"0"表示的是一定的数值,如 1.080 是四位有效数字,最后的"0"并非多余,丢掉它就相当于降低了测量的精确度。所以,有效数字最后的"0"是不能随意增减的。

当"0"在数字前面时,只起定位作用,表示小数点的位置,并不是有效数字。小数点的位置与测量的精确度无关,而与测量所用的单位有关。如 16.42mL 如果用"升"作单位则为 0.01642L,两者的有效数字都是四位。0.0000164 的有效数字为三位,可表示为 1.64×10^{-5}。

而像 1000、1800 中以"0"结尾的正整数,"0"的意义不够确切,其有效数字的位数只能按照实际测量的精确度来确定。若它们有两位有效数字,分别表示为 1.0×10^3 和 1.8×10^3;若它们有三位有效数字,则分别表示为 1.00×10^{-3} 和 1.80×10^{-3}。

3.1.2 有效数字的运算规则

几个数据进行运算应先统一有效数字的位数。在确定了有效数字保留的位数后,按"四舍五入"的原则弃去多余的数字,即当尾数≤4时,弃去;尾数≥5时,进位。也有使用"四舍六入五留双"的原则,即当尾数≤4时,弃去;尾数≥6时,进位;尾数=5时,若进位后得偶数,进位,若弃去后得偶数,弃去。例如,将 1.644、1.648、1.615 和 1.625 分别整理成三位数,按"四舍六入五留双"的原则,分别得 1.64、1.65、1.62 和 1.62。

(1) 加减运算 几个数据进行加减时,所得结果有效数字的位数,应与各加减数中小数点后面位数最少者相同。

例如,18.2154、2.561、4.52、1.002 相加,其中 4.52 的小数点后的位数最少,只有两位,所以应以它为标准,其余几个数也应根据"四舍五入"原则保留到小数点后两位。所以有

$$\begin{array}{r}18.22\\2.56\\4.52\\+1.00\\\hline 26.30\end{array}$$

(2) 乘除运算 几个数据进行乘除运算时,它们的积或商的有效数字,应与各乘除数中有效数字最少的数相同,与小数部分的位数无关。

例如 $34.64\times0.0123\times1.07892$

其中 0.0123 的有效数字为三位,在几个相乘的数中最少,所以应以它为标准进行计算。其余几个数先根据"四舍五入"原则简化为三位有效数字后再进行计算,即

$$34.6\times0.0123\times1.08=0.460$$

在计算的中间过程,可多保留一位有效数字,以避免多次四舍五入造成误差的积累。最后的结果再舍去多余的数字。

(3) 对数运算 在对数运算中,真数的有效数字的位数与对数的尾数(小数部分)的位数相同,即真数有几位有效数字,则其对数的尾数也应有几位有效数字,与首数(整数部分)无关。因为首数只起定位作用,不是有效数字。如大气压 $p=1.013\times10^5\mathrm{Pa}$,是四位有效数字,其对数应为 $\lg p=5.0056$,其中对数的整数部分 5 只是 10 的方次,而不是有效数字。

又如,pH=4.80,其有效数字为两位,所以有

$$c(\mathrm{H}^+)=10^{-4.80}=1.6\times10^{-5}\mathrm{mol\cdot L^{-1}}(\text{取二位有效数字})$$

需要注意的是,由于电子计算器的普遍应用,在计算过程中,虽然不需要对每一计算过程的有效数字进行整理,但应注意在确定最后计算结果时,必须保留正确的有效数字的位数。因为测量结果的数值、计算的精确度均不能超过测量的精确度。

3.2 误差

3.2.1 准确度与误差

准确度是指测定值与真实值之间相差的程度,用"误差"表示。误差越小,表示测量值与真实值越接近,测量结果的准确度越高。反之,准确度就越低。

误差又分为绝对误差和相对误差,其表示方法为

$$绝对误差(E)=测量值(x)-真实值(T)$$

$$相对误差(E\%)=\frac{测量值(x)-真实值(T)}{真实值(T)}\times 100$$

误差有正值和负值。正值表示测量结果偏高,负值表示测量结果偏低。

例如,用分析天平称量 A、B 两份样品的质量分别是 1.6120g 和 0.1612g,而样品 A、B 的真实质量分别为 1.6121g 和 0.1613g。误差分析结果见表 3-2。

表 3-2 误差分析结果

样品	A 样品	B 样品	样品	A 样品	B 样品
测量值/g	1.6120	0.1612	绝对误差/g	-0.0001	-0.0001
真实值/g	1.6121	0.1613	相对误差	-0.006%	-0.06%

两次称量的结果都偏低,且绝对误差相同,但是它们的相对误差却不同。绝对误差与测量值的大小无关,而相对误差由于表示误差在测量结果中所占的百分数,则与测量值的大小有关,测量值越大,相对误差越小。因此,相对误差更具有实际意义,测定结果的准确度常用相对误差来表示。

3.2.2 精密度与偏差

精密度是指在相同条件下多次测定的结果互相吻合的程度,表现了测定结果的再现性。精密度用"偏差"表示。偏差越小说明测定结果的精密度越高。

偏差分为绝对偏差和相对偏差。其表示方法为

$$绝对偏差(d)=单次测量值(x)-测量平均值(\bar{x})$$

$$相对偏差(d\%)=\frac{绝对偏差}{平均值}\times 100$$

即

$$d\%=\frac{d}{\bar{x}}\times 100=\frac{x-\bar{x}}{\bar{x}}\times 100$$

绝对偏差是单次测量值与测量平均值的差值。相对偏差是绝对偏差在平均值中所占的百分数。绝对偏差和相对偏差都只是表示了单次测量结果对平均值的偏离程度。为了更好地说明精密度,在实验工作中常用平均偏差和相对平均偏差来衡量总测量结果的精密度。分别表示为

$$平均偏差(\bar{d})=\frac{|d_1|+|d_2|+|d_3|+\cdots+|d_n|}{n}$$

$$相对平均偏差(\bar{d}\%)=\frac{\bar{d}}{\bar{x}}\times 100$$

式中,n 为测定次数;$|d_n|$ 为第 n 次测量结果的绝对偏差的绝对值。平均偏差和相对平均偏差不计正负。

3.2.3 误差的种类及其产生的原因

(1) 系统误差 系统误差又称可测误差,它是由某种固定的原因造成的,例如方法误差(由测定方法本身引起的)、仪器误差(仪器本身不够精密)、试剂误差(试剂不够纯)、操作误差(正常操作情况下,操作者本身的原因)。这些情况产生的误差,在同一条件下重复测定时会重复出现。增加平行测定的次数,采取数理统计的方法不能消除系统误差。系统误差可通过采用标准方法或标准样品进行对照实验、空白实验、校正仪器等进行修正。

（2）偶然误差　偶然误差又称随机误差，它是由一些难以控制的某些偶然因素引起的误差，如测定时温度、气压的微小波动，仪器性能的微小变化，操作人员对各份试样处理时的微小差别等。由于引起的原因有偶然性，所以造成的误差是可变的，有时大有时小，有时是正值有时是负值。通过多次平行实验并取结果的平均值，可减少偶然误差。在消除了系统误差的情况下，平行测量的次数越多，测量结果的平均值越接近真实值。

除上述两类误差外，还有因工作疏忽、操作马虎而引起的过失误差，如试剂用错、刻度读错、砝码认错或计算错误等，均可引起很大的误差，这些都应力求避免。

3.2.4　准确度与精密度的关系

系统误差是测量中误差的主要来源，它影响测定结果的准确度。偶然误差影响结果的精密度。测定结果准确度高，一定要精密度也好，才能够表明每次测定结果的再现性好。若精密度很差，则说明测定结果不可靠，已失去衡量准确度的前提。

有时，测定结果精密度很好，说明它的偶然误差很小，但不一定准确度就很高。例如甲、乙、丙三人同时分析一瓶 NaOH 溶液的浓度，真实值为 $0.1034\,\text{mol}\cdot\text{L}^{-1}$，测定结果见表 3-3。

表 3-3　不同实验人员对同一瓶溶液的测定结果及其误差

实验人员		甲	乙	丙
实验编号	$c_1/\text{mol}\cdot\text{L}^{-1}$	0.1010	0.1030	0.1031
	$c_2/\text{mol}\cdot\text{L}^{-1}$	0.1011	0.1061	0.1033
	$c_3/\text{mol}\cdot\text{L}^{-1}$	0.1012	0.1086	0.1032
平均值/$\text{mol}\cdot\text{L}^{-1}$		0.1011	0.1059	0.1032
真实值/$\text{mol}\cdot\text{L}^{-1}$		0.1034	0.1034	0.1034
差值/$\text{mol}\cdot\text{L}^{-1}$		0.0023	0.0025	0.0002

甲的分析结果的精密度高，但准确度低，平均值与真实值相差较大；乙的分析结果精密度低，准确度也低；丙的分析结果精密度和准确度都比较高。可见精密度高不一定准确度高。只有在消除了系统误差之后，才能做到精密度又好，准确度又高。因此，在评价测量结果的时候，必须将系统误差和偶然误差的影响结合起来考虑，以提高测定结果的准确性。

3.3　实验数据的处理

实验数据的处理主要有列表法、作图法和数学方程式法。以下对列表法和作图法加以简单介绍。

3.3.1　列表法

将实验数据进行整理、归纳，按照一定的规律和形式一一对应列成表格。列表时应注意如下事项。

（1）列出表格的序号、名称、实验条件、数据来源。若有进一步说明可以附注的形式列于表的下方。

（2）表中的第一行（表格顶端横排）或第一列（最左边纵列）都应标明变量的名称和单位，并尽可能用符号简单明了地表示出来。如 $c(\text{NaOH})/\text{mol}\cdot\text{L}^{-1}$、$T/\text{K}$、$V(\text{HCl})/\text{mL}$ 等。

（3）在表中列出与变量一一对应的数据，通常为纯数，并注意有效数字。为表示数据的变化规律，数据的排列应以递增或递减的方式列出。每一行中的数字应整齐排列，位数和小数点要对齐。

(4) 处理后的数据可与原始数据列于同一表格中，必要时将数据处理方法或处理用的计算公式列在表的下方。

(5) 若需要作特别说明，可采用表注。

列表法简单明了，数据一目了然，便于数据的检查、处理和比较。

3.3.2 作图法

利用图形表达实验结果，可以明了、直观地表示出实验数据的特点、连续变化的规律性，如极大值、极小值、转折点、周期性等。还可以利用图形求得内插值、外推值、直线的斜率和截距等。另外，由于作图法是由多个数据作出的图形，具有"平均"的意义，因而可发现或消除一些偶然误差。

3.3.2.1 作图的一般方法

作图法的应用非常广泛，为了能正确地通过作图表示实验的结果，在作图时应注意如下事项。

(1) 作图纸的选择　最常用的是直角坐标纸，有时根据需要也选择半对数坐标纸和对数坐标纸。

(2) 坐标轴的确定　习惯上以自变量作横坐标，因变量作纵坐标。坐标轴的旁边应注明变量的名称和单位。坐标轴的起点不一定从"0"开始，可视具体情况而定。

坐标轴比例尺的选择要恰当，应能表示出全部的有效数字，使从作图法求出的物理量的精确度与测量的精确度相适应。每小格所对应的数值应易于读出，如 1、2、4、5、10 等，而不宜使用 3、7、9 或小数。若所作图形为直线或近乎直线，应使图形尽可能位于两坐标轴的对角线附近。

(3) 代表点的标绘　将数据以点的形式标绘于坐标纸上，可用〇、×、□、△等符号表示。在同一张坐标纸上如有几组不同的测量值时，各组数据的代表点应用不同的符号表示，并在图上加以注明。

(4) 线的绘制　依据数据点的分布趋势，用直尺或曲线板描绘直线或曲线。画出的线条应光滑、均匀、清晰。所绘的线不必通过所有点，但应与数据点的距离尽可能小，同时使各点均匀地分布在线的两旁，且在数量上近似相等（即使各点与线的距离的平方和最小）。

(5) 标注图名和条件　给绘制好的图写上名称，并标明主要的测量条件和实验日期。

3.3.2.2 应用计算机软件绘图

计算机软件在数据处理和作图时可以迅速、准确地确定数据点，利用精确的计算方法处理数据，避免了手工绘图的随意性，提高了数据处理的准确性和精确性，在化学实验数据的处理上已广泛使用。常用的计算机作图软件有 Microsoft Excel 和 Origin 等。下面结合"化学反应速率"实验中活化能测定的数据处理，介绍用 Microsoft Excel 软件绘图的方法。相关的实验数据列于表 3-4 中。

表 3-4　温度对反应速率的影响

实验编号	1	2	3	4
温度 T/K	273	280	291	301
时间 $\Delta t/s$	415	220	103	49
反应速率 $v=\Delta[S_2O_3^{2-}]/2\Delta t$	1.8×10^{-6}	3.4×10^{-6}	7.3×10^{-6}	1.5×10^{-5}
反应速率常数 $k=v/[S_2O_3^{2-}][I^-]$	6.2×10^{-3}	1.2×10^{-3}	2.5×10^{-2}	5.1×10^{-2}
$\lg k$	-3.21	-2.92	-2.60	-2.29
$1/T$	3.66×10^{-3}	3.57×10^{-3}	3.44×10^{-3}	3.32×10^{-3}

（1）运行 Microsoft Excel 2019 软件，在工作表 Sheet1 中将表 3-4 "$1/T$" 数据输入 A 列，"$\lg k$" 数据输入 B 列。

（2）点击"插入"菜单，选择"推荐的图表"，出现"插入图表"对话框，选择"所有图表"，选择"XY 散点图"，按"确定"。

（3）点击图片右边出现的"＋（图表元素）"图标，选"坐标轴标题"方框，之后双击图中的标题位置输入"$\lg k$-$1/T$ 关系图"双击图中的 X 轴标题位置输入"$1/T$"，双击图中的 Y 轴标题位置输入"$\lg k$"，得到图 3-1。

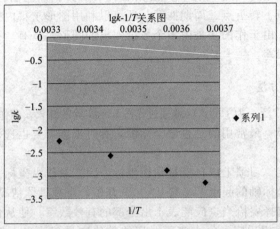

图 3-1　用 Microsoft Excel 绘制的关系图

（4）将鼠标移至图中任意位置，如绘图区、网格线、坐标轴等，单击右键，进行调节和修改。

（5）点击图片右边出现的"＋（图表元素）"图标，先选"趋势线"左侧方框，再点击"趋势线"右边的三角符号，点击"更多选项"，屏幕右侧出现"设置趋势线格式"窗口，"趋势线选项"中选择"线性"，再选"显示公式"和"显示 R 平方值"，按"确定"，得到完成的图，见图 3-2。

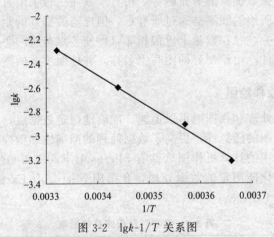

图 3-2　$\lg k$-$1/T$ 关系图

同时得到回归方程：$y = -2667.9x + 6.5761, R^2 = 0.9972$。

由于
$$-2667.9 = -\frac{E_a}{2.303R}$$

计算得

活化能 $E_a = 51.1 \text{kJ} \cdot \text{mol}^{-1}$。

第 4 章
基本操作实验

实验 1　简单玻璃加工操作

【预习】

1. 酒精喷灯的构造、原理和使用方法。
2. 安全操作和事故处理。

【实验目的】

1. 学习酒精喷灯的正确使用方法。
2. 掌握玻璃管（棒）的截断、弯曲、拉细等基本操作技术。

【实验提要】

1. 玻璃管（棒）的截断

将玻璃管（棒）平放在桌子的边缘上，用左手按住要切割处，右手用三角锉的棱边（或薄片小砂轮的棱边）在要切割的部位用力向前或向后锉（向一个方向锉，不要来回锯），如图 4-1（a）所示。使其锉出一道深而短的凹痕，然后双手持玻璃管（棒），使凹痕朝外，两手的拇指放在划痕背面，如图 4-1（b）所示。用瞬间力向前推压，同时两手向左右两侧拉开，玻璃管（棒）即被折断，如图 4-1（c）所示。

2. 玻璃管（棒）的圆口

玻璃管（棒）的切割断面的边缘很锋利，容易割破皮肤、橡皮管或塞子，必须在火焰中烧熔，使之平滑，这一操作称为圆口。圆口时，将切割断面斜置于灯焰的氧化焰边沿处，如图 4-2 所示。并不断转动玻璃管（棒），直至管口红热并熔化成平滑的管口，但加热时间不宜太长，以免管口口径缩小。取出烧热的玻璃管（棒），放在石棉网上冷却，切不可直接放在实验台面上，以免烧坏台面，更不可用手去摸，以防烫伤。

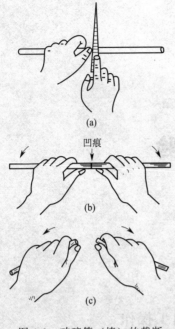

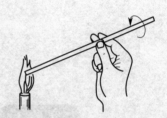

图 4-1 玻璃管（棒）的截断　　　　图 4-2 玻璃管（棒）的圆口

3. 玻璃管（棒）的弯曲

弯曲玻璃管（棒）时，最好在灯管上罩以鱼尾灯头扩大火焰，增加玻璃管（棒）的受热面积。操作时，双手持玻璃管（棒）的两端，将要弯曲的部位先用小火预热一下，然后置于灯焰的氧化焰内，缓慢而均匀地转动玻璃管（棒），使四周受热均匀，如图 4-3（a）所示（如不用鱼尾灯头，可将玻璃管稍左右移动，以扩大玻璃管的受热面积）。注意转动玻璃管（棒）时，两手用力要均等，转速要一致，以免玻璃管（棒）在火焰中受热不均匀及软化后发生扭曲。加热到玻璃软化，将它稍离火焰，等两秒钟左右，使各部位温度均匀后，两手慢慢将玻璃管（棒）弯曲，如图 4-3（b）所示。注意在弯曲时，角度要慢慢从大到小，并在火焰上晃动玻璃管（棒），使火焰不时加热到玻璃管弯曲部位的前后左右，要保持弯曲部位

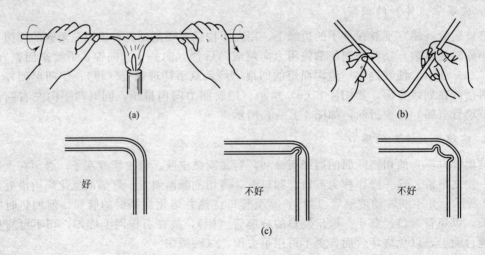

图 4-3 玻璃管（棒）的弯曲

圆滑且不折曲，直至角度达到要求后，离开火焰，待其冷却变硬，然后放在石棉网上继续冷却。120°以上的角度，可以一次弯成；较小的角度，可以分几次弯成，先弯成较大角度，然后在前一次受热部位的稍左或稍右处进行第二次加热和弯曲，直到弯成所需的角度为止。玻璃管弯成后，应检查弯成的角度是否准确，弯曲处是否平整，整个玻璃管是否在同一平面上，如图 4-3（c）所示。

4. 玻璃管（棒）的拉细

拉细玻璃管（棒）时，加热方法与弯曲玻璃管（棒）时的方法基本一致，但加热时，灯管不需鱼尾灯头，且烧得要比弯曲玻璃管时更软一些，待玻璃管（棒）烧到变软并呈红黄色时，才移出火焰，在同一水平面向左右边拉边微微转动玻璃管（棒），如图 4-4 所示。拉至所需细度时，一手持玻璃管（棒），使之垂直下垂片刻，冷却后，按所需长度将其截断。

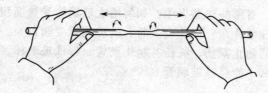

图 4-4　玻璃管（棒）的拉细

5. 滴管的制作

将拉细的玻璃管冷却后，在拉细的中间处用三角锉截断，并将细的一端断口稍微烧一下进行圆口（稍微碰一下火焰，然后迅速离开，反复多次，切勿一直在火焰中加热，否则小管口可能被封住），粗的一端在火焰上加热至红热，烧熔后立即垂直在石棉网上轻轻地按压一下，冷却后再套上橡胶头，即制成滴管。

6. 带珠玻璃棒或玻璃匙的制作

将拉细的玻璃棒在中间处截断，把细的一端斜向上插入火焰，细小的玻璃柱受热熔化而向上收缩为球珠。不时转动玻璃棒，使小球珠不歪斜，视玻璃球珠大小合适时，离开火焰，让球珠下垂，冷却。把粗端圆口，即成带珠玻璃棒。如制作玻璃匙，则当球珠大小合适时（比带珠玻璃棒的珠要大得多），右手拿钳子在火焰上预热（此时玻璃珠不能离开火焰，并熔化红透），然后张开钳口快速把熔化的整个玻璃球珠钳扁，并使之与玻璃棒成近 90°角，离开火焰，放开钳口，冷却。将另一端圆口，即制成玻璃匙。

【仪器和材料】

仪器：酒精喷灯、三角锉刀（或小砂轮片）、钳子、石棉网。
材料：玻璃管、玻璃棒、橡胶吸头、火柴、隔热石棉板（或瓷板）。

【实验内容】

1. 酒精喷灯的使用

根据实验室提供的灯具（挂式酒精喷灯或座式酒精喷灯），按照第 1 章 1.3.1 所述灯具的使用方法，点燃灯具，调节火焰到最佳燃烧状态，备用。

2. 玻璃加工操作

（1）领取玻璃管（棒）反复练习截断、圆口、弯曲、拉细的基本操作。

(2) 截取长度为 20cm 的玻璃管三根，并分别弯成 120°、90°、60°角。

(3) 截取长度为 25cm 的玻璃管一根，在中央部位拉细，制作两支滴管。滴管的规格是从滴管滴出 20～25 滴水的体积约为 1mL。

(4) 截取玻璃棒两根，一根长度为 16cm，制作普通搅拌用玻璃棒一支；另一根长度为 30cm，在中央部位拉细后截断，制作带珠玻璃棒和玻璃匙各一支。

【注意事项】

1. 截断玻璃时，用瞬间力向前推压的同时，两手向左右两侧拉开，谨防弄伤。
2. 高温熔烧过的玻璃端，一定要放在石棉网上，谨防烫伤。

【思考题】

1. 使用酒精喷灯时，有哪些注意事项？如何增大玻璃管受热面积？
2. 切割玻璃管时应注意什么？为什么截断后的玻璃管要圆口？
3. 玻璃操作中应如何防止割伤、烫伤？制作滴管、带珠玻璃棒、玻璃匙的要领是什么？
4. 普通酒精灯为什么不能烧软玻璃管（棒）？

实验 2　分析天平的使用

【预习】

1. 电子天平的构造、原理。
2. 直接称量法、固定质量称量法和差减称量法。

【实验目的】

1. 学习天平的使用和正确的称量方法。
2. 学习实验中有效数字的正确表达和处理。

【仪器、药品和材料】

仪器：电子台秤、电子天平、称量瓶、小烧杯。
药品：NaCl（固）、金属片（锌片、铝片、不锈钢片）。
材料：称量纸。

【实验内容】

1. 称量前天平的检查

检查天平是否水平（天平水平仪中空气泡位于圆环中央表示天平处于水平状态）。若不平，调节天平螺旋脚至水平。

2. 接通电源

电子天平需要预热 30min 以上再进行校正，使天平处于称量状态。

3. 直接法称量

(1) 称量金属片　从指导教师处领取已编号的金属一片，称出其质量，记录数据，并将结果与老师核对。要求称量误差不超过 1mg。

(2) 称量称量瓶　从指导教师处领取一洁净、干燥的称量瓶（连称量瓶盖），先在电子台秤上粗称，记录称量数据后，再在天平上准确称量，记录称量数据。

4. 差减法称量

在上述已知质量的称量瓶中加入约 2g 固体 NaCl（电子台秤粗称，至 0.01g），再在天平上称出称量瓶和 NaCl 的总质量，记录称量数据（m_1）。

取两个干净小烧杯，编号、备用。

从称量瓶中转移 0.13～0.15g NaCl 于 1 号小烧杯中，再准确称出余下的 NaCl 和称量瓶的总质量，记录称量数据（m_2）。

再从称量瓶中转移 0.13～0.15g NaCl 于 2 号小烧杯中，然后准确称出余下的 NaCl 和称量瓶的总质量，记录称量数据（m_3）。

5. 固定质量法称量

取一张称量纸，除皮清零，将要称量的试样加到称量纸上，准确称取 0.1500g NaCl 试样。

6. 称量结束后天平的检查

①关闭电源，拔下插头；②取出样品；③关好天平边门；④罩好天平罩，在实验记录本上登记、签名。

【数据记录与结果处理】

将实验数据的记录和计算结果填写到表 4-1 中。

表 4-1　实验数据记录

称量物		称量物质量/g
金属片	$m_{金}$	
称量瓶+试样（倾样前）	m_1	
称量瓶+试样（第 1 次倾样）	m_2	
称量瓶+试样（第 2 次倾样）	m_3	
NaCl（1 号烧杯）	m_1-m_2	
NaCl（2 号烧杯）	m_2-m_3	

【注意事项】

1. 称量固体粉末时，药匙取样不要太多，谨防洒落在天平舱内。
2. 称量瓶盖与瓶身编号应该一致。不可用手直接拿称量瓶。

【思考题】

1. 能否用天平称量温度高于或低于室温的被称物？为什么？
2. 下列情况对称量结果有无影响？若有，是什么影响？
①天平水平仪的气泡不在中心位置；②未关闭天平门；③用手直接拿砝码。

实验 3　二氧化碳分子量的测定

【预习】

1. 理想气体状态方程、阿伏伽德罗定律。
2. 气体的发生、净化、干燥和收集等基本操作。

【实验目的】

1. 学习利用气体相对密度法测定气体分子量的原理和方法。
2. 进一步掌握电子天平的使用方法。

【实验原理】

根据阿伏伽德罗定律，在同温同压下，同体积的任何气体都含有相同数目的分子。因此，在同温同压下，同体积的两种不同气体的质量之比等于它们的分子量之比

$$\frac{m_A}{m_B}=\frac{M_A}{M_B}$$

式中，m_A、m_B 分别为气体 A、B 的质量；M_A、M_B 分别为气体 A、B 的分子量。

如果以 D 表示气体的相对密度，则

$$D=\frac{m_A}{m_B}=\frac{M_A}{M_B}$$

或 $M_A=DM_B$

本实验是在同温同压下，分别测定同体积的 CO_2 气体和空气（平均分子量为 29.0）的质量，由下式即可计算 CO_2 的分子量

$$M(CO_2)=\frac{m(CO_2)}{m(空气)}\times 29.0$$

式中，$m(CO_2)$ 为 CO_2 的质量，可由两次称量求得。

第一次称量充满空气的容器（带塞子），质量为

$$m_1=m(容器)+m(空气)$$

第二次称量充满 CO_2 的容器（带塞子），质量为

$$m_2=m(容器)+m(CO_2)$$

由 m_1-m_2 可得

$$m(CO_2)=m_2-m_1+m(空气)$$

m（空气）可根据实验时测得的大气压力（p）、温度（T）、容器的容积（V）利用理想气体状态方程求算

$$m(空气)=\frac{29.0pV}{RT}$$

式中，容器的容积（V）可由称量充满水的容器求得

$$m_3=m(容器)+m(水)$$

由 m_3-m_1 可得

$$m_3-m_1=m(水)-m(空气)\approx m(水)$$

式中，m（空气）可忽略。水的密度 ρ 为 $1.00\text{g}\cdot\text{mL}^{-1}$，则容器的容积（$V$）为

$$V=\frac{m(水)}{\rho}=\frac{m_3-m_1}{1.00}$$

计算出容器的容积（V）后，根据上述有关公式，即可求出 CO_2 的分子量。

【仪器、药品和材料】

仪器：电子天平、台秤、温度计、气压计、启普发生器、洗气瓶、锥形瓶、胶塞、导气管。

药品：HCl（$6mol \cdot L^{-1}$）、大理石、$NaHCO_3$（饱和）、H_2SO_4（工业级，浓）。

材料：玻璃丝、玻璃管、胶管。

【实验内容】

1. 充满空气的锥形瓶和塞子的称量

取一个洁净而干燥的锥形瓶，用一个合适的胶塞塞住瓶口，在胶塞上做一记号，以固定胶塞塞入瓶口的位置。在电子天平上称得质量 m_1（准确至 0.1mg）。

2. 充满二氧化碳的锥形瓶和塞子的称量

将从启普发生器中（HCl+大理石）制备的 CO_2 气体，经过净化和干燥后（图 4-5）导入锥形瓶，由于 CO_2 气体比空气略重，所以必须把导管插到瓶底。

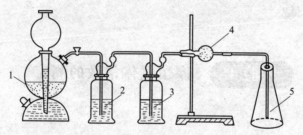

图 4-5　二氧化碳气体的制备装置
1—启普发生器；2—$NaHCO_3$（饱和）；3—H_2SO_4（浓）；4—玻璃丝；5—收集器

等 4～5min 后，缓慢取出导气管，用塞子塞入瓶口至原记号位置，在电子天平上称得质量 m_2。然后再重复充 CO_2 气体和称量的操作，直到前后两次的称量相差小于 2mg 为止。这时可以认为瓶内的空气已完全被 CO_2 气体所取代。

3. 充满水的锥形瓶和塞子的称量

往锥形瓶内加满水，塞入塞子至原记号位置。在台秤上称得质量 m_3（准确至 0.1g）。记录实验时的室温和大气压。

【数据记录与结果处理】

室温＿＿＿＿＿℃，$T=$＿＿＿＿＿K。
大气压力＿＿＿＿＿mmHg，$p=$＿＿＿＿＿Pa。
充满空气的锥形瓶和塞子的质量 $m_1=$＿＿＿＿＿g。
充满 CO_2 的锥形瓶和塞子的质量 $m_2=$＿＿＿＿＿g。
第一次 $m_{2(1)}=$＿＿＿＿＿g。
第二次 $m_{2(2)}=$＿＿＿＿＿g。
第三次 $m_{2(3)}=$＿＿＿＿＿g。

充满水的锥形瓶和塞子的质量 $m_3 = $ _____ g。
锥形瓶的容积 $V = $ _____ mL。
锥形瓶内空气的质量 m(空气) $= $ _____ g。
锥形瓶内 CO_2 的质量 $m(CO_2) = $ _____ g。
CO_2 对空气的相对密度 $D = $ _____。
CO_2 的分子量 $M(CO_2) = $ _____。
计算实验误差,并分析产生误差的主要原因。文献值 $M(CO_2) = 44.02$。

【注意事项】

1. 应确保二氧化碳称量完毕,才可以装水称量,切不可弄反实验顺序。
2. 如果用钢瓶装 CO_2 代替启普发生器制备的 CO_2,装满 CO_2 后盖紧的锥形瓶要放置一会与室温平衡。因为减压后 CO_2 的温度一般较室温低一些。

【思考题】

1. 怎样可以认为锥形瓶中已充满二氧化碳?
2. 为什么在计算锥形瓶的容积时不考虑空气的质量,而在计算 CO_2 的质量时却要考虑空气的质量?
3. 为什么充满空气或 CO_2 的容器的质量,要在电子天平上称量,而充满水的容器的质量却可以在台秤上称量?

实验 4 摩尔气体常数的测定

【预习】

1. 气体状态方程、分压、分压定律。
2. 气体的收集方法与水的饱和蒸气压。

【实验目的】

1. 学习测定摩尔气体常数的实验原理和方法。
2. 了解气压计的使用方法。

【实验原理】

本实验通过金属镁与稀硫酸置换反应制备氢气的方法来测定摩尔气体常数 R。其反应为
$$Mg(s) + H_2SO_4(aq) \longrightarrow MgSO_4(aq) + H_2(g) \uparrow$$
反应温度 T 和压力 p 可由温度计和气压计测定。氢气的体积 $V(H_2)$ 通过量气管测得。氢气的物质的量 $n(H_2)$ 由镁条的质量和相关的化学计量关系求得。由于氢气是采取排水集气法收集,氢气的分压可由分压定律求出:
$$p = p(H_2) + p(H_2O)$$
$$p(H_2) = p - p(H_2O)$$
式中,$p(H_2O)$ 为实验温度下水的饱和蒸气压,可从附录 5 中查出。
将以上有关氢气的各项数据代入理想气体状态方程 $pV = nRT$,可求得摩尔气体常数 R

$$R=\frac{p(\mathrm{H}_2)V(\mathrm{H}_2)}{n(\mathrm{H}_2)T}$$

【仪器、药品和材料】

仪器：电子天平、摩尔气体常数测定装置（见图 4-6，由量气管、平衡漏斗、反应试管、铁架台、铁夹、铁圈、胶管、胶塞、导气管等组成）、气压计、量筒。

药品：H_2SO_4（$2.0\mathrm{mol}\cdot L^{-1}$）、镁条。

材料：砂纸、称量纸。

【实验内容】

1. 称量镁条

用电子天平准确称取 $0.0300\sim0.0400\mathrm{g}$ 镁条（已用砂纸擦去其表面的氧化膜）。

2. 摩尔气体常数的测定

(1) 按图 4-6 安装实验装置。

(2) 往量气管内注水至略低于零刻度处。上下移动平衡漏斗以赶尽胶管内的气泡，然后连接反应试管和量气管。

(3) 取下反应试管，加入 $5\mathrm{mL}$ $2.0\mathrm{mol}\cdot L^{-1}$ H_2SO_4（小心加入，注意不要使酸沾在试管壁上）。将称好的镁条用蒸馏水润湿，小心地粘在反应试管内壁的上端（切勿与酸接触），塞好胶塞。

(4) 检查装置是否漏气。将平衡漏斗向下移动一段距离后，保持在一定位置上。若量气管的水面不断下降，表示装置漏气，此时应检查原因，调整装置至不漏气。若量气管中的水面只是在开始时稍有下降，以后保持恒定，说明装置不漏气，可继续进行后面的实验。

(5) 调整平衡漏斗的高度，使其液面与量气管的液面保持在同一水平位置。准确读出量气管内液面的读数 V_1。然后倾斜反应试管使硫酸与镁条接触，反应开始，产生的 H_2 进入量气管，量气管内的液面下降的同时，平衡漏斗内的液面不断上升。为避免管内压力过大造成装置漏气，移动平衡漏斗，使其液面随量气管的液面下降而下降。反应后待反应试管的温度降至室温，调整平衡漏斗的液面，使其与量气管的液面在同一水平位置，准确读取量气管内液面的读数 V_2。

记录实验时的室温和大气压。

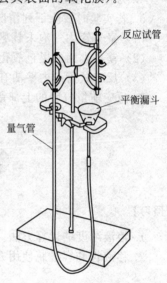

图 4-6　摩尔气体常数 R 的测定装置

【数据记录与结果处理】

室温 _____ ℃，T = _____ K，大气压力 p = _____ Pa。

镁条质量 _____ g，H_2 的物质的量 $n(H_2)$ = _____ mol。

反应前量气管液面 V_1 = _____ mL，反应后量气管液面 V_2 = _____ mL。

氢气的体积 $V(H_2)$ = _____ mL。

T 时水的饱和蒸气压 $p(H_2O)$ = _____ Pa，氢气的分压 $p(H_2)$ = _____ Pa。

摩尔气体常数 R = _____ $m^3\cdot Pa\cdot K^{-1}\cdot mol^{-1}$。

计算实验误差，并分析产生误差的原因。

【注意事项】

1. 反应结束后读取 H_2 体积前，应确保反应后溶液温度与室温相同。
2. 镁条用砂纸打磨光亮后，还应用滤纸擦去表面的金属粉。

【思考题】

1. 为什么要检查和保持实验装置的气密性？
2. 硫酸的用量是否必须用移液管准确量取？
3. 反应前后两次读取量气管液面的刻度时，为什么要使平衡漏斗和量气管的液面位置保持同一水平？
4. 为什么反应停止后，要待反应试管的温度降至室温才能读数？
5. 若实验时发生下列情况，测得的气体常数 R 的数值与理论值比较，会偏高还是偏低？
(1) 量气管内气泡未赶尽；
(2) 镁条表面的黑色氧化膜没有擦尽；
(3) 反应试管的内壁沾有硫酸，将镁条贴在反应管内壁上时又碰到了壁上的硫酸。
6. 反应前量气管的上部留有空气，反应后计算氢气的分压时是否需要考虑空气的分压？

实验 5 溶液的配制

【预习】

1. 溶液浓度的计算方法。
2. 移液管和容量瓶使用方法。

【实验目的】

1. 熟悉有关溶液浓度的计算。掌握几种常用的配制溶液的方法。
2. 学习量筒、容量瓶和移液管的使用方法。

【基本原理和操作方法】

1. 玻璃仪器的洗涤和干燥

（1）玻璃仪器的洗涤　化学实验所用仪器必须洁净，根据实验要求不同，可采用以下几种方法洗涤。

① 水洗　向玻璃仪器内加入约为其容积一半的自来水，振荡片刻，并选择适当大小的毛刷刷洗仪器的内壁，反复几次，至水倒出后仪器内壁不挂水珠为洗净。最后用少量蒸馏水冲洗两遍，这种方法可洗去仪器中可溶性物质、吸附在仪器内壁上的尘土和某些易于脱落的不溶性物质。对于一般的试管反应及某些制备反应，当仪器污染不严重时，水洗就能满足要求。

② 去污粉或洗涤剂洗　当仪器内壁有油污时，必须用去污粉或洗涤剂来洗。先用少量自来水将仪器内壁润湿，加入少量去污粉或洗涤剂进行刷洗，再用自来水洗净，最后用蒸馏水洗 2～3 遍。为了提高洗涤效率，可将洗涤剂配成 1%～5% 的水溶液，加温浸泡要洗的玻

璃仪器片刻后，再用毛刷刷洗。

③ 用铬酸洗液或王水洗涤　当对仪器的洁净程度要求较高，用上述方法仍不能洗净，或仪器的形状特殊（如口小、管细），或准确度较高的量器（如移液管、容量瓶和滴定管等），不便用毛刷刷洗时，可用铬酸洗液或王水洗涤。洗涤时先尽量抖去容器中的水，然后注入少量的铬酸洗液或王水，倾斜仪器并慢慢转动，让仪器的内壁全部被洗液润湿。再转动仪器，洗液在内壁流动，使洗液与仪器内壁的污物充分作用，然后将洗液倒回原瓶（铬酸洗液可重复使用，用后倒回原瓶。当洗液的颜色由深棕变为绿色时，洗液失效，不可再使用）。对污染严重的仪器可用洗液浸泡一段时间，或用热的洗液洗涤。倾出洗液后，再用水冲洗仪器。切不可将毛刷放入洗液中！

铬酸洗液具有强酸性和强氧化性，能够有效地去除有机物和油污。其配制方法为：取研细的重铬酸钾固体 20g，加入 40mL 热水搅拌溶解，冷却后，再缓慢加入 360mL 浓硫酸（边加边搅拌），贮于玻塞玻璃瓶中备用。

铬酸洗液和王水都具有很强的腐蚀性，易灼伤皮肤、损坏衣物、毁坏实验台面，使用时要格外小心。若不慎将洗液溅在皮肤或衣物上，应立即用大量的水冲洗。由于 Cr（Ⅵ）有毒，故洗液应尽量少用。另外，由于王水不稳定，使用王水时应现用现配。

④ 特殊污物的处理　处理特殊污物时，根据污物的性质，选择适当的试剂，将附在仪器内壁上的污物转化为可溶于水的物质而除去。如沉积的金属（Ag、Cu 等）可用热的硝酸除去；AgCl 沉淀可用氨水或 $Na_2S_2O_3$ 溶液溶解后洗涤；$KMnO_4$ 污垢可用草酸溶液浸泡洗涤；容器内壁附着的碘可用 KI 溶液浸泡，或用温热的稀 NaOH 溶液处理。

洁净的仪器内壁可被水完全润湿，将刚洗净的玻璃仪器倒转过来，水会顺着内壁流下形成均匀的水膜，不挂水珠。洗净的仪器不能用布或纸擦拭，否则内壁沾上纤维反而会再次污染洗净的仪器。

(2) 玻璃仪器的干燥　不同的实验对仪器的要求不同，有些实验需要使用干燥的仪器。洗净的仪器通常用以下方法进行干燥。

① 晾干　不急用且要求一般的仪器，可在洗净后，倒去水分，倒置于无尘处（如实验柜内或仪器架上）使其自然干燥。

② 烘干　将洗净的仪器倒置，尽量控去其水分，然后放在 105~120℃ 的烘箱（图 4-7）内烘干，或放在红外灯干燥箱内烘干。厚壁玻璃仪器烘干时，应使烘箱温度慢慢上升，不能直接放入温度高的烘箱中。称量用的称量瓶在烘干后要放在干燥器中冷却和保存。带有塞子的仪器（例如分液漏斗、滴液漏斗等），必须拔下塞子和旋塞并擦去（或洗净）油脂后，才能放入烘箱中烘干。

③ 烤干　能够用于加热和耐高温的仪器，如试管、烧杯、蒸发皿等，可烤干。加热前先将仪器的外壁擦干，烧杯、蒸发皿可放在石棉网上用小火烤干。烤干试管时，应先用试管夹夹住试管的上部，并使试管口朝下倾斜，以免水珠倒流炸裂试管。烤干时从试管的底部开始，慢慢移向管口，烤干水珠后再将试管口朝上，赶尽水汽。试管的烤干如图 4-8 所示。

④ 吹干　用电吹风机或气流干燥器将洗净的玻璃仪器（先尽量甩净仪器内残留的水分）吹干。一些急于干燥的仪器还可先用少量的乙醇、乙醚或丙酮等易挥发的溶剂润洗一下仪器的内壁，将淋洗液倒净（回收），擦干仪器的外壁，用电吹风机的冷风挡吹，当大部分溶剂挥发后，再用热风挡吹至仪器干燥，最后用冷风挡吹去残留的蒸气。用此法干燥仪器时要求在通气好、没有明火的环境中进行。

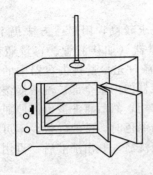
图4-7 烘箱

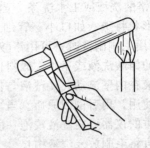
图4-8 烤干试管

带有刻度的仪器如吸量管、移液管、容量瓶、滴定管等不能使用加热的方法干燥，以免影响仪器的精度。厚壁的瓷质仪器不能烤干，但可烘干。

2. 移液管的使用

移液管用来准确移取一定体积的液体。根据所要移取的量，可选择容量不同的移液管。

移液管在使用前先用自来水洗净，然后用少量蒸馏水洗2～3次，洗净的移液管内壁应不挂水珠。如有水珠，说明被污染，需用洗涤剂洗涤，或用洗液或王水浸洗（不可用毛刷刷洗），再用自来水、蒸馏水洗涤。最后用待吸溶液润洗。

润洗移液管时，右手拇指和中指拿住移液管的上端，将移液管的尖端插入待取液体液面下1cm处。左手拿洗耳球，捏扁挤出空气，插入移液管上口，此时液体被缓缓吸入管中，待液面升到管肚1/4处，移开洗耳球，迅速用右手食指压紧上管口。然后持平并转动移液管，润洗全管。洗涤液从下口放出，弃去。如此润洗2～3次后，可进行移液。

移液时，先将液体吸至刻度线以上（图4-9）。此时，迅速用右手食指紧按管口，将管提起，在所取溶液的液面之上稍微放松食指，同时拇指和中指轻轻转动移液管，使管内液面平稳下降，直至溶液的弯月面与刻度线水平相切，食指再次紧按上管口将移液管移到要承接液体容器的上方，使管口尖端与容器内壁接触，让承接容器倾斜而移液管垂直，放松食指让液体顺容器内壁自然流下（图4-10）。液体流完后，稍待片刻（约15s），再拿开移液管。残留在移液管尖端的少量液体不要吹出（除非移液管上注有"吹"字），因为在校正移液管体积时，未将这些液体计算在内。

图4-9 吸取液体

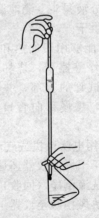
图4-10 放出液体

3. 容量瓶的使用

容量瓶是一个细颈梨形的平底瓶，带有磨口玻璃塞或塑料塞，颈上有环形标线，表示在所指温度（一般为20℃）下，当液体充满至标线时，其体积与瓶上所注明的容量相等。容量瓶是用来准确配制一定体积溶液的容器。

容量瓶在使用前应先检查瓶塞是否漏水。为此，瓶中放入自来水至标线附近，盖紧瓶塞，左手按住瓶塞，右手指尖握住瓶底边缘，倒立容量瓶1～2min（图4-11），观察瓶塞有无漏水现象，漏水的容量瓶不能使用。为了避免在使用过程中容量瓶的瓶塞被污染或张冠李戴，应用一线绳把瓶塞系在瓶颈上。容量瓶在使用前应先按常规操作用自来水洗净（注意不能用毛刷刷洗容量瓶内壁），再用少量蒸馏水洗2～3次备用。配制水溶液时，容量瓶无须干燥可直接使用。

若用固体试剂配制溶液，应先把称量好的固体试样溶解在烧杯中，然后再把溶液从烧杯转移到容量瓶中。转移时应注意，烧杯嘴应紧靠玻璃棒，玻璃棒下端靠瓶颈内壁，使溶液沿玻璃棒和内壁注入（图4-12）。溶液全部流完后，将烧杯沿玻璃棒轻轻向上提，同时直立，使附在玻璃棒和烧杯嘴之间的一滴溶液流回烧杯中。将玻璃棒放回烧杯，用少量蒸馏水洗涤烧杯和玻璃棒，洗涤液也转移到容量瓶中，如此重复洗涤3次，以保证溶质全部转移至容量瓶中。缓慢地加入蒸馏水，至接近标线处，等1～2min，使附着在瓶颈上的水流下，然后用洗瓶或滴管滴加蒸馏水至溶液的凹面与标线相切处（滴加时，用左手大拇指与食指夹住容量瓶标线上部的瓶颈，使视线平视标线，小心操作，勿过标线）。塞紧瓶塞，并用食指按住瓶塞，将容量瓶倒置，使气泡上升，振荡容量瓶，如图4-13所示。再倒过来，仍使气泡上升，重复操作多次，使瓶中溶液混合均匀。

  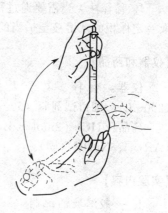

图4-11　检查容量瓶是否漏水　　图4-12　溶液从烧杯转移至容量瓶中　　图4-13　振荡容量瓶

若固体是经过加热溶解的，溶液就必须冷却到室温后才能转入容量瓶中。

若要稀释浓溶液，则先用移液管吸取一定体积的浓溶液于容量瓶中，然后按上述方法稀释至标线，并振荡容量瓶，使瓶内溶液混合均匀。

4. 溶液配制的基本方法

无机化学实验通常配制的溶液有普通溶液和标准溶液。普通溶液浓度常用一位有效数字表示，例如，$0.1\text{mol}\cdot\text{L}^{-1}$ 或 $2\text{mol}\cdot\text{L}^{-1}$；标准溶液浓度常用四位有效数字表示，例如，$0.09037\text{mol}\cdot\text{L}^{-1}$ 或 $1.000\text{mol}\cdot\text{L}^{-1}$。普通溶液配制选用台秤称重，量筒（杯）量取液体。标准溶液配制选用分析天平称重，用移液管或吸量管量取液体，用容量瓶定容。

（1）普通溶液的配制

① 直接水溶法　对易溶于水而又不发生水解的固体，如 NaOH、NaCl、$H_2C_2O_4$ 等，配制其溶液时，用台秤称取一定质量的固体于烧杯中，用量筒（杯）量取所需体积的蒸馏水，先加入少量蒸馏水搅拌溶解固体，再加入剩余蒸馏水搅拌稀释，最后转入试剂瓶中保存。

② 介质水溶法　对易水解的固体试剂，如 $SnCl_2$、$SbCl_3$、$Bi(NO_3)_3$、Na_2S 等，配制其溶液时，称取一定质量的固体于烧杯中，用少量的浓酸（碱）使之溶解，再加蒸馏水稀释至所需浓度，搅拌均匀后转入试剂瓶。

而配制易被氧化的盐溶液，如 $FeSO_4$、$SnCl_2$ 等，除了需要加酸抑制其水解外，还需加入少量的金属（铁钉或锡粒）。

在水中溶解度较小的固体试剂，先选用适当的溶剂溶解后，再稀释，摇匀转入试剂瓶中。如 I_2（固体），可先用 KI 水溶液溶解，再用水稀释。

③ 稀释法　对于液态试剂，如盐酸、硫酸、氨水等，在配制其稀溶液时，先用量筒量取所需量的浓溶液，然后加入所需体积的蒸馏水稀释。但配制 H_2SO_4 溶液时，要注意：应在不断搅拌的情况下，缓慢地将浓硫酸倒入水中，切不可将水倒入浓硫酸中。

（2）标准溶液的配制

① 直接法　该方法用于基准试剂的配制。用电子天平准确称取一定量试剂于烧杯中，加入少量蒸馏水溶解，然后转入容量瓶，再用少量蒸馏水淋洗烧杯及玻璃棒上残留的试剂，淋洗液并入容量瓶中。再重复淋洗两次，淋洗液也并入容量瓶中，最后稀释至刻度，摇匀。注意：淋洗用水的量不能过多，以免溶液的体积超过标线。

② 标定法　不符合基准试剂条件的物质，不能用直接法配制标准溶液，但可先配成近似于所需浓度的溶液。然后用基准试剂或已知准确浓度的标准溶液来标定。

③ 稀释法　当需要通过稀释去配制标准溶液的稀溶液时，可用移液管或吸量管准确吸取一定体积的浓溶液至适当的容量瓶中，用蒸馏水稀释至刻度，摇匀。

【仪器和药品】

仪器：台秤、电子天平、容量瓶（100mL，200mL）、移液管（10mL）、烧杯（200mL）、细口试剂瓶（500mL，1L）等。

药品：HCl（$2mol·L^{-1}$）、NaCl（$1.000mol·L^{-1}$）、$KHC_8H_4O_4$［固，分析纯（AR）］、NaOH（固）。

【实验内容】

1. 一般溶液的配制

（1）配制 $0.1mol·L^{-1}$ HCl 溶液　用 $2mol·L^{-1}$ HCl 配制 $0.1mol·L^{-1}$ HCl 溶液 500mL。将配好的溶液转入细口试剂瓶中，以备"实验6"使用。记录 $2mol·L^{-1}$ HCl 和蒸馏水的用量。

（2）配制 $0.1mol·L^{-1}$ NaOH 溶液　用固体 NaOH 配制 $0.1mol·L^{-1}$ NaOH 溶液 1L。将配好的溶液转入细口试剂瓶中，以备"实验6"使用。记录 NaOH 固体和蒸馏水的用量。

2. 标准溶液的配制

（1）准确稀释 NaCl 溶液　练习用移液管准确量取一定体积的溶液。然后，用移液管吸取 $1.000mol·L^{-1}$ NaCl 溶液 10.00mL，移入 100mL 容量瓶中，用蒸馏水稀释至刻度，摇匀。计算其准确浓度。

（2）配制 $KHC_8H_4O_4$ 标准溶液　准确称取 $KHC_8H_4O_4$ 晶体 4.0820～4.0870g 于烧杯

中,加入少量蒸馏水使其完全溶解,转入 200mL 容量瓶中,用少量蒸馏水淋洗玻璃棒和烧杯上残留试剂,淋洗液并入容量瓶中。再重复淋洗两次,淋洗液也并入容量瓶中。最后用蒸馏水稀释至刻度,摇匀。计算其准确浓度,贴标签以备"实验6"使用。

【数据记录与结果处理】

$KHC_8H_4O_4$ 标准溶液的浓度 c ($KHC_8H_4O_4$) = _____ $mol \cdot L^{-1}$。

【注意事项】

1. 配制标准溶液时,务必要使溶解和淋洗所得溶液全部转入容量瓶中;溶解和淋洗用水量一定不能超过 200mL;稀释到刻度后一定不能忘记摇匀。

2. 能用于直接配制标准溶液或标定溶液浓度的物质,称为基准试剂。它应具备以下条件:组成与化学式完全相符;纯度足够高;储存稳定;参与反应时按反应式定量进行。

3. 标定碱浓度用的基准物质邻苯二甲酸氢钾($KHC_8H_4O_4$, COOK/COOH)。其分子量 204.22,使用前于 110℃ 左右烘至恒重。$KHC_8H_4O_4$ 含一个 H^+ 可与 OH^- 按等物质的量进行反应,用于标定碱的浓度。反应式为

$$KHC_8H_4O_4 + NaOH \longrightarrow KNaC_8H_4O_4 + H_2O$$

4. 固体 NaOH 易吸收空气中的 CO_2,在表面形成碳酸盐薄层。实验室配制不含 CO_3^{2-} 的 NaOH 溶液一般采用两种方法:①用少量水洗涤固体,然后溶解在煮沸后又冷却至室温的蒸馏水中。②配制近于饱和的 NaOH 溶液,静置,让 Na_2CO_3 沉淀析出后,吸取上层清液用煮沸处理后的蒸馏水稀释。

【思考题】

1. 用容量瓶配制溶液时,要不要先干燥容量瓶?
2. 用容量瓶配制标准溶液时,是否可以用量筒量取浓溶液?

实验6 酸碱滴定

【预习】

1. 酸碱滴定原理与酸(碱)式滴定管的使用方法。
2. 酸碱指示剂的变色范围,选择酸碱指示剂的原则。

【实验目的】

1. 了解滴定法测定溶液浓度的原理。
2. 练习滴定操作,学习滴定管使用方法。
3. 标定盐酸和氢氧化钠溶液的浓度。

【实验原理与基本操作方法】

1. 实验原理

酸碱滴定是利用酸碱中和反应,测定酸溶液或碱溶液浓度的一种定量分析方法。酸碱中和反应有如下关系

$$\frac{c_{酸}V_{酸}}{v_{酸}}=\frac{c_{碱}V_{碱}}{v_{碱}}$$

式中，c、V、v 分别为溶液浓度、体积以及它们在化学反应中相应的化学计量系数。例如，标准酸 $KHC_8H_4O_4$ 标定 NaOH 的反应为

$$KHC_8H_4O_4+NaOH\longrightarrow KNaC_8H_4O_4+H_2O$$

$$\nu_{KHC_8H_4O_4}=1, \nu_{NaOH}=1$$

又例如，标准碱 $Na_2B_4O_7$ 标定 HCl 的反应为

$$Na_2B_4O_7+5H_2O+2HCl\longrightarrow 4B(OH)_3+2NaCl$$

$$\nu_{Na_2B_4O_7}=1, \nu_{HCl}=2$$

若已知酸溶液的浓度 $c_{酸}$，取一定体积待标定的碱溶液 $V_{碱}$，通过酸碱滴定，可测得所用酸溶液的体积 $V_{酸}$，由下式可求得碱溶液的浓度 $c_{碱}$ 为

$$c_{碱}=\frac{c_{酸}V_{酸}}{V_{碱}}\times\frac{\nu_{碱}}{\nu_{酸}}$$

同样，在已知碱溶液浓度的情况下，也可通过酸碱滴定求得酸溶液浓度 $c_{酸}$。

中和反应的终点可以通过指示剂的变色来确定（参见附录4）。

2. 滴定管的使用

滴定管是能任意滴放液体，准确快速连续取液的量器，其容量有 50mL、25mL、10mL 等。刻度自上而下，每一大格为 1mL，一小格为 0.1mL。分酸式滴定管和碱式滴定管两种。管身可为棕色或无色。有的管身涂有白背蓝线以方便读数。

酸式滴定管的下端用玻璃旋塞控制溶液流速，开启旋塞，溶液即自管内流出。碱式滴定管的下端用乳胶管与玻璃尖嘴相连，乳胶管内装有玻璃圆珠控制溶液流速，挤压玻璃珠，使溶液从玻璃珠与胶管间的缝隙流出。

(1) 检漏　滴定管使用前，先检查是否漏液。酸式滴定管如发现漏水或旋塞转动不灵活，可将旋塞取下、洗净并用滤纸将水吸干，同时用滤纸抹干塞槽。用玻璃棒挑起少量凡士林，分别在旋塞粗的一端和细的一端塞槽薄薄地涂上一层，如图4-14所示。然后小心地将旋塞插入塞槽，沿同一方向转动旋塞，直到旋塞与塞槽接触处呈透明状为止。应注意，凡士林不能涂得太厚，否则易堵塞旋塞上的液流孔；若旋塞转动不灵活或旋塞上出现纹路，表示凡士林涂得不够。在遇到凡士林涂得太多或涂得不够这两种情况时，都必须用滤纸把旋塞和塞槽擦干

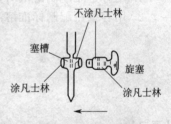

图 4-14　酸式滴定管涂凡士林操作

净，然后重新涂凡士林。涂好凡士林后，在旋塞末端套上橡皮圈，以防旋塞滑落。最后检查滴定管是否漏水。碱式滴定管如有漏水或挤压吃力，更换合适的玻璃珠或胶管。

(2) 洗涤　滴定管在使用前先用自来水洗净，洗净的滴定管内壁应不挂水珠。如有水珠，说明有沾污，需用洗涤剂洗涤，或用洗液或王水浸洗（不可用毛刷刷洗），再用自来水冲洗干净，然后用少量蒸馏水洗 2~3 次。最后装入少量待用溶液至 5~10mL 处，双手掌心向上平持滴定管转动，以使待用溶液润湿全管，然后从下端放出，重复润洗 2~3 次。

(3) 装液与读数　将待装溶液装入滴定管中，至刻度"0.00"以上。排除下端的气泡。碱式滴定管排气泡时，把胶管向上弯曲。用两指挤压玻璃珠，使溶液从尖嘴喷出的同时带出气体，如图4-15所示。酸式滴定排气时，将其倾斜约30°，迅速旋转旋塞使流速最大，气泡随溶液流出，如气泡不能一次排除，需重复操作。排除气泡后，调节液面于 0.00~1.00mL 刻度处，静置 1~2min，若液面位置不变则可读数并开始滴定。滴定结束后，稍等 1min 左

右，再读数。两次读数之差即为滴定所用溶液的体积。

由于溶液的表面张力，在滴定管内的液面会形成下凹的弯月面。读数时，滴定管应垂直放置，可用右手拇指和食指拿住管身刻度之上位置，让其自然垂下，视线与液面保持水平，若所盛溶液为浅色或无色，可在管的背后衬一张白硬纸卡，然后读取与弯月面最低点相切的刻度，估计到小数点后第二位（图4-16）。如溶液为深色，视线应与液面两侧的最高点保持水平。

（4）滴定　滴定前先用滤纸将悬挂在管尖端处的液滴抹去，记下初读数，将管尖端伸入锥形瓶口内1～2cm。操作酸式滴定管时，左手拇指在前，食指和中指在后，来控制旋塞，如图4-17（a）所示。手心握空，以防掌心顶出旋塞，造成漏液，慢慢开启旋塞，同时右手前三指拿住锥形瓶的瓶颈，边滴边摇（沿同一方向作圆周运动）。

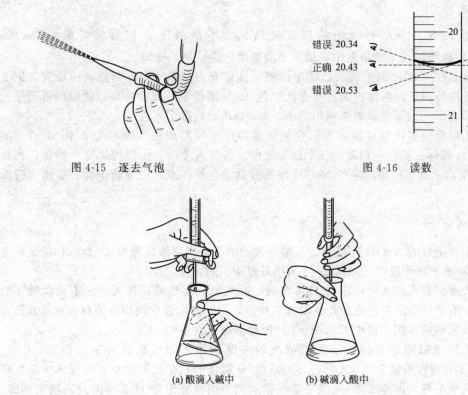

图4-15　逐去气泡　　　　　　　　　图4-16　读数

图4-17　滴定操作

操作碱式滴定管时左手仅用拇指和食指捏住胶管中玻璃珠的正中部处（谨防玻璃珠上、下滑动，造成气泡），轻轻地向外或向里捏压胶管，使玻璃珠与胶管间形成一条缝隙，溶液逐渐滴出，如图4-17（b）所示。

开始滴定时，液滴流速可稍快，每秒3～4滴，但不可成"线"放出。接近终点时，则要逐滴加入，滴落处局部颜色变化消失较慢，摇匀溶液，最后半滴半滴地加入，即控制液滴悬而不落，用锥形瓶的内壁把液滴沾下来，再用洗瓶内的蒸馏水冲洗锥形瓶的内壁，摇匀。如此反复操作，直到颜色变化刚好不再消失即为终点，记取读数。

滴定结束后，将管内溶液倒出，洗净，管口向下夹在滴定管夹上，如管口向上，则要用滴定管罩或滤纸罩住。

【仪器、药品和材料】

仪器：电子天平、称量瓶、容量瓶（200mL）、酸式滴定管（50mL）、碱式滴定管（50mL）、移液管（20mL）、锥形瓶、洗耳球、滴定管架、滴定管夹。

药品：$KHC_8H_4O_4$ 标准溶液（$0.1mol·L^{-1}$，实验室提供或"实验5"自行配制）、HCl（$0.1mol·L^{-1}$）、NaOH（$0.1mol·L^{-1}$）、酚酞（1%）、甲基橙（0.1%）、甲基红（0.1%）、$Na_2B_4O_7·10H_2O$（固，AR）、$KHC_8H_4O_4$（固，AR）。

材料：滤纸。

【实验内容】

1. 碱的标定

（1）用 $KHC_8H_4O_4$ 标准溶液标定氢氧化钠溶液浓度　用移液管吸取 20.00mL $KHC_8H_4O_4$ 标准溶液于锥形瓶中，加入 2 滴酚酞作指示剂，摇匀。

将待标定的 NaOH 溶液装入已洗净的碱式滴定管内。除气泡，调整液面位置，记下初读数，然后进行滴定。溶液由无色变为淡红色（30s 不褪色）即为终点，读取碱液用量。再重复滴定两次。三次所用碱的体积相差小于 0.05mL，数据记入表 4-2。

（2）用标准酸固体直接标定氢氧化钠溶液浓度　用差减法准确称量 0.4000～0.5000g $KHC_8H_4O_4$ 固体三份，分别置于三个锥形瓶中。各加入 40mL 水使固体完全溶解，再各加 2～3 滴酚酞指示剂，用待标定的 NaOH 溶液分别滴定到终点。记录滴定前、后滴定管读数于表 4-3。

2. 酸的标定

（1）用标定好的 NaOH 间接标定盐酸溶液的浓度　用移液管吸取 20.00mL 前面标定好的 NaOH 溶液于锥形瓶中，加入 2～3 滴甲基橙指示剂，摇匀。

在酸式滴定管内加入待标定的 HCl 溶液，除气泡，调整液面位置，记下初读数，然后进行滴定。溶液颜色由黄色变为橙色时即为终点，记下滴定管中液面的读数。再重复滴定两次。三次所用酸的体积相差小于 0.05mL。把数据记入表 4-4。

（2）用标准碱固体直接标定盐酸溶液的浓度　用差减法准确称量三份 $Na_2B_4O_7·10H_2O$ 晶体（每份质量为 0.4000～0.5000g），分别置于三个锥形瓶中。各加入 40mL 蒸馏水使固体完全溶解，再各加 2～3 滴甲基红指示剂，用待标定的 HCl 溶液分别滴定到终点。把每次滴定前、后滴定管的读数记入表 4-5 中。

【数据记录与结果处理】

1. 碱的标定

参照 $c_{碱}$ 计算公式和第三章 3.2.2 相对偏差和相对平均偏差计算方法处理表 4-2 和表 4-3 中的数据。根据表 4-2 中相对平均偏差数据，判断碱滴定酸操作的掌握程度。对比表 4-2 和表 4-3 所测得的 $c_{平均}$（NaOH）数据差异，判断所测 NaOH 溶液浓度数据的可靠性。

表 4-2　用邻苯二甲酸氢钾标准溶液标定 NaOH 溶液浓度

实验序号	I	II	III
$V(KHC_8H_4O_4)/mL$			
$c(KHC_8H_4O_4)/mol·L^{-1}$			

续表

实验序号		I	II	III
$V(\text{NaOH})/\text{mL}$	最后读数			
	最初读数			
	净用量			
$c(\text{NaOH})/\text{mol} \cdot \text{L}^{-1}$				
$c_{平均}(\text{NaOH})/\text{mol} \cdot \text{L}^{-1}$				
相对偏差$(d)/\%$				
相对平均偏差$(\bar{d})/\%$				

表 4-3　用邻苯二甲酸氢钾固体标定 NaOH 溶液浓度

实验序号		I	II	III
$m(\text{KHC}_8\text{H}_4\text{O}_4)/\text{g}$				
$n(\text{KHC}_8\text{H}_4\text{O}_4)/\text{mol}$				
$V(\text{NaOH})/\text{mL}$	最后读数			
	最初读数			
	净用量			
$c(\text{NaOH})/\text{mol} \cdot \text{L}^{-1}$				
$c_{平均}(\text{NaOH})/\text{mol} \cdot \text{L}^{-1}$				
相对偏差$(d)/\%$				
相对平均偏差$(\bar{d})/\%$				

表 4-4　用 NaOH 溶液标定 HCl 溶液浓度

实验序号		I	II	III
$V(\text{NaOH})/\text{mL}$				
$c(\text{NaOH})/\text{mol} \cdot \text{L}^{-1}$				
$V(\text{HCl})/\text{mL}$	最后读数			
	最初读数			
	净用量			
$c(\text{HCl})/\text{mol} \cdot \text{L}^{-1}$				
$c_{平均}(\text{HCl})/\text{mol} \cdot \text{L}^{-1}$				
相对偏差$(d)/\%$				
相对平均偏差$(\bar{d})/\%$				

表 4-5　用硼砂固体标定 HCl 溶液浓度

实验序号		I	II	III
$m(\text{Na}_2\text{B}_4\text{O}_7 \cdot 10\text{H}_2\text{O})/\text{g}$				
$n(\text{Na}_2\text{B}_4\text{O}_7 \cdot 10\text{H}_2\text{O})/\text{mol}$				
$V(\text{HCl})/\text{mL}$	最后读数			
	最初读数			
	净用量			
$c(\text{HCl})/\text{mol} \cdot \text{L}^{-1}$				
$c_{平均}(\text{HCl})/\text{mol} \cdot \text{L}^{-1}$				
相对偏差$(d)/\%$				
相对平均偏差$(\bar{d})/\%$				

2. 酸的标定

参照 $c_{酸}$ 计算公式和第三章 3.2.2 的方法处理表 4-4 和表 4-5 中的数据。根据表 4-4 中相对平均偏差数据，判断酸滴定碱操作的掌握程度。对比表 4-4 和表 4-5 所得 $c_{平均}$（HCl）数据差异，判断所测 HCl 溶液浓度和前述 NaOH 标定结果的可靠性。

【注意事项】

1. 碱滴定酸，使用酚酞作指示剂，终点时酚酞变红，由于酚酞的变色范围是 pH8.2～10.0，溶液略显碱性。到终点的溶液久放（大于 30s）之后，会吸收空气中的 CO_2，又使溶液呈微酸性，酚酞又变为无色。

2. 到滴定终点时，甲基橙由黄色变为橙色的转变不易判断，可用未滴定的黄色溶液对照。

3. 酸碱滴定指示剂的选择，根据中和反应终点所生成盐溶液的 pH，以及指示剂变色范围而定。例如，$0.1 mol \cdot L^{-1}$ 的 NaOH 和 HAc 反应后生成 $0.05 mol \cdot L^{-1}$ NaAc 溶液，该盐水解后 pH 大约为 8.0，正好落在酚酞的变色范围（pH＝8～10）内。

4. 滴定方式的确定，依据指示剂颜色变化以及肉眼观察是否灵敏而定。肉眼观察颜色由无色变为粉红色，比粉红色变为无色更灵敏，因此，用酚酞作指示剂时的滴定方式是碱滴定酸。指示剂加入酸中无色，用碱滴定到终点时，颜色由无色变为粉红色。

5. 标定酸浓度用基准物质硼砂 $\{Na_2[B_4O_5(OH)_4] \cdot 8H_2O$，简写为 $Na_2B_4O_7 \cdot 10H_2O\}$。其式量为 381.24，室温下储存于装有 NaCl 和蔗糖溶液的干燥器中。

【思考题】

1. 滴定管和移液管为什么要用待盛溶液润洗 2～3 遍？锥形瓶是否也要这样润洗？
2. 为什么用碱滴定酸达终点后，放置一段时间后酚酞指示剂的颜色会消失？
3. 以下情况对实验结果有何影响？
①滴定终点时，尖嘴外留有液滴；②滴定终点时，滴定管内壁挂有液滴；③滴定终点时，尖嘴处有气泡；④滴定过程中，往锥形瓶中加少量蒸馏水。

实验 7　氯化钠的提纯

【预习】

1. 沉淀溶解平衡原理，查出本实验中有关的难溶沉淀的溶度积。
2. 普通过滤和减压抽滤。

【实验目的】

1. 了解氯化钠的提纯方法和基本原理。
2. 练习溶解、过滤、蒸发浓缩和结晶等基本操作。
3. 掌握 SO_4^{2-}、Ca^{2+}、Mg^{2+} 的定性检验方法。

【实验原理】

粗食盐中主要含有不溶性杂质（如泥沙等）和可溶性杂质（主要为 Ca^{2+}、Mg^{2+}、K^+ 和 SO_4^{2-} 等）。不溶性杂质，可采用将粗食盐溶解后过滤除去。由于温度对 NaCl 的溶解度影响很小，故需要用化学方法，将可溶性杂质离子转化为难溶沉淀而分离除去。

在粗食盐溶液中加入稍微过量的 $BaCl_2$ 溶液，可将 SO_4^{2-} 转化为难溶的 $BaSO_4$ 沉淀：

$$Ba^{2+} + SO_4^{2-} \longrightarrow BaSO_4 \downarrow (白色)$$

再加入 NaOH 和 Na_2CO_3 溶液，则可使 Ca^{2+}、Mg^{2+} 以及沉淀 SO_4^{2-} 时加入的过量的 Ba^{2+} 转化为难溶的 $Mg(OH)_2$、$CaCO_3$ 和 $BaCO_3$ 沉淀：

$$Mg^{2+} + 2OH^- \longrightarrow Mg(OH)_2 \downarrow (白色)$$
$$Ca^{2+} + CO_3^{2-} \longrightarrow CaCO_3 \downarrow (白色)$$
$$Ba^{2+} + CO_3^{2-} \longrightarrow BaCO_3 \downarrow (白色)$$

生成的沉淀用过滤的方法除去，过量的 NaOH 和 Na_2CO_3 可以用 HCl 中和除去。

粗食盐中还含有很少量的可溶性钾盐（如 KCl），由于含量较少，在蒸发浓缩和结晶过程中仍留在母液中不会和 NaCl 同时结晶出来。

【仪器、药品和材料】

仪器：台秤、烧杯（100mL）、量筒（10mL，50mL）、酒精灯、布氏漏斗、吸滤瓶、普通漏斗、漏斗架、试管、蒸发皿、三角架、石棉网。

药品：HCl（$2mol \cdot L^{-1}$）、NaOH（$2mol \cdot L^{-1}$）、Na_2CO_3（$1mol \cdot L^{-1}$）、$BaCl_2$（$1mol \cdot L^{-1}$）、$(NH_4)_2C_2O_4$（$0.5mol \cdot L^{-1}$）、粗食盐、镁试剂Ⅰ。

材料：pH 试纸、滤纸。

【实验内容】

1. 粗食盐的溶解

在台秤上称取 10g 粗食盐于 100mL 烧杯中，加入 40mL 蒸馏水，加热、搅拌，使其溶解。

2. SO_4^{2-} 的去除

加热溶液至沸腾，边搅拌边滴加 $1mol \cdot L^{-1} BaCl_2$ 溶液约 2mL，检验 SO_4^{2-} 是否沉淀完全（将烧杯从石棉网上取下，待沉淀沉降后，取少量上层清液于小试管中，加入 1～2 滴 $BaCl_2$ 溶液。如果有混浊，说明 SO_4^{2-} 未除尽，则原液中需继续滴加 $BaCl_2$ 溶液并加热。如果无混浊，说明 SO_4^{2-} 已沉淀完全）。沉淀完全后，继续加热煮沸 5min，以使沉淀颗粒长大而易于沉降和过滤，静置片刻，用普通漏斗过滤。

3. Ca^{2+}、Mg^{2+} 和过量 Ba^{2+} 的去除

在滤液中加入 $2mol \cdot L^{-1}$ NaOH 溶液 1mL 和 $1mol \cdot L^{-1} Na_2CO_3$ 溶液 4mL，加热溶液至沸腾，待沉淀沉降后，在上层清液中滴加 $1mol \cdot L^{-1} Na_2CO_3$ 溶液，至不再产生白色混浊现象为止。取少量上层清液于小试管中，检验 Ba^{2+} 已除尽后，继续加热煮沸 5min，静置片刻，用普通漏斗过滤。

4. 溶液的中和

在滤液中逐滴加入 $2mol \cdot L^{-1}$ HCl，充分搅拌，并用玻璃棒蘸取滤液在 pH 试纸上试验，直至溶液呈微酸性（pH＝4～5）。

5. 蒸发、浓缩和结晶

将溶液转移至蒸发皿中，用小火加热蒸发、浓缩，并不断搅拌防止暴溅，浓缩至稠液状

为止（切不可将溶液蒸干）。趁热用布氏漏斗进行减压过滤，将抽干的结晶转入蒸发皿中，在石棉网上用小火加热，轻轻搅拌干燥。冷却至室温，称重，计算产率。

6. 产品纯度的检验

取粗食盐和提纯后的精盐各1g，分别用5mL蒸馏水溶解，然后各盛于三支试管中，分成三组，对照检验它们的纯度。

(1) SO_4^{2-} 的检验　在第一组溶液中各加入 $2mol·L^{-1}$ HCl 溶液2滴和 $1mol·L^{-1}$ $BaCl_2$ 溶液2滴，振荡试管，观察有无白色 $BaSO_4$ 沉淀产生。

(2) Ca^{2+} 的检验　在第二组溶液中各加入 $0.5mol·L^{-1}$ $(NH_4)_2C_2O_4$ 溶液2滴，振荡试管，观察有无白色 CaC_2O_4 沉淀产生。

(3) Mg^{2+} 的检验　在第三组溶液中各加入 $2mol·L^{-1}$ NaOH 溶液2～3滴，使溶液呈碱性（用pH试纸试验），再各加入2～3滴镁试剂Ⅰ溶液，振荡试管，观察有无天蓝色沉淀产生。

【数据记录与结果处理】

粗食盐的质量 _____ g；提纯后的 NaCl 的质量 _____ g；产率 _____。
将产品纯度检验的结果填入表4-6中。

表4-6　NaCl 纯度的检验

检验项目 溶液	SO_4^{2-}	Ca^{2+}	Mg^{2+}
粗食盐			
精盐			

【注意事项】

镁试剂Ⅰ（对硝基苯偶氮间苯二酚）是一种有机染料，其结构式为

镁试剂Ⅰ在酸性溶液中呈黄色，在碱性溶液中呈红色或紫色，但被 $Mg(OH)_2$ 沉淀吸附后呈天蓝色。

【思考题】

1. 怎样除去过量的沉淀剂 $BaCl_2$、NaOH 和 Na_2CO_3？
2. 在使 Mg^{2+}、Ca^{2+}、SO_4^{2-} 等转化为难溶沉淀时为什么要先加入 $BaCl_2$ 溶液，后加入 NaOH 和 Na_2CO_3 溶液？
3. 提纯后的食盐溶液浓缩时为什么不能蒸干？
4. 检验 SO_4^{2-} 是否存在时，为什么要在试液中先加 HCl 溶液？
5. 提纯粗食盐时，K^+ 在哪一步操作中被除去？
6. 实验中，如果以 $Mg(OH)_2$ 沉淀的形式除去粗盐中的 Mg^{2+}，溶液的 pH 应控制为何值？

实验 8　硫酸亚铁铵的制备

【预习】
1. 盐类的溶解度与温度的关系。
2. 复盐的一般特征和制备方法。

【实验目的】
1. 学习利用盐类在不同温度下溶解度的差别来制备物质的原理和方法。
2. 巩固水浴加热、蒸发浓缩、结晶和过滤等基本操作。
3. 掌握目测比色法的原理和方法。

【实验原理】
　　复盐硫酸亚铁铵 [$FeSO_4 \cdot (NH_4)_2SO_4 \cdot 6H_2O$] 又称摩尔盐，是浅蓝绿色的单斜晶体。它在空气中比一般亚铁盐稳定，不易被氧化，溶于水但不溶于乙醇。硫酸铵、硫酸亚铁和硫酸亚铁铵在不同温度时的溶解度见表 4-7。

表 4-7　$(NH_4)_2SO_4$、$FeSO_4 \cdot 7H_2O$、$(NH_4)_2Fe(SO_4)_2 \cdot 6H_2O$ 的溶解度

单位：g/100g 水

物质	温度/℃							
	10	20	30	40	50	60	70	80
$(NH_4)_2SO_4$	73.0	75.4	78.0	81.0	—	88.0		95.3
$FeSO_4 \cdot 7H_2O$	20.5	26.5	32.9	40.2	48.6	—		
$(NH_4)_2Fe(SO_4)_2 \cdot 6H_2O$	18.1	20.9		38.5		53.4		73.0

　　由表 4-7 的数据可知，在 10～60℃ 范围内，硫酸亚铁铵在水中的溶解度比组成它的简单盐 $(NH_4)_2SO_4$ 和 $FeSO_4 \cdot 7H_2O$ 的溶解度都要小，因此只需将等物质的量的 $FeSO_4$ 和 $(NH_4)_2SO_4$ 在水中混合、溶解、浓缩、结晶，即可制得硫酸亚铁铵晶体 [$(NH_4)_2Fe(SO_4)_2 \cdot 6H_2O$]。

　　本实验是先将金属铁屑（或铁粉）溶于稀硫酸制得硫酸亚铁溶液：
$$Fe + H_2SO_4 \longrightarrow FeSO_4 + H_2 \uparrow$$

　　然后加入硫酸铵制得混合溶液，经加热浓缩，冷却至室温后可得到溶解度较小的硫酸亚铁铵复盐晶体。
$$FeSO_4 + (NH_4)_2SO_4 + 6H_2O \longrightarrow FeSO_4 \cdot (NH_4)_2SO_4 \cdot 6H_2O$$

　　产品硫酸亚铁铵中的主要杂质是 Fe^{3+}，产品质量的等级也常以 Fe^{3+} 的含量多少来评定。本实验采用目测比色法，将一定量产品溶于水中，加入 KSCN 后，根据生成的血红色的 $[Fe(SCN)_n]^{3-n}$ ($n=1～6$) 颜色的深浅与标准色阶比较后，确定产品的纯度级别。

【仪器、药品和材料】
　　仪器：台秤、烧杯（100mL，500mL）、量筒（50mL）、酒精灯、温度计、布氏漏斗、吸滤瓶、表面皿、试管、比色管（25mL）、三角架、石棉网。
　　药品：H_2SO_4（3mol·L^{-1}）、HCl（2mol·L^{-1}）、NaOH（2mol·L^{-1}）、Na_2CO_3

(10%)、KSCN (25%)、$K_3[Fe(CN)_6]$ (0.5mol·L^{-1})、$BaCl_2$ (0.1mol·L^{-1})、乙醇(95%)、$(NH_4)_2SO_4$（固）、Fe^{3+}标准色阶。

材料：pH试纸、滤纸。

【实验内容】

1. 铁屑的净化

称取3g铁屑，放于100mL小烧杯中，加入10% Na_2CO_3溶液20mL，小火加热约10min，以除去铁屑表面的油污。用倾析法倾去碱液，再用蒸馏水洗净铁屑（如直接选用纯净铁粉，则省去这一步）。

2. 硫酸亚铁的制备

在盛有3g已净化铁屑（或3g纯净铁粉）的小烧杯中，加入3mol·L^{-1} H_2SO_4溶液约25mL，记下液面刻度位置后，置于水浴（500mL大烧杯中预先加入100mL左右热水）中加热反应，反应装置应靠近通风口。

加热反应过程中，适当补充被蒸发掉的水分（尽可能维持原来的液面刻度水平，加热不要过猛，控制反应温度在70～80℃，尽可能不超过90℃）。反应过程中略加搅拌，防止反应物底部过热而产生$FeSO_4·H_2O$白色沉淀。当反应基本完全时（如何判断？），再加入3mol·L^{-1} H_2SO_4溶液1mL（目的是什么？），随即趁热（为什么？）进行减压过滤，滤液转移至小烧杯（或蒸发皿）中。

3. 硫酸亚铁铵的制备

称取7.2g $(NH_4)_2SO_4$固体加入到上述制备的$FeSO_4$溶液中。水浴加热，搅拌至$(NH_4)_2SO_4$完全溶解。继续蒸发浓缩至液面出现晶膜为止（浓缩开始时可适当搅拌，后期则不宜搅拌）。取出小烧杯静置，冷至室温，减压抽滤。用少量乙醇洗涤晶体两次。取出晶体放在表面皿上晾干，称量，计算产率。产品保存于干燥器内，留待"实验27"用。

4. 产品的质量检验

(1) 自行设计方法证明产品中含有NH_4^+、Fe^{2+}和SO_4^{2-}。

(2) Fe^{3+}杂质的含量分析 称取1.0g产品，置于25mL比色管中，用15mL不含氧的蒸馏水溶解，加入3mol·L^{-1} H_2SO_4溶液1mL和25%KSCN溶液1mL，再加入不含氧的蒸馏水至比色管刻度线，摇匀。与标准色阶（由实验室提供）进行比较，确定产品含Fe^{3+}的纯度级别（表4-8）。

【数据记录与结果处理】

铁粉的质量 _____ g；硫酸亚铁铵的理论产量 _____ g；
硫酸亚铁铵的实际产量 _____ g；产率 _____；产品纯度级别 _____。

表4-8 产品含Fe^{3+}的纯度级别

级别	Ⅰ级	Ⅱ级	Ⅲ级
含铁量/mg·mL^{-1}	0.05	0.10	0.20

【注意事项】

1. 无论在铁与酸反应时,还是在蒸发浓缩过程中,温度都不宜过高。否则就有可能析出溶解度较小的 $FeSO_4 \cdot H_2O$ 白色晶体。

2. 蒸发至刚出现晶膜时即可冷却。如果浓缩过度,会使晶体中结晶水的数目达不到要求,产品结成大块。

3. SO_4^{2-}、NH_4^+、Fe^{2+} 的鉴定可参见实验7、实验18、实验23及附录11、附录12。

4. "不含氧的蒸馏水"的制备:将蒸馏水煮沸1～2min,以赶走溶于水中的氧气,盖上表面皿冷却(不要搅拌)后随即使用。

【思考题】

1. 什么叫复盐?它与配合物有何区别?
2. 实验中为什么要保持硫酸亚铁、硫酸亚铁铵溶液呈较强的酸性?
3. 计算硫酸亚铁铵的产率时,是根据铁的用量还是硫酸铵的用量?
4. 分析产品中 Fe^{3+} 含量时,为什么要用不含氧气的蒸馏水?如果水中含有氧气对分析结果有何影响?

第5章
基本化学原理实验

实验9　化学反应焓变的测定

【预习】

1. 比热容的概念与测量方法。
2. 反应热、化学反应焓变。

【实验目的】

1. 掌握测定化学反应焓变的原理。
2. 学习用量热法测定化学反应焓变的基本方法。
3. 了解利用外推法处理实验数据的原理。

【实验原理】

在化学反应过程中伴随着能量的变化（通常以热的形式表现出来）。化学反应时放出或吸收的热量称为反应热。在化学热力学中，恒压反应热 Q_p 在数值上等于反应的焓变 $\Delta_r H$。

本实验测定锌粉和硫酸铜溶液反应的摩尔反应焓，该反应为

$$Zn + CuSO_4 \longrightarrow ZnSO_4 + Cu \downarrow$$

$$\Delta_r H_m^{\ominus}(298K) = -216.8 \ \text{kJ} \cdot \text{mol}^{-1}$$

这是个放热反应，1mol 锌置换 1mol 铜所放出的热量就是该反应的焓变。

测定反应焓变的方法很多，本实验是通过测定锌粉和硫酸铜溶液反应前后温度的变化来求得该反应的摩尔反应焓变。具体的方法是：使反应在一个保温杯式的量热器中进行，如图 5-1 所示。反应放出的热量一方面使量热器中溶液的温度升高，另一方面也使量热器本身的温度提高。根据所测定的温度变化，可求得反应的焓变。计算公式为

$$\Delta_r H_m = -[\Delta T C V d \times \frac{1}{n} + \Delta T C_{量热器} \times \frac{1}{n}] \times \frac{1}{1000}$$

$$= -\Delta T \times \frac{1}{1000n}(CVd + C_{量热器})$$

式中，$\Delta_r H_m$ 为反应的摩尔反应焓变，$kJ \cdot mol^{-1}$；ΔT 为反应前、后溶液温度变化（由作图外推法求得），℃；C 为 $CuSO_4$ 溶液的比热容，约为 $4.18 J \cdot g^{-1} \cdot ℃^{-1}$；$V$ 为 $CuSO_4$ 溶液的体积，mL；d 为 $CuSO_4$ 溶液的密度，$1.030 g \cdot mL^{-1}$；n 为溶液中 $CuSO_4$ 的物质的量，mol；$C_{量热器}$ 为量热器的热容，$J \cdot ℃^{-1}$。

量热器的热容是指量热器温度升高 1℃ 所需的热量。在测定焓变之前，必须先确定所用量热器的热容，其测定方法如下。

在量热器中加入 50mL 的冷水（自来水），测定其温度为 T_1，然后加入相同量的热水，温度为 T_2。混合冷水和热水，混合后的水温为 T_f，已知水的比热容为 $4.18 J \cdot g^{-1} \cdot ℃^{-1}$，则

① 热水失热：$(T_2-T_f) \times 50 \times 4.18$ (J)
② 冷水得热：$(T_f-T_1) \times 50 \times 4.18$ (J)
③ 量热器得热：$(T_f-T_1) \times C_{量热器}$ (J)

根据能量守恒定律 ①=②+③，整理得

$$C_{量热器} = \frac{50 \times 4.18(T_2+T_1-2T_f)}{T_f-T_1}(J \cdot ℃^{-1})$$

【仪器、药品和材料】

仪器：台秤、简易量热器、温度计（0~100℃，0.1℃分度，2支）、量筒（100mL）、烧杯（100mL）、移液管（50mL）、秒表。

药品：$CuSO_4$ 标准溶液（浓度已标定）、锌粉（化学纯）。

材料：称量纸。

【实验内容】

1. 量热器热容的测定

(1) 洗净并擦干量热器，用量筒取 50mL 自来水并注入量热器中，盖好带有温度计的盖子（小心不要碰破温度计），记录量热器水温 T_1（准确至 0.1℃）。

(2) 用量筒量取 50mL 比室温高出 20~30℃ 的热水，记录热水温度 T_2，迅速将热水倒入量热器中，盖上盖子，沿一个方向轻轻摇匀。当热水倒入量热器时，立即开始计时，并同时记录温度计读数。每隔 15s 记录一次水温，经平衡温度后，温度开始下降，即可停止记录。此平衡温度即为冷热水混合后的温度 T_f。

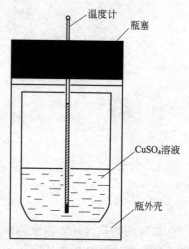

图 5-1 简易量热器示意图

2. 锌粉与硫酸铜反应焓变的测定

(1) 用台秤称取 1.5g 锌粉。

(2) 将量热器中的水倒掉，用自来水冲洗几次，使量热器迅速恢复至室温。用移液管准确量取 50.00mL $CuSO_4$ 标准溶液放入量热器中，盖紧盖子，按动秒表并轻轻摇动量热器，每 30s 记录一次温度，记录 5~6 个数据。

(3) 把称好的锌粉迅速倒入溶液中，盖好盖子，轻轻摇动量热器，并每隔 30s 记录一次温度，直至温度上升到最高点并开始下降（或保持一定温度）后，再继续测定 3min。作温度-时间图，用外推法求 ΔT。

【数据记录及结果处理】

1. 量热器热容的测定

冷水温度 T_1：_____℃，热水温度 T_2：_____℃。

将冷、热水混合后温度随时间的变化填入表 5-1 中。

表 5-1　冷、热水混合后温度随时间的变化

时间/s									
温度/℃									
时间/s									
温度/℃									

2. 锌粉与硫酸铜反应焓变的测定

将锌粉与硫酸铜反应时温度随时间的变化填入表 5-2 中。

表 5-2　锌粉与硫酸铜反应时温度随时间的变化

时间/s									
温度/℃									
时间/s									
温度/℃									

3. 温度校正曲线作图法

由于反应后的温度需要一定时间才能达到最高值，而本实验所用量热计非严格的绝热系统，因此量热计不可避免地会与环境发生少量的热交换。为了校正这些因素所造成的测定偏差，需要作图绘出温度校正曲线，求出温度的真实改变值。

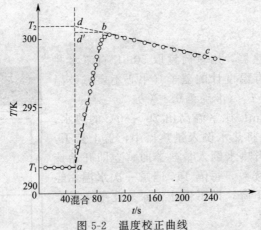

图 5-2　温度校正曲线

以时间为横坐标，温度为纵坐标。在坐标纸上标出各点，将各点连成一条光滑曲线。如图 5-2 所示，图中 a 为反应初始温度点，b 为观测到的反应最高温度，c 为记录的反应最终温度，过 a 点作横坐标的垂线，作 cb 的延长线交垂线于 d 点，则 ad [即 (T_2-T_1)] 即为校正温度 ΔT。

【注意事项】

1. 摇动量热器动作要轻，以免溶液溢出量热器。
2. 因置换反应速度较慢，温度上升至最高点的时间较长，因此须不停地摇动量热器，

以使反应充分。反应完毕，溶液应为无色。

3. 未反应完的锌粉切记要倒入指定的容器中。

4. $CuSO_4$ 溶液准确浓度的标定

方法 1：准确吸取 10.00mL $CuSO_4$ 溶液于 250mL 锥形瓶中，加入 1mL 1mol·L^{-1} H_2SO_4 溶液和 90mL 蒸馏水，摇匀后，加 10mL 10％KI 溶液，立即用 $Na_2S_2O_3$ 标准溶液滴定至浅黄色，然后加入 3mL 0.5％淀粉溶液，再继续滴定至蓝色刚好消失即为终点。

$$2Cu^{2+} + 4I^- \longrightarrow 2CuI\downarrow + I_2$$
$$I_2 + 2S_2O_3^{2-} \longrightarrow S_4O_6^{2-} + 2I^-$$
$$c = \frac{c_1 V_1}{V}$$

式中，c 为待标定 $CuSO_4$ 溶液的浓度，mol·L^{-1}；V 为待标定 $CuSO_4$ 溶液的体积，mL；c_1 为 $Na_2S_2O_3$ 标准溶液的浓度，mol·L^{-1}；V_1 为耗用 $Na_2S_2O_3$ 标准溶液的体积，mL。

方法 2：准确吸取待标定的 $CuSO_4$ 溶液 5.00mL 于 250mL 锥形瓶中，加 50mL 蒸馏水及 10mL 缓冲溶液（pH＝10），再加 2 滴 PAN 指示剂，用 0.05mol·L^{-1} EDTA 标准溶液滴定至溶液由蓝色变为绿色即为终点。

$$c = \frac{c_1 V_1}{5.00}$$

式中，c 为待标定 $CuSO_4$ 溶液的浓度，mol·L^{-1}；c_1 为 EDTA 标准溶液的浓度，mol·L^{-1}；V_1 为耗用 EDTA 标准溶液的体积，mL。

【思考题】

1. 实验中所用锌粉为什么要过量？
2. 实验中所用锌粉为何只需用台式天平称取，而对 $CuSO_4$ 溶液的浓度则要求比较准确？
3. 为什么不取反应物混合后溶液的最高温度与刚混合时的温度之差作为实验中测定的 T 值，而要采用作图外推的方法求得？
4. 本实验还有哪些注意事项？

实验 10　化学反应速率、反应级数与活化能的测定

【预习】

1. 反应速率、反应速率常数、反应级数及活化能。
2. 影响反应速率的因素与阿伦尼乌斯公式。

【实验目的】

1. 通过碘化钾与过二硫酸铵反应，加深理解浓度、温度和催化剂对化学反应速率的影响。
2. 测定该反应的速率，并计算其反应级数、反应速率常数及活化能。练习实验数据的处理和作图方法。

3. 练习在水浴中进行恒温操作。

【实验原理】

在水溶液中，$(NH_4)_2S_2O_8$ 与 KI 反应的离子方程式为

$$S_2O_8^{2-} + 3I^- \longrightarrow 2SO_4^{2-} + I_3^-$$

该反应的平均反应速率与浓度的关系式为

$$v = -\frac{\Delta c(S_2O_8^{2-})}{\Delta t} = kc^m(S_2O_8^{2-})c^n(I^-)$$

式中，v 为平均反应速率；$\Delta c(S_2O_8^{2-})$ 为 Δt 时间内 $S_2O_8^{2-}$ 的浓度变化；$c(S_2O_8^{2-})$ 和 $c(I^-)$ 分别表示 $S_2O_8^{2-}$ 和 I^- 的起始浓度；k 为反应速率常数；m、n 表示反应的分级数，反应总级数为 $m+n$。

为测定一定时间 Δt 范围内 $S_2O_8^{2-}$ 的浓度变化 $\Delta c(S_2O_8^{2-})$，可在 $(NH_4)_2S_2O_8$ 与 KI 混合的同时，加入一定体积的已知浓度的 $Na_2S_2O_3$ 溶液和淀粉溶液。这样当 $S_2O_8^{2-}$ 与 I^- 反应生成 I_3^- 的同时，$S_2O_3^{2-}$ 与 I_3^- 又发生如下反应

$$2S_2O_3^{2-} + I_3^- \longrightarrow S_4O_6^{2-} + 3I^-$$

$S_2O_3^{2-}$ 与 I_3^- 的反应进行得很快，其速率远大于 $S_2O_8^{2-}$ 与 I^- 的。$S_2O_8^{2-}$ 与 I^- 反应生成的 I_3^- 立即被 $S_2O_3^{2-}$ 还原，生成无色的 $S_4O_6^{2-}$ 和 I^-。当 $Na_2S_2O_3$ 耗尽时，$S_2O_8^{2-}$ 与 I^- 继续反应生成的 I_3^- 就会与淀粉作用，使溶液显蓝色。

从两个方程式可以看出，$S_2O_8^{2-}$ 浓度的减少量是 $S_2O_3^{2-}$ 浓度减少量的一半，即

$$\Delta c(S_2O_8^{2-}) = \frac{1}{2}\Delta c(S_2O_3^{2-})$$

从反应开始到溶液呈蓝色这段时间（Δt）内，由于 $Na_2S_2O_3$ 全部耗尽，所以实际上 $\Delta c(S_2O_3^{2-})$ 就是 $S_2O_3^{2-}$ 的初始浓度 $c(S_2O_3^{2-})$。

有

$$v = -\frac{\Delta c(S_2O_8^{2-})}{\Delta t} = -\frac{\Delta c(S_2O_3^{2-})}{2\Delta t} = \frac{c(S_2O_3^{2-})}{2\Delta t}$$

又有

$$v = kc^m(S_2O_8^{2-})c^n(I^-)$$

两边取对数有

$$\lg v = \lg k + m\lg c(S_2O_8^{2-}) + n\lg c(I^-)$$

在实验中保持 $S_2O_3^{2-}$ 的浓度不变，当 $c(I^-)$ 一定时，不同 $c(S_2O_8^{2-})$ 就有不同的 Δt，即有不同的反应速率 v。以 $\lg v$ 对 $\lg c(S_2O_8^{2-})$ 作图，可得一直线，斜率为 m。

同理，当 $c(S_2O_8^{2-})$ 一定时，不同的 $c(I^-)$ 也有不同的反应速率 v，以 $\lg v$ 对 $\lg c(I^-)$ 作图所得直线的斜率为 n。

求得 m 和 n 后，从 $k = \dfrac{v}{c^m(S_2O_8^{2-})c^n(I^-)}$ 又可求出反应速率常数 k。

根据阿伦尼乌斯公式

$$\lg k = -\frac{E_a}{2.303RT} + \lg A$$

式中，E_a 为反应的活化能；R 为气体常数，$8.314 \text{J} \cdot \text{mol}^{-1} \cdot \text{L}^{-1}$；$A$ 为指前因子；T 为热力学温度。测量不同温度下的 k 值，以 $\lg k$ 对 $1/T$ 作图，可得一直线，直线的斜率为 S，

$S = -\dfrac{E_a}{2.303R}$,由此可求得活化能 E_a。

【仪器、药品和材料】

仪器：烧杯（150mL）、量筒（10mL、20mL、25mL）、温度计（0～100℃）、大试管（40mL）、秒表、水浴锅。

药品：$(NH_4)_2S_2O_8$（$0.20\text{mol}\cdot L^{-1}$）、KI（$0.20\text{mol}\cdot L^{-1}$）、$Na_2S_2O_3$（$0.010\text{mol}\cdot L^{-1}$）（因是测定实验，要求上述试剂的浓度要足够准确，且要现配）、KNO_3（$0.20\text{mol}\cdot L^{-1}$）、$(NH_4)_2SO_4$（$0.20\text{mol}\cdot L^{-1}$）、$Cu(NO_3)_2$（$0.20\text{mol}\cdot L^{-1}$）、淀粉[0.2%（质量分数）]。

材料：冰块。

【实验内容】

1. 浓度对化学反应速率的影响，求反应级数

在室温下，用量筒（每种试剂都应用带有标签的专用量筒来量取，不能混用）准确量取 $0.20\text{mol}\cdot L^{-1}$ KI 溶液 20.0mL，$0.01\text{mol}\cdot L^{-1}$ $Na_2S_2O_3$ 溶液 8.0mL，0.2% 淀粉溶液 4.0mL，都加到 150mL 烧杯中混合均匀。再用另一支量筒准确量取 $0.20\text{mol}\cdot L^{-1}$ $(NH_4)_2S_2O_8$ 溶液 20.0mL，迅速加到烧杯中，同时开启秒表，并搅拌。当溶液刚出现蓝色时，停秒表，反应时间及室温记入表 5-3 中。

用同样方法按照表 5-3 中用量进行另外四次实验。为使每次实验溶液中的离子强度和总体积保持不变，不足的量分别用 $0.20\text{mol}\cdot L^{-1}$ KNO_3 溶液和 $0.20\text{mol}\cdot L^{-1}$ $(NH_4)_2SO_4$ 溶液补足。

求反应级数和反应速率常数的相关值填入表 5-4。

2. 温度对化学反应速率的影响，求活化能

按表 5-3 中实验编号Ⅳ的用量，分别把 KI、$Na_2S_2O_3$、KNO_3 和淀粉溶液加到 150mL 烧杯中。把 $(NH_4)_2S_2O_8$ 溶液加到另一烧杯（或 40mL 大试管）中，并将它们同时放在冰水浴中，待两种试液的温度都降到低于室温 10℃ 时，将 $(NH_4)_2S_2O_8$ 溶液迅速倒入 KI 等混合液中，同时计时，并不断搅拌。溶液变蓝色时，记录反应的时间和温度，填入表 5-5 中。

利用热水浴在高于室温 10℃ 或 20℃ 的条件下重复上述实验，反应时间和温度记入表 5-5。

3. 催化剂对反应速率的影响

按表 5-3 中实验编号Ⅳ的用量，分别把 KI、$Na_2S_2O_3$、KNO_3 和淀粉溶液加到 150mL 烧杯中，再加入 1 滴 $0.20\text{mol}\cdot L^{-1}$ $Cu(NO_3)_2$ 溶液，摇匀。然后迅速加入 $(NH_4)_2S_2O_8$ 溶液，计时，并搅拌。当溶液出现蓝色时，记下反应时间。

将 1 滴 $0.20\text{mol}\cdot L^{-1}$ $Cu(NO_3)_2$ 溶液改为 2 滴，重复上面的操作，反应时间记入表 5-6 中。

【数据记录及结果处理】

1. 根据表 5-3 的数据计算各实验的反应速率 v，并总结浓度对反应速率的影响。

表 5-3 浓度对反应速率的影响

实验编号		I	II	III	IV	V
试剂用量/mL	$0.20\,mol\cdot L^{-1}\,(NH_4)_2S_2O_8$	20.0	10.0	5.0	20.0	20.0
	$0.20\,mol\cdot L^{-1}\,KI$	20.0	20.0	20.0	10.0	5.0
	$0.010\,mol\cdot L^{-1}\,Na_2S_2O_3$	8.0	8.0	8.0	8.0	8.0
	0.2%(质量分数)淀粉液	4.0	4.0	4.0	4.0	4.0
	$0.20\,mol\cdot L^{-1}\,KNO_3$	0	0	0	10.0	15.0
	$0.20\,mol\cdot L^{-1}\,(NH_4)_2SO_4$	0	10.0	15.0	0	0
52mL溶液中各反应物的起始浓度/$mol\cdot L^{-1}$	$c[(NH_4)_2S_2O_8]$					
	$c(KI)$					
	$c(Na_2S_2O_3)$					
反应时间/s	Δt					
反应速率	$v=\dfrac{c(Na_2S_2O_3)}{2\Delta t}$					

用表 5-3 中实验 I、II、III 的数据作 $\lg v$-$\lg c$($S_2O_8^{2-}$)图,得一直线,斜率为 m。

用实验 I、IV、V 的数据作 $\lg v$-$\lg c$(I^-)图,也得一直线,斜率为 n。

根据 m 和 n,再计算各实验的反应速率常数 k。将计算结果填入表 5-4 中。

表 5-4 求反应级数和反应速率常数

实验编号	I	II	III	IV	V
$\lg v$					
$\lg c(S_2O_8^{2-})$					
$\lg c(I^-)$					
m					
n					
$k=\dfrac{v}{c^m(S_2O_8^{2-})c^n(I^-)}$					

2. 用表 5-5 中各次实验的 $\lg k$ 对 $1/T$ 作图,得一直线,直线斜率为 $-\dfrac{E_a}{2.303R}$,由此可求出 E_a(文献值为 $51.88\,kJ\cdot mol^{-1}$),将计算结果填入表 5-5 中,并总结温度对反应速率的影响。

表 5-5 温度对反应速率的影响

实验编号		1	2	3	4
反应温度	℃				
	K				
反应时间 Δt/s					
反应速率 v					
反应速率常数 k					
$\lg k$					
$1/T$					
作图求得 E_a/$kJ\cdot mol^{-1}$					

3. 总结催化剂对反应速率的影响。

表 5-6　催化剂对反应速率的影响

实验编号	加入 $0.2\text{mol}\cdot\text{L}^{-1}\text{Cu(NO}_3)_2$ 滴数	反应时间/s
1	0	
2	1	
3	2	

【注意事项】
1. 实验前应确保所有配制的溶液全部摇匀，所取溶液在瓶的上下浓度均匀一致。
2. 所用量筒一定要编号，不要装错溶液。

【思考题】
1. 下列情况对实验结果有何影响？
（1）取用六种试剂的量筒没有分开专用。
（2）先加 $(NH_4)_2S_2O_8$ 溶液，最后加 KI 溶液。
（3）缓慢加入 $(NH_4)_2S_2O_8$ 溶液。
2. 为什么根据反应溶液出现蓝色的时间长短来计算反应速率？反应溶液出现蓝色时反应是否停止了？
3. 本实验中 $Na_2S_2O_3$ 的用量过多或过少，对实验结果有何影响？
4. 根据化学反应方程式的计量系数是否就能确定反应级数？

实验 11　电离平衡和沉淀反应

【预习】
1. 弱电解质的电离平衡和溶度积规则。
2. 离心机的使用。

【实验目的】
1. 巩固 pH 的概念，掌握 pH 试纸的使用方法。
2. 加深理解同离子效应、缓冲溶液的性质、盐类的水解作用及水解平衡的移动。
3. 掌握溶度积规则的运用，了解沉淀的生成与转化、沉淀的溶解的各种方法。

【实验提要】
1. 电解质在水中都能电离出离子，但电解质有强弱之分，电离度的大小也不同，所以相同浓度的电解质溶液中，离子的浓度不同，而溶液中的反应是离子反应，反应的速率与离子的浓度相关。
2. 弱电解质在水溶液中存在着分子电离为离子（离子化）和离子相互结合成分子（分子化）的可逆平衡。在这平衡体系中加入含有相同离子的强电解质，则促使电离平衡向分子化的方向移动，结果使弱电解质的电离度降低，这种效应称为同离子效应。
3. 由弱酸（或弱碱）及其盐组成的混合溶液，弱酸（或弱碱）的电离受到弱酸盐（或弱碱盐）的同离子效应的抑制，溶液中酸和酸根的浓度较大，这种溶液对外加的酸、碱或水都有一定的缓冲作用，即外加少量的酸、碱或水后，溶液的酸度基本不变。这种溶液称为缓冲溶液。

4. 水是弱电解质，水的电离平衡会因电解质的加入而发生改变，酸、碱使水的电离平衡向分子化的方向移动，盐则可能使水的电离平衡向电离的方向移动，盐的离子与水的 OH^- 结合成弱碱时，会使溶液呈酸性；而盐的离子与水的 H^+ 结合成弱酸时，会使溶液呈碱性。盐对水的电离平衡的这种影响称为盐的水解。盐的水解反应是中和反应的逆反应，温度升高促进水解的进行，加入酸或碱则使水解受到抑制或促进。

5. 在电解质溶液中，若离子浓度幂的乘积大于难溶电解质的溶度积时，该难溶电解质会析出沉淀。反之，难溶电解质的沉淀溶解。这种沉淀的生成和溶解的规律称为溶度积规则。若溶液中有多种离子而又可能生成不同的难溶电解质时，由于它们的溶度积各不相同，则随着溶液中离子浓度的变化，凡是首先满足溶度积规则的，沉淀就会析出或溶解，故能生成多种沉淀的溶液，沉淀的生成是分步的，这种现象称为分步沉淀。新沉淀的生成也可使原来的沉淀发生溶解，这种现象称为沉淀的转化。

【仪器、药品和材料】

仪器：离心机、烧杯、量筒（10mL）、酒精灯、试管、离心试管、滴管。

药品：常用（$0.1mol \cdot L^{-1}$、$2mol \cdot L^{-1}$、$6mol \cdot L^{-1}$、浓）的酸（HAc、HCl、H_2SO_4、HNO_3）和碱（$NH_3 \cdot H_2O$、NaOH）溶液（在后续试管实验中写为"常用酸碱"）。浓度均为 $0.1mol \cdot L^{-1}$ 的 NaAc、Na_2S、Na_2SO_4、NaCl、Na_2CO_3、NaH_2PO_4、Na_2HPO_4、KI、K_2CrO_4、NH_4Cl、NH_4Ac、$Pb(NO_3)_2$、$AgNO_3$、$ZnSO_4$、$CaCl_2$、$MgCl_2$、$FeCl_3$ 溶液。NaAc（$2mol \cdot L^{-1}$）、Na_2S（$1mol \cdot L^{-1}$）、甲基橙（1%）、酚酞（1%）、锌片、NaAc（固）、$NaNO_3$（固）、NH_4Cl（固）、$BiCl_3$（固）。

材料：pH 试纸、精密 pH 试纸。

【实验内容】

1. 强电解质与弱电解质

(1) 比较 HCl 和 HAc 的酸性。

① 在两支试管中，各盛蒸馏水 2mL，在其中一支试管中加入 1 滴 $2mol \cdot L^{-1}$ HCl 溶液，而另一支试管加入 1 滴 $2mol \cdot L^{-1}$ HAc 溶液，然后各加 1 滴甲基橙指示剂，摇匀，比较溶液的颜色并试着解释。

② 在上述两支试管中各放入一粒锌粒，比较反应的快慢。加热两支试管，进一步观察反应速率的差别并试着解释。

(2) 用 pH 试纸测定下列溶液的 pH，并与计算结果相比较。$0.1mol \cdot L^{-1}$ NaOH 溶液、$0.1mol \cdot L^{-1}$ $NH_3 \cdot H_2O$ 溶液、蒸馏水、$0.1mol \cdot L^{-1}$ HAc 溶液、$0.1mol \cdot L^{-1}$ HCl 溶液。按 pH 从小至大的顺序，排列上述溶液。

2. 同离子效应和缓冲溶液

(1) 取 1mL $0.1mol \cdot L^{-1}$ HAc 溶液，加 1 滴甲基橙溶液，再加入 1mL $0.1mol \cdot L^{-1}$ NaAc 溶液，观察指示剂颜色的变化，并试着解释。

(2) 取 1mL $0.1mol \cdot L^{-1}$ $NH_3 \cdot H_2O$ 溶液，加 1 滴酚酞溶液，再加入 1mL $0.1mol \cdot L^{-1}$ NH_4Cl 溶液，观察指示剂的颜色，计算溶液的 pH，查出酚酞指示剂的变色范围（参见附录4），对比之。再加入少量固体 NH_4Cl，观察指示剂颜色的变化。解释上述现象。

(3) 在两支各盛有 5mL 蒸馏水的试管中，分别加入 1 滴 $0.1mol \cdot L^{-1}$ HCl 溶液和 1 滴

$0.1mol·L^{-1}$ NaOH 溶液，测定它们的 pH，与蒸馏水的 pH 作比较。

（4）在试管中加入 1mL $2mol·L^{-1}$ HAc 溶液和 1mL $2mol·L^{-1}$ NaAc 溶液，再加入 7mL 蒸馏水，摇匀后，用精密 pH 试纸测出其 pH。再加入 1mL 蒸馏水稀释，摇匀，再用精密 pH 试纸测出其 pH，有无变化？将溶液分成两份，一份加入 1 滴 $0.1mol·L^{-1}$ HCl 溶液，另一份加入 1 滴 $0.1mol·L^{-1}$ NaOH 溶液，分别再以精密 pH 试纸测出其 pH，与 2.（3）作比较，可得出什么结论？

3. 盐类的水解

（1）用 pH 试纸测定浓度为 $0.1mol·L^{-1}$ 的下列盐溶液的 pH。
NaCl、NH_4Cl、Na_2S、NaAc、NH_4Ac、NaH_2PO_4、Na_2HPO_4

（2）取少量 NaAc 固体溶于少量水中，加 1 滴酚酞溶液，观察溶液的颜色，加热此溶液，观察溶液颜色有何变化，为什么？

（3）取一颗米粒大小的 $BiCl_3$ 固体放入试管中，用 2mL 蒸馏水溶解，有什么现象？pH 是多少？滴加 $6mol·L^{-1}$ HCl 至溶液澄清为止，再加入水稀释，又有什么现象？用平衡移动原理解释这一系列现象。

4. 沉淀的生成与转化

（1）在盛有 2mL 蒸馏水的试管中，加入 1 滴 $0.1mol·L^{-1}$ $Pb(NO_3)_2$ 溶液，再加入 1 滴 $0.1mol·L^{-1}$ KI 溶液，观察有无沉淀生成？试用溶度积规则解释。

（2）在盛有 5mL 蒸馏水的试管中，加入 1 滴 $0.1mol·L^{-1}$ $Pb(NO_3)_2$ 溶液，再加入 1 滴 $0.1mol·L^{-1}$ KI 溶液，观察现象，试用溶度积规则解释。

（3）在盛有 1mL 蒸馏水的试管中，加入 2 滴 $0.1mol·L^{-1}$ NaCl 溶液和 2 滴 $0.1mol·L^{-1}$ K_2CrO_4 溶液，混匀后，滴加 $0.1mol·L^{-1}$ $AgNO_3$ 溶液，观察现象并加以解释。

（4）在盛有 1mL 蒸馏水的试管中，加入 2 滴 $0.1mol·L^{-1}$ $AgNO_3$ 溶液和 2 滴 $0.1mol·L^{-1}$ K_2CrO_4 溶液，观察现象。再逐滴加入 $0.mol·L^{-1}$ NaCl 溶液，观察现象并加以解释。

（5）在离心试管中加入 5 滴 $0.1mol·L^{-1}$ NaCl 溶液，滴加 5 滴 $0.1mol·L^{-1}$ $AgNO_3$ 溶液，有何现象？离心分离，弃去清液。然后在沉淀中逐滴加入 $1mol·L^{-1}$ Na_2S 溶液，观察沉淀的颜色有何变化，解释实验现象，写出反应式。

（6）在两支试管中分别加入 1mL $0.1mol·L^{-1}$ $FeCl_3$ 溶液和 1mL $0.1mol·L^{-1}$ $MgCl_2$ 溶液，用 pH 试纸测出其 pH。然后各加 $0.1mol·L^{-1}$ NaOH 溶液至刚出现氢氧化物沉淀为止，再用 pH 试纸测定溶液的 pH，比较 $Fe(OH)_3$ 与 $Mg(OH)_2$ 开始沉淀时溶液的 pH 有何不同，用它们各自的溶度积计算出理论值加以比较，并说明沉淀氢氧化物是否一定要在碱性条件下进行？

（7）在试管中加入 5 滴 $0.1mol·L^{-1}$ $ZnSO_4$ 溶液，再滴加 $0.1mol·L^{-1}$ NaOH 溶液至有沉淀出现，继续加入 $0.1mol·L^{-1}$ NaOH 溶液，又有什么现象？是不是溶液的碱性越强（即加的碱越多），氢氧化物就沉淀得越完全？

5. 沉淀的溶解

（1）在试管中加入 1mL $0.1mol·L^{-1}$ $MgCl_2$ 溶液，滴加 $2mol·L^{-1}$ $NH_3·H_2O$ 溶液，观察沉淀的生成，再逐滴加入 $0.1mol·L^{-1}$ NH_4Cl 溶液，振荡试管，观察沉淀的变化，解释之。

（2）在试管中加入 10 滴 0.1mol·L^{-1}ZnSO$_4$ 溶液，滴加 0.1mol·L^{-1}Na$_2$S 溶液，观察沉淀的生成，再逐滴加入 2mol·L^{-1}HCl 溶液，振荡试管，观察沉淀的变化，解释之。

（3）在盛有 2mL 蒸馏水的试管中，加入 1 滴 0.1mol·L^{-1}Pb(NO$_3$)$_2$ 溶液和 1 滴 0.1mol·L^{-1}KI 溶液，观察沉淀的生成，再加入一小匙 NaNO$_3$ 固体，振荡试管，观察沉淀的变化，解释之。

（4）在试管中加入 5 滴 0.1mol·L^{-1}AgNO$_3$ 溶液，滴加 2mol·L^{-1}NH$_3$·H$_2$O 溶液，观察沉淀的生成，再继续滴加 2mol·L^{-1}NH$_3$·H$_2$O 溶液，观察沉淀的变化，解释之。

【注意事项】

实验后的废液应倒入专用废液桶中回收处理。切勿倒入下水道中。

【思考题】

1. 为什么 H$_3$PO$_4$ 溶液呈酸性，NaH$_2$PO$_4$ 溶液呈微酸性，Na$_2$HPO$_4$ 溶液呈微碱性，Na$_3$PO$_4$ 溶液呈碱性？
2. 缓冲溶液为什么有缓冲作用？
3. 要使难溶电解质溶解，可以从哪几方面考虑？

实验 12　氧化还原反应及电化学

【预习】

1. 氧化还原反应和电极电势的概念。
2. 酸度计的使用和用酸度计测定原电池电动势的原理。

【实验目的】

1. 掌握电极电势与氧化还原反应的关系。
2. 掌握反应物浓度、介质的酸度对电极电势和氧化还原反应的影响。
3. 了解原电池的电动势和电极电势及酸度计测定原电池电动势的方法。

【实验提要】

在化学反应过程中，元素原子或离子在反应前后有电子得失（或氧化态变化）的一类反应，称为氧化还原反应。物质在水溶液中氧化、还原能力的强弱，可用电极电势的相对大小来衡量，一个电对的电极电势代数值越大，其氧化型物质的氧化能力越强，还原型物质的还原能力越弱；反之，电极电势代数值越小，其还原型物质的还原能力越强，氧化型物质的氧化能力越弱。

氧化还原反应总是由较强的氧化剂和较强的还原剂相互作用，向着生成较弱的还原剂和较弱的氧化剂的方向进行。所以氧化还原反应自发进行方向的判据为

$$E_{氧化剂} > E_{还原剂}$$

例如，$E^{\ominus}$(Fe^{3+}/Fe^{2+}) = +0.771V，$E^{\ominus}$(I$_2$/I$^-$) = +0.535V，则氧化型物质的氧化能力 Fe^{3+} > I$_2$，还原型物质的还原能力 I$^-$ > Fe^{2+}，即 Fe^{3+} 可以氧化 I$^-$，酸性溶液中反应的方向为

$$2Fe^{3+} + 2I^- \longrightarrow 2Fe^{2+} + I_2$$

通常情况下，可直接使用标准电极电势（$E^\ominus$）来比较氧化剂和还原剂氧化还原能力的相对强弱。物质的浓度与电极电势的关系可用能斯特方程表示（25℃）

$$E(氧化型/还原型) = E^\ominus(氧化型/还原型) + \frac{0.0592}{n}\lg\frac{[氧化型]^a}{[还原型]^b}$$

当氧化型或还原型物质的浓度变化时，会改变其电极电势的数值，从而影响氧化剂和还原剂的相对强弱，特别是当有沉淀剂或配位剂存在能够大大降低溶液中某一离子浓度的时候，使电极电势的数值发生很大变化，甚至可以改变氧化还原反应方向。

对有 H^+ 或 OH^- 参与电极反应的电对，介质的 pH 也对电极电势产生影响，从而影响氧化还原反应的产物和方向。例如电极反应

$$MnO_4^- + 8H^+ + 5e \Longleftrightarrow Mn^{2+} + 4H_2O$$

$$E(MnO_4^-/Mn^{2+}) = E^\ominus(MnO_4^-/Mn^{2+}) + \frac{0.0592}{5}\lg\frac{[MnO_4^-][H^+]^8}{[Mn^{2+}]}$$

可见介质的 pH 对电极电势值的影响很大。$KMnO_4$ 在酸性、中性和强碱性介质中被还原的产物也不相同。

在酸性介质中，其还原产物是锰（Ⅱ）盐

$$2MnO_4^- + 5SO_3^{2-} + 6H^+ \longrightarrow 2Mn^{2+} + 5SO_4^{2-} + 3H_2O$$

在中性介质中，其还原产物为棕色 MnO_2

$$2MnO_4^- + 3SO_3^{2-} + H_2O \longrightarrow 2MnO_2\downarrow + 3SO_4^{2-} + 2OH^-$$

在强碱性介质中，其还原产物为 MnO_4^{2-}

$$2MnO_4^- + SO_3^{2-} + 2OH^- \longrightarrow 2MnO_4^{2-} + SO_4^{2-} + H_2O$$

氧化剂和还原剂的强弱都是相对的，某些含有中间氧化态元素的物质（如 H_2O_2），它既可作氧化剂，又可作还原剂。在实际的反应中是发生氧化还是还原，决定于与它发生反应的另一物质的氧化还原能力的相对强弱。

原电池是利用氧化还原反应将化学能转化为电能的装置。原电池由两个电极、盐桥和导线组成。原电池的负极发生氧化反应，给出电子，电子通过导线流入正极，在正极上发生得到电子的还原反应。原电池的电动势（E）为正、负极的电极电势之差

$$E = E_正 - E_负$$

通常要测定某电对的电极电势时，可将待测电极与参比电极组成原电池进行测定。常用的参比电极是饱和甘汞电极，它是由 Hg、Hg_2Cl_2（固体）及饱和 KCl 溶液组成的。饱和甘汞电极的电极电势与温度的关系为

$$E(Hg_2Cl_2/Hg) = 0.2415 - 0.00065(T-25)$$

式中，T 为溶液温度，℃。

利用电能使非自发的氧化还原反应能够进行的过程为电解。将电能转化为化学能的装置叫电解池。电解池中与电源的正极相连的为阳极，进行氧化反应；与电源的负极相连的为阴极，进行还原反应。电解时，离子的性质、离子的浓度及电极材料性质等因素，都可以影响两极的反应和产物。

【仪器、药品和材料】

仪器：酸度计、盐桥、饱和甘汞电极、烧杯、试管、滴管、表面皿。

药品：常用酸碱，浓度均为 $0.1mol·L^{-1}$ 的 Na_2SO_3、KBr、KI、KIO_3、$K_2Cr_2O_7$、$K_3[Fe(CN)_6]$、$FeCl_3$、$FeSO_4$ 溶液，浓度均为 $1mol·L^{-1}$ 的 NaCl、$ZnSO_4$、$CuSO_4$ 溶

液,KI($0.5mol·L^{-1}$),$KMnO_4$($0.01mol·L^{-1}$),H_2O_2(3%),淀粉溶液(5%),酚酞(1%),溴水,碘水,CCl_4。

材料:电极(锌片、铜片)、导线(带夹)、砂纸、pH试纸、滤纸片。

【实验内容】

1. 氧化还原反应与电极电势

(1) 取 5 滴 $0.1mol·L^{-1}$ KI 溶液于试管中,加入 2 滴 $0.1mol·L^{-1}$ $FeCl_3$ 溶液,再加入约 0.5mL CCl_4,充分振荡后,观察 CCl_4 层的颜色,并检验有无 Fe^{2+} 生成,写出反应式。

(2) 用 $0.1mol·L^{-1}$ KBr 溶液代替 KI 溶液,进行同样的实验,观察现象。

(3) 在两支试管中各加入 0.5mL $0.1mol·L^{-1}$ $FeSO_4$ 溶液和 0.5mL CCl_4,然后分别滴入 2 滴溴水和碘水,充分振荡后,观察现象,写出反应式。

根据实验结果,定性比较 Br_2/Br^-、I_2/I^-、Fe^{3+}/Fe^{2+} 三电对的电极电势的相对大小。并指出其中最强的氧化剂和最强的还原剂。

2. 浓度对氧化还原反应的影响

(1) 浓度对氧化还原反应速率的影响　在两支各盛有 1mL 蒸馏水的试管中,各加入 2 滴 $2mol·L^{-1}$ H_2SO_4 溶液和 2 滴淀粉溶液,再在一支试管中加入 3 滴 $0.1mol·L^{-1}$ KI 溶液,在另一支试管中加入 3 滴 $0.5mol·L^{-1}$ KI 溶液,然后各加入 5 滴 3% H_2O_2 溶液,摇匀后静置,比较两支试管中出现蓝色的快慢。解释现象,写出反应式。

(2) 浓度对氧化还原反应产物的影响　在两支试管中分别加入 1mL 浓 HCl 和 $2mol·L^{-1}$ HCl 溶液,再各加入少量 MnO_2 固体,用 KI-淀粉试纸检验反应生成的气体,观察现象,写出反应式。

3. 酸度对氧化还原反应的影响

(1) 酸度对氧化还原反应速率的影响　在两支各盛有 5 滴 $0.1mol·L^{-1}$ KBr 溶液的试管中,分别各加入 2 滴 $6mol·L^{-1}$ H_2SO_4 溶液和 $6mol·L^{-1}$ HAc 溶液,然后各加入 2 滴 $0.01mol·L^{-1}$ $KMnO_4$ 溶液,观察并比较紫红色褪去的快慢,写出反应式。

(2) 酸度对氧化还原反应产物的影响　在三支试管中各加入 2 滴 $0.01mol·L^{-1}$ $KMnO_4$ 溶液,然后分别各加入 10 滴 $2mol·L^{-1}$ H_2SO_4 溶液、蒸馏水、$6mol·L^{-1}$ NaOH 溶液,再在各试管中滴加 $0.1mol·L^{-1}$ Na_2SO_3 溶液,振荡试管并观察现象,写出反应式。

(3) 酸度对氧化还原反应方向的影响　在试管中加入 10 滴 $0.5mol·L^{-1}$ KI 溶液和 2 滴 $0.1mol·L^{-1}$ KIO_3 溶液,再加入 2 滴淀粉溶液,摇匀后观察溶液颜色有无变化?然后滴加 $2mol·L^{-1}$ H_2SO_4 溶液酸化混合液,观察有什么变化?再滴加 $6mol·L^{-1}$ NaOH 溶液,使混合液呈碱性,观察现象,写出反应式。

4. 氧化还原能力的相对性

(1) 在盛有 5 滴 $0.1mol·L^{-1}$ KI 溶液的试管中,加入 2 滴 $2mol·L^{-1}$ H_2SO_4 溶液,然后滴加 2 滴 3% H_2O_2 溶液,观察溶液颜色的变化,写出反应式。并指出在此反应中 H_2O_2 是作氧化剂还是作还原剂?

(2) 在盛有 2 滴 $0.01mol·L^{-1}$ $KMnO_4$ 溶液的试管中,加入 2 滴 $2mol·L^{-1}$ H_2SO_4 溶

液，然后滴加 2 滴 3% H_2O_2 溶液，观察溶液颜色的变化，写出反应式。并指出在此反应中 H_2O_2 是作氧化剂还是作还原剂？

5. 原电池的电动势和电极的电极电势测定

（1）$E(Zn^{2+}/Zn)$ 的测定 在 50mL 的小烧杯中加入 30mL 1mol·L^{-1} $ZnSO_4$ 溶液，插入锌片构成负极，以饱和甘汞电极为正极，用酸度计测量其电动势，记录数据及实验温度，计算此条件下 Zn^{2+}/Zn 电极的电极电势。

（2）Cu-Zn 原电池电动势的测定 在两只 50mL 烧杯中分别加入 30mL 1mol·L^{-1} $ZnSO_4$ 溶液和 30mL 1mol·L^{-1} $CuSO_4$ 溶液。在 $ZnSO_4$ 溶液中插入锌片，在 $CuSO_4$ 溶液中插入铜片，两烧杯以盐桥相连，组成一个原电池，再用导线将锌片和铜片分别与酸度计的负极和正极连接，测量该原电池的电动势（图 5-3）。记录数据，并利用上一实验测得的 Zn^{2+}/Zn 电极的电极电势计算 Cu^{2+}/Cu 电极的电极电势。

6. 浓度对电极电势的影响

在图 5-3 的装置中，取下盛 $CuSO_4$ 溶液的烧杯，在 $CuSO_4$ 溶液中加入浓 $NH_3·H_2O$，搅拌至出现的浅蓝色沉淀又溶解为深蓝色溶液，再连接成原电池，观察电动势有何变化？解释现象。然后再在 $ZnSO_4$ 溶液中也加入浓 $NH_3·H_2O$ 至析出的白色沉淀又溶解为无色透明溶液，电动势又有何变化？解释现象。

7. 电解

以铜锌原电池为电源，电解 NaCl 溶液。取一片滤纸放在表面皿上，用 1mol·L^{-1} NaCl 溶液润湿，再加入 1 滴酚酞，将原电池两极的铜丝隔开一小段距离并都与滤纸接触（图 5-4）。几分钟后，观察滤纸上导线接触点附近颜色的变化。指出原电池的正、负极，电解池的阴、阳极，并分别写出原电池和电解池两极的反应。

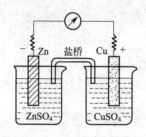

图 5-3 Cu-Zn 原电池

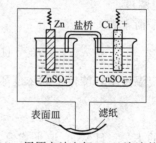

图 5-4 用原电池电解 NaCl 溶液的装置

【注意事项】

1. 对于 Fe^{2+} 和 Fe^{3+} 的鉴别，一般也可用下列反应

$$K^+ + Fe^{2+} + [Fe(CN)_6]^{3-} \longrightarrow KFe[Fe(CN)_6]\downarrow （蓝色）$$

$$Fe^{3+} + [Fe(CN)_6]^{3-} \longrightarrow Fe[Fe(CN)_6]（棕色）$$

2. $KMnO_4$ 与 Na_2SO_3 在强碱性条件下反应时，Na_2SO_3 的用量不可过多。因过量的 Na_2SO_3 会与产物 MnO_4^{2-} 进一步发生氧化还原反应而生成 MnO_2。

$$MnO_4^{2-} + SO_3^{2-} + H_2O \longrightarrow MnO_2\downarrow + SO_4^{2-} + 2OH^-$$

3. 金属电极在使用前要用细砂纸擦去表面的氧化物。

4. 若实验的时间不长，可用浸满饱和氯化钾溶液的湿润滤纸长条代替盐桥。

【思考题】

1. 溶液的浓度、介质的酸度对电极电势及氧化还原反应有何影响？
2. 为什么稀 HCl 不能与 MnO_2 反应，而浓 HCl 则可以反应？
3. 原电池中的盐桥有何作用？
4. 原电池正极与电解池阳极、原电池负极与电解池阴极，电极反应的本质是否相同？

实验 13　醋酸电离度和电离常数的测定

【预习】

1. 预习弱酸的电离和盐类水解平衡的相关理论与常见酸碱指示剂的变色范围。
2. 酸度计的工作原理及其使用方法。

【实验目的】

1. 了解醋酸电离度和电离常数的测定方法。
2. 学习使用酸度计测定溶液 pH。

【实验原理】

在水溶液中，醋酸溶液存在下列电离平衡

$$HAc \rightleftharpoons H^+ + Ac^-$$

起始浓度/mol·L^{-1}　　　　　c　　　0　　0

平衡浓度/mol·L^{-1}　　　　　$c-c\alpha$　　$c\alpha$　　$c\alpha$

α 为电离度　　　　　　　$c(H^+) = c\alpha$

电离平衡常数

$$K_a^\ominus(HAc) = \frac{[H^+][Ac^-]}{[HAc]} = \frac{c\alpha^2}{1-\alpha}$$

在一定温度下，测定不同浓度醋酸溶液的 pH。根据 $pH = -lg[H^+]$ 与电离度表达式

$$\alpha = \frac{c(H^+)}{c}$$

求得相应的 $K_a^\ominus(HAc)$，取平均值，即得该温度下 HAc 的电离常数。

【仪器、药品和材料】

仪器：酸度计、酸式滴定管（50mL）、碱式滴定管（50mL）、锥形瓶（250mL）、移液管（25mL）、烧杯（50mL，干燥）。

药品：HAc（6mol·L^{-1}）、酚酞（1%）、NaOH（固体）、邻苯二甲酸氢钾（固、AR）。

材料：滤纸。

【实验内容】

1. HAc 溶液的配制及标定

（1）溶液的配制

① 0.1mol·L^{-1} HAc 溶液的配制。用 6mol·L^{-1} HAc 配制 0.1mol·L^{-1} HAc 溶液 400mL，记录所需 6mol·L^{-1} HAc 和水的体积。

② 0.1mol·L^{-1} NaOH 溶液的配制。用固体 NaOH 配制 0.1mol·L^{-1} NaOH 溶液 500mL，记录所需 NaOH 质量和水的体积。

(2) HAc 溶液浓度的标定

① 标定 0.1mol·L^{-1} NaOH 溶液浓度。参见"实验 6"，自行设计方法对所配制的 NaOH 溶液的浓度进行标定。

② 标定 0.1mol·L^{-1} HAc 溶液的浓度。由已标定浓度的 NaOH 溶液标定 0.1mol·L^{-1} HAc 溶液的准确浓度。根据 HAc 和 NaOH 反应终点的产物是 NaAc 的事实，确定指示剂为酚酞，滴定方式为碱滴定酸。重复滴定三次，将每次所用的 NaOH 标准溶液的体积填入表 5-7 中，要求所用 NaOH 溶液体积相差小于 0.05mL。计算 HAc 浓度，取平均值，得到 HAc 的准确浓度。

2. 不同浓度醋酸溶液的配制

取 4 只干燥且编好号的小烧杯，从酸式滴定管中依次加入已知准确浓度的 0.1mol·L^{-1} HAc 溶液 6.00mL、12.00mL、24.00mL、48.00mL。再用另一支滴定管依次加入 42.00mL、36.00mL、24.00mL、0.00mL 蒸馏水，使各溶液的总体积为 48.00mL，计算各 HAc 溶液的浓度，填入表 5-8 中。

3. 醋酸溶液 pH 的测定

用酸度计按照由稀到浓的次序分别测定各 HAc 溶液的 pH，记录在表 5-8 中。

【数据记录与结果处理】

根据实验 3 测定的不同浓度 HAc 的 pH，计算相应的 $c(H^+)$，再计算相应的 HAc 电离度 α 和电离常数 $K_a^\ominus$，将计算结果填入表 5-8 中。

表 5-7 用 NaOH 标准溶液标定 HAc 溶液浓度

滴定序号		Ⅰ	Ⅱ	Ⅲ
NaOH 溶液的浓度/mol·L^{-1}				
HAc 溶液的用量/mL				
NaOH 溶液的用量/mL				
HAc 溶液的浓度 /mol·L^{-1}	测定值			
	平均值			
	相对偏差(d)/%			
	相对平均偏差($\bar{d}$)/%			

表 5-8 醋酸溶液 pH 值测定及 $K_a^\ominus$ 的计算

烧杯序号	V(HAc) /mL	$V(H_2O)$ /mL	c(HAc) /mol·L^{-1}	pH	$c(H^+)$ /mol·L^{-1}	α	$K_a^\ominus$	$K_a^\ominus$ 平均	相对误差/%
1	6.00	42.00							
2	12.00	36.00							
3	24.00	24.00							
4	48.00	0.00							

分析实验结果，并对实验误差进行讨论。

【注意事项】

1. 本实验可根据不同的专业对课程要求的内容及程度不同,全做或选做部分实验(如由实验室提供 $0.1\text{mol} \cdot \text{L}^{-1}$ HAc 溶液准确浓度,只做实验2、3两部分)。
2. 滴定方式和指示剂的选择,参见实验6和附录4。

【思考题】

1. 测定醋酸溶液的 pH 时,为什么要按溶液的浓度由稀到浓的顺序进行?
2. 不同浓度醋酸溶液的电离度是否相同?电离常数是否相同?

实验14 电势法测定反应的平衡常数

【预习】

1. 原电池、电动势、能斯特方程式。
2. 计算反应 $Zn + Cu^{2+}(aq) \rightleftharpoons Cu + Zn^{2+}(aq)$ 的 $K_{理}^{\ominus}$。

【实验目的】

1. 通过实验加深对能斯特方程的理解。
2. 掌握电势法测定反应平衡常数的原理与方法以及用酸度计测量电势的方法。

【实验原理】

根据反应

$$Zn + Cu^{2+}(aq) \rightleftharpoons Cu + Zn^{2+}(aq)$$

设计成的原电池为

$$(-)Zn|Zn^{2+}(不同浓度) \| Cu^{2+}(1\text{mol} \cdot \text{L}^{-1})|Cu(+)$$

当原电池的电动势为零时($E=0$),反应达到平衡,其平衡常数表达式为

$$K^{\ominus} = \frac{[Zn^{2+}]}{[Cu^{2+}]}$$

式中,$K^{\ominus}$ 为反应的标准平衡常数;$[Cu^{2+}]$、$[Zn^{2+}]$ 分别为反应达到平衡时 Cu^{2+} 和 Zn^{2+} 的相对浓度。

根据能斯特方程式,有

$$E = E^{\ominus} + \frac{0.0592}{2}\lg\frac{[Zn^{2+}]}{[Cu^{2+}]}$$

式中,E 为原电池的电动势,V;$E^{\ominus}$ 为原电池的标准电动势,本实验中,$E^{\ominus} = 1.1037\text{V}$。在已知 Cu^{2+} 的平衡浓度时,测定相应 Zn^{2+} 的平衡浓度的方法如下。

用酸度计测出不同 Zn^{2+} 浓度时原电池的电动势。然后以 Zn^{2+} 浓度的常用对数 $\lg[Zn^{2+}]$ 为横坐标,原电池的电动势测定值(E)为纵坐标,绘出 E-$\lg[Zn^{2+}]$ 关系图,得到一条直线。延长该直线与横坐标相交,得到 $E=0$ 时的 $\lg[Zn^{2+}]$ 值,再换算成 $[Zn^{2+}]$,带入平衡常数表达式中计算,即得上述反应的平衡常数($K^{\ominus}$)。

【仪器、药品和材料】

仪器:酸度计、烧杯(50mL)、容量瓶(50mL)、移液管(10mL)、吸量管(10mL)、量筒(100mL)、盐桥。

药品：$CuSO_4$（$1mol \cdot L^{-1}$）（标定）、$ZnSO_4$（$0.01mol \cdot L^{-1}$）（标定）。
材料：锌电极、铜丝、导线（带夹）、滤纸片、细砂纸。

【实验步骤】

1. 不同浓度 $ZnSO_4$ 溶液的配制

编号为 2~5 号溶液的配制均应在 50mL 容量瓶中进行，用移液管或吸量管移入表 5-9 中相应量的 $ZnSO_4$ 溶液于容量瓶中，然后用蒸馏水稀释至刻度。

2. 原电池的装配

在一个 50mL 烧杯中加入 $1mol \cdot L^{-1}$ $CuSO_4$ 溶液 45mL，插入一根洁净的铜丝；在另一个 50mL 烧杯中加入上面所配的 $ZnSO_4$ 溶液（使两烧杯液位等高），并插入锌电极。用盐桥连接两杯溶液。

3. 原电池电动势的测量

把原电池的铜电极接入酸度计的正极，锌电极接入酸度计的负极，然后按测量电动势的步骤测出电池的电势，并填入表 5-9。

【数据记录和结果处理】

1. 由表 5-9 数据，绘出 E-$\lg[Zn^{2+}]$ 直线，并求出 $K^{\ominus}$ 值。
2. 根据以上实验，总结电对 Zn^{2+}/Zn 的电极电势与 Zn^{2+} 浓度的关系。
3. 比较 $K^{\ominus}_{实}$ 与 $K^{\ominus}_{理}$，分析实验误差。

表 5-9 $ZnSO_4$ 溶液的配制及原电池的电动势测定

溶液	编号	1号	2号	3号	4号	5号
加入 $ZnSO_4$ 溶液	浓度/$mol \cdot L^{-1}$	0.01	0.01	0.01	2号浓度	3号浓度
	体积/mL	45	15.80	5.00	5.00	5.00
加水量/mL		0	34.20	45.00	45.00	45.00
稀释后 $ZnSO_4$ 的浓度/$mol \cdot L^{-1}$						
原电池电动势/V						

【注意事项】

装配原电池时，先将电极与仪器连接妥当，并确保电极与溶液平衡后，再用盐桥连接，确保所读电动势对应表 5-9 中 Zn^{2+} 溶液浓度。因为电池接通反应开始后，浓度发生变化。

【思考题】

1. 配制不同浓度 $ZnSO_4$ 溶液用的容量瓶和盛装待测电动势溶液用的烧杯是否均需要干净且干燥？
2. 下列情况对实验结果有何影响？
(1) 测量不同浓度 $ZnSO_4$ 溶液组成原电池的电动势之前，没有用蒸馏水洗净电极并擦干。
(2) 电极插入溶液中时，没有将溶液摇均并静置一小段相同的时间。

实验 15 配位化合物

【预习】
1. 复盐和配位化合物的性质及应用。
2. 配合物稳定性，配位平衡。

【实验目的】
1. 了解配合物的生成，以及与单盐、复盐的区别。
2. 比较配离子的稳定性，了解螯合物的形成。
3. 了解由简单离子生成配离子后各种性质的改变。

【实验提要】

中心原子或离子（配合物的形成体）与一定数目的中性分子或阴离子（配合物的配位体）以配位键结合形成配位个体。配位个体处于配合物的内界，若带有电荷就称为配离子。带正电荷称为配阳离子，带负电荷称为配阴离子。配离子与带有相同数目的相反电荷的离子（外界）组成配位化合物，简称配合物。大多数易溶配合物在溶液中解离为配离子和外界离子，如 $[Cu(NH_3)_4]SO_4$ 在水溶液中完全解离为 $[Cu(NH_3)_4]^{2+}$ 和 SO_4^{2-}，而配离子只能部分解离，如在水溶液中，$[Cu(NH_3)_4]^{2+}$ 存在下列解离平衡

$$[Cu(NH_3)_4]^{2+} \rightleftharpoons Cu^{2+} + 4NH_3$$

$$K_{\text{不稳}}^{\ominus} = \frac{[Cu^{2+}][NH_3]^4}{[Cu(NH_3)_4^{2+}]}$$

式中，$K_{\text{不稳}}^{\ominus}$ 为配离子的不稳定常数，表示配离子稳定性大小，$K_{\text{不稳}}^{\ominus}$ 越小，配离子越稳定。改变上述平衡条件时，如改变浓度，加入沉淀剂、氧化剂、还原剂，或改变溶液的酸度，配离子的解离平衡都将会发生移动。

简单金属离子在形成配离子后，其颜色、溶解性、酸碱性及氧化还原性都会改变。如 Fe^{3+} 与 KSCN 形成血红色配离子 $[Fe(SCN)_n]^{3-n}$ $(n=1\sim 6)$。

$$Fe^{3+} + nSCN^- \longrightarrow [Fe(SCN)_n]^{3-n}$$

AgCl 难溶于水，但与 NH_3 形成 $[Ag(NH_3)_2]^+$ 配离子后，则易溶于水。

$$AgCl + 2NH_3 \longrightarrow [Ag(NH_3)_2]^+ + Cl^-$$

H_3BO_3 与甘油作用，可放出 H^+，使溶液的 pH 改变。

$$H_3BO_3 + 2\begin{matrix}CH_2-OH\\|\\CH-OH\\|\\CH_2-OH\end{matrix} \longrightarrow \left[\begin{matrix}H_2C-OO-CH_2\\\diagdownB\diagup\\HC-OO-CH\\||\\H_2C-OHHO-CH_2\end{matrix}\right]^- + H^+ + 3H_2O$$

Fe^{3+} 能氧化 I^-，但形成 $[FeF_6]^{3-}$ 配离子后，Fe^{3+} 氧化能力降低，就不再与 I^- 反应。在有硫脲存在的条件下，Cu 可与 HCl 反应置换出 H_2。

$$2Cu + 2HCl + 8CS(NH_2)_2 \xrightarrow{\triangle} 2[Cu(CS(NH_2)_2)_4]Cl + H_2\uparrow$$

具有环状结构的配合物称为螯合物，与金属离子形成螯合物的多齿配体称为螯合剂。EDTA 是乙二酸四乙胺的二钠盐，有六个配位原子，具有很强的配位能力，能与许多金属离子形成稳定的 1:1（金属离子:配体）螯合物。EDTA 与金属离子形成螯合物时会放出 2

个 H^+ 使溶液酸度增加,其酸根通常简写为 Y^{4-},例如,Mg^{2+} 与 EDTA 的螯合物可简写为 $[MgY]^{2-}$。

$$^+Na^-OOCH_2C\diagup^{HOOCH_2C}NCH_2CH_2N\diagdown^{CH_2COOH}_{CH_2COO^-Na^+}$$

EDTA 与无色的金属离子生成无色的螯合物,与有色的金属离子生成颜色更深的螯合物。螯合物的稳定性更大,如 $[Cu(NH_3)_4]^{2+}$ 配离子遇 EDTA,可转化为更稳定的螯合物 $[CuY]^{2-}$。

【仪器、药品和材料】

仪器:离心机、离心试管、试管、表面皿。

药品:常用酸碱。浓度均为 $0.1mol \cdot L^{-1}$ 的 H_3BO_3、KSCN、$K_3[Fe(CN)_6]$、KI、Na_2CO_3、$NH_4Fe(SO_4)_2$、$CuSO_4$、$AgNO_3$、$FeCl_3$、KBr、$Na_2S_2O_3$、$BaCl_2$、NaCl、$HgCl_2$、$SnCl_2$、EDTA 溶液。NaF($1mol \cdot L^{-1}$)、甘油、CCl_4、$CuCl_2$(固)、NH_4F(固)、硫脲(固)、铜片。

材料:pH 试纸。

【实验内容】

1. 配合物与复盐、单盐的区别

在三支试管中分别加入 8 滴浓度均为 $0.1mol \cdot L^{-1}$ 的 $K_3[Fe(CN)_6]$、$NH_4Fe(SO_4)_2$、$FeCl_3$ 溶液,然后分别加入 2 滴 $0.1mol \cdot L^{-1}$ KSCN 溶液,观察溶液颜色的变化,解释之。

2. 配离子的生成和解离

(1) 在两支试管中各加入 10 滴 $0.1mol \cdot L^{-1}CuSO_4$ 溶液,再分别加入 5 滴 $0.1mol \cdot L^{-1}BaCl_2$ 溶液和 2 滴 $2mol \cdot L^{-1}$ NaOH 溶液,观察现象。

(2) 另取一支试管加入 20 滴 $0.1mol \cdot L^{-1}CuSO_4$ 溶液,滴入 $6mol \cdot L^{-1}$ 氨水至浅蓝色沉淀变成深蓝色溶液。再多加 5 滴,将溶液分成两份:一份加入 5 滴 $0.1mol \cdot L^{-1}BaCl_2$;另一份加入 2 滴 $2mol \cdot L^{-1}$ NaOH 溶液,观察有无沉淀生成。再在后一支试管中滴加 $2mol \cdot L^{-1}$ H_2SO_4 至酸性,有何现象?解释并写出反应方程式。

根据以上两实验结果,说明 $CuSO_4$ 与 NH_3 生成的配合物的组成。

3. 配离子与难溶电解质之间的转化及配离子稳定性的比较

在离心管内加入 10 滴 $0.1mol \cdot L^{-1}AgNO_3$ 溶液和 10 滴 $0.1mol \cdot L^{-1}$ NaCl 溶液,离心分离,弃去清液,并用蒸馏水洗涤沉淀两次,弃去洗涤液。在沉淀中滴加 $2mol \cdot L^{-1}$ $NH_3 \cdot H_2O$ 至沉淀刚好溶解为止。再在溶液中加入 1 滴 $0.1mol \cdot L^{-1}$ NaCl 溶液,观察有无沉淀生成?继续加 $0.1mol \cdot L^{-1}$ KBr 溶液,至沉淀完全,离心分离,弃去溶液。沉淀用蒸馏水洗涤两次,弃去洗涤液。再在沉淀中加入 $0.1mol \cdot L^{-1}$ $Na_2S_2O_3$ 溶液,沉淀是否溶解?为什么?

从实验结果比较 $[Ag(NH_3)_2]^+$、$[Ag(S_2O_3)_2]^{3-}$ 稳定性的大小,写出各步反应方程式。

4. 配合物酸碱性的变化

取一小段 pH 试纸置于一洁净的表面皿上，在试纸的一端滴 1 滴 $0.1\text{mol}\cdot\text{L}^{-1}$ H_3BO_3 溶液，在另一端滴 1 滴甘油。待甘油与 H_3BO_3 互相渗透，观察试纸两端及溶液交界处的 pH，解释之。

5. 配合物的氧化还原性

（1）取两支试管，各加入 10 滴 $0.1\text{mol}\cdot\text{L}^{-1}$ $FeCl_3$ 溶液，在其中一支试管中加入少许固体 NH_4F，使溶液的黄色褪去。然后分别向这两支试管中加入 $0.1\text{mol}\cdot\text{L}^{-1}$ KI 溶液数滴，再各加入约 0.5mL CCl_4，观察现象，解释并写出有关反应方程式。

（2）取两支试管分别加入 2 滴 $0.1\text{mol}\cdot\text{L}^{-1}$ $HgCl_2$ 溶液，在其中一支试管中逐滴加入 $0.1\text{mol}\cdot\text{L}^{-1}$ KI 溶液，至生成的沉淀又溶解，再多加几滴。然后两支试管都分别滴加 $0.1\text{mol}\cdot\text{L}^{-1}$ $SnCl_2$ 溶液，观察现象，并解释之。

（3）在两支试管中各加入 1mL $6\text{mol}\cdot\text{L}^{-1}$ HCl 溶液，在其中一支试管中加入一小匙硫脲 $[CS(NH_2)_2]$。然后再分别向这两支试管中各加入一小块铜片，加热，观察现象，解释之。

6. 配合物颜色的变化

（1）在试管中加入 2 滴 $0.1\text{mol}\cdot\text{L}^{-1}$ $FeCl_3$ 溶液，再加入 1 滴 $0.1\text{mol}\cdot\text{L}^{-1}$ KSCN 溶液，观察溶液颜色变化。然后加入少许固体 NH_4F，又有何变化，解释现象并写出反应方程式。

（2）取少量 $CuCl_2$ 固体，加入 1mL 水溶解，逐滴加入浓 HCl，观察溶液颜色变化，然后逐滴加入水稀释，又有何变化，解释现象。

7. 螯合物的生成

将自己制备的 $[Cu(NH_3)_4]^{2+}$ 溶液分为两份，一份留作比较，另一份中逐滴加入 $0.1\text{mol}\cdot\text{L}^{-1}$ EDTA 溶液，观察现象，解释并写出反应方程式。

【注意事项】

$HgCl_2$ 有毒，要小心使用！

【思考题】

1. 配离子与简单离子有何区别？
2. 说明硫酸四氨合铜（Ⅱ）配合物的组成。
3. 为什么稀 HCl 不能氧化金属铜，但如有硫脲存在，反应就会发生？

第 6 章
重要元素及化合物性质实验

实验 16　卤素

【预习】

卤素及其化合物的性质。

【实验目的】

1. 了解溴、碘的溶解性。
2. 了解卤素单质的氧化性、卤素离子的还原性及其变化规律。
3. 了解卤素含氧酸盐的氧化性以及与溶液酸碱性的关系。
4. 掌握卤素离子的分离鉴定方法。

Cl_2 氧化 KBr 与 KI
$FeCl_3$ 氧化 KI
$KClO_3$ 氧化 HCl
KIO_3 氧化 Na_2SO_3
浓硫酸与卤化钾反应

【实验提要】

氟、氯、溴、碘是周期系中第 17（ⅦA）族的元素，在化合物中常见的氧化态为 -1，但在一定条件下，氯、溴、碘也可生成氧化态 $+1$，$+3$，$+5$，$+7$ 的化合物。

卤素单质在水中的溶解度不大（氟与水发生剧烈的化学反应），而在有机溶剂中的溶解度较大。在非极性有机溶剂，Br_2 显橙黄色，I_2 呈紫红色。

卤素单质最突出的化学性质是氧化性，其氧化能力的顺序为

$$F_2 > Cl_2 > Br_2 > I_2$$

因此前面的卤素可把后面的卤素从它们的卤化物中置换出来。如

$$Cl_2 + 2KBr \longrightarrow Br_2 + 2KCl$$

而卤素离子的还原性强弱则按相反的顺序变化

$$I^- > Br^- > Cl^- > F^-$$

HI 可将浓 H_2SO_4 还原成 H_2S，HBr 可将浓 H_2SO_4 还原为 SO_2，而 HCl 则不能还原浓 H_2SO_4。

$$8HI + H_2SO_4 \longrightarrow 4I_2 + H_2S\uparrow + 4H_2O$$
$$2HBr + H_2SO_4 \longrightarrow Br_2 + SO_2\uparrow + 2H_2O$$

氯的水溶液叫氯水，其中存在下列平衡

$$Cl_2 + H_2O \rightleftharpoons HCl + HClO$$

在溶液中加入碱，平衡向右移动，生成氯化物和次氯酸盐。次氯酸和次氯酸盐都是氧化剂，但次氯酸盐的氧化性比次氯酸弱。

卤酸盐也是氧化剂，它们的氧化性与溶液的 pH 有关，碱性介质中的氧化性不明显，但在酸性介质中有明显的氧化性。如

$$KClO_3 + 6KI + 3H_2SO_4 \longrightarrow 3I_2 + KCl + 3K_2SO_4 + 3H_2O$$
$$KIO_3 + 5KI + 3H_2SO_4 \longrightarrow 3I_2 + 3K_2SO_4 + 3H_2O$$

$KBrO_3$ 还能进一步将 I_2 氧化成 KIO_3

$$2KBrO_3 + I_2 \longrightarrow 2KIO_3 + Br_2$$

Cl^-、Br^-、I^- 都能与 Ag^+ 生成难溶于水的 AgCl（白色）、AgBr（浅黄色）、AgI（黄色）沉淀。它们都不溶于稀 HNO_3。AgCl 能溶于 $NH_3 \cdot H_2O$ 和 $(NH_4)_2CO_3$ 溶液，生成配离子 $[Ag(NH_3)_2]^+$

$$AgCl + 2NH_3 \longrightarrow [Ag(NH_3)_2]Cl$$

若以 HNO_3 酸化上述溶液，AgCl 重新沉淀析出。

卤素及化合物性质实验相关演示视频扫描实验二维码观看。

【仪器、药品和材料】

仪器：离心机、烧杯、量筒（100mL）、酒精灯、试管、离心试管、三角架、石棉网。

药品：常用酸碱。浓度均为 $0.1mol \cdot L^{-1}$ 的 NaCl、KBr、KI、$Na_2S_2O_3$、$AgNO_3$、$MnSO_4$、$FeCl_3$、$Pb(Ac)_2$、KIO_3 溶液。$Na_2S_2O_3$（$0.5mol \cdot L^{-1}$）、$KClO_3$（饱和）、$KBrO_3$（饱和）、$(NH_4)_2CO_3$（饱和）、氯水、溴水、碘水、CCl_4、品红溶液、淀粉溶液（5%）、NaCl（固）、KBr（固）、KI（固）、碘（固）、$KClO_3$（固）、硫黄粉、Zn 粉。

材料：滤纸片、pH 试纸、铁锤。

【实验内容】

1. 溴、碘在水和有机溶剂中的溶解性

（1）取两支试管，各加入 1mL 蒸馏水，在一支试管中加 2 滴溴水，另一支试管中加一小粒碘，振荡试管，观察现象。

（2）在以上两支试管中，再各加入 0.5mL 的 CCl_4，充分振荡试管，观察水层和 CCl_4 层颜色的变化。

解释以上实验现象。

2. 氯、溴、碘的氧化性及其比较

（1）取 2 滴 $0.1mol \cdot L^{-1}$ KBr 溶液，再加入 0.5mL CCl_4，滴加氯水，振荡试管，静置片刻，观察水层和 CCl_4 层颜色的变化。

（2）取 2 滴 $0.1mol \cdot L^{-1}$ KI 溶液，再加入 0.5mL CCl_4，滴加少量氯水，观察溶液颜色

的变化，并逐滴加入过量氯水，振荡试管，观察水层和 CCl_4 层的颜色变化。

（3）取 2 滴 $0.1mol \cdot L^{-1}$ KI 溶液，加入 0.5mL CCl_4，再滴加溴水，振荡试管，观察水层和 CCl_4 层的颜色变化。

（4）取碘水 5 滴于试管中，滴加 $0.1mol \cdot L^{-1}$ $Na_2S_2O_3$，观察溶液颜色的变化。

根据以上实验结果，比较氯、溴、碘单质氧化性的相对强弱。

3. 卤素离子还原性的比较

（1）在三支试管中分别加入少量（绿豆大小）NaCl、KBr、KI 固体，然后各加入 0.5mL 浓 H_2SO_4（在通风橱内进行），观察现象，分别用湿润的 pH 试纸、KI-淀粉试纸、$Pb(Ac)_2$ 试纸检验所产生的气体。根据观察分析产物，写出反应方程式。

（2）在两支试管中分别加入少量浓度均为 $0.1mol \cdot L^{-1}$ KBr 和 KI 溶液，各加入 0.5mL CCl_4，再分别滴加 $0.1mol \cdot L^{-1}$ $FeCl_3$ 溶液，振荡试管，观察现象。

根据以上实验结果，比较 Cl^-、Br^-、I^- 还原性的相对强弱。

4. 次氯酸盐的生成和氧化性

取氯水 3mL 于试管中，逐滴加入 $2mol \cdot L^{-1}$ NaOH 至溶液呈弱碱性（pH=8~9）。将所得溶液分成四份，分别盛于四支试管中，进行下列实验。

（1）在第一支试管中加入 $6mol \cdot L^{-1}$ HCl 溶液数滴，观察现象，用 KI-淀粉试纸检验有无 Cl_2 生成，写出反应式。

（2）在第二支试管中加入 5~6 滴 CCl_4，然后加入 3~4 滴 $0.1mol \cdot L^{-1}$ KI 溶液，振荡试管，观察现象，写出反应式。

（3）在第三支试管中滴加 $0.1mol \cdot L^{-1}$ $MnSO_4$ 溶液，观察现象，写出反应式。

（4）在第四支试管中逐滴加入品红溶液，观察现象。

5. 卤酸盐的氧化性

（1）在试管中加入 0.5mL 饱和 $KClO_3$ 溶液，然后加 2~3 滴 $0.1mol \cdot L^{-1}$ KI 溶液和 2 滴淀粉溶液，观察现象。再逐滴加入 $6mol \cdot L^{-1}$ H_2SO_4，并不断振荡试管，观察溶液颜色的变化，解释现象，写出反应式。

（2）取 1mL 饱和 $KBrO_3$ 溶液，加一小粒碘，再逐滴加入 $6mol \cdot L^{-1}$ H_2SO_4，振荡试管，观察现象，写出反应式。

（3）取少量 $0.1mol \cdot L^{-1}$ KIO_3 溶液，加入 2 滴 $0.1mol \cdot L^{-1}$ KI 数滴和淀粉溶液，观察现象。再逐滴加入 $6mol \cdot L^{-1}$ H_2SO_4，观察现象，最后再滴加 $6mol \cdot L^{-1}$ NaOH 数滴，有何现象？写出反应式。

（4）取黄豆大小干燥的 $KClO_3$ 晶体，在纸上与硫黄粉混合均匀（约 2∶1），用纸包好，在指定地点用铁锤锤打，即听到爆炸声。

6. 卤化银溶度积的比较

分别向盛有 $0.1mol \cdot L^{-1}$ NaCl、KBr、KI 溶液的三支离心试管中滴加 $0.1mol \cdot L^{-1}$ $AgNO_3$ 溶液，观察沉淀的颜色。沉淀经离心分离后加入 $6mol \cdot L^{-1}$ $NH_3 \cdot H_2O$ 溶液，观察沉淀是否溶解。不溶的沉淀再次经离心分离后加入 $0.5mol \cdot L^{-1}$ $Na_2S_2O_3$ 溶液，观察沉淀是否溶解。写出反应式，说明卤化银溶度积的变化规律。

7. Cl^-、Br^-、I^- 混合液的分离鉴定

分别取 2 滴 0.1mol·L^{-1} NaCl、KBr、KI 溶液于离心试管中,各加 1 滴 2mol·L^{-1} HNO_3 酸化,再加入 0.1mol·L^{-1} $AgNO_3$ 溶液至沉淀完全。在水浴中加热 2min,离心分离,弃去溶液,沉淀用少量蒸馏水洗涤两次。

(1) Cl^- 的鉴定 在上述沉淀中加入 1mL 饱和 $(NH_4)_2CO_3$ 溶液,充分搅拌后在水浴中温热 1min,离心分离,用滴管吸取上层清液于另一试管中,并用 2mol·L^{-1} HNO_3 酸化,若有白色沉淀析出,表示有 Cl^-。

(2) Br^-、I^- 的鉴定 离心试管中的沉淀用少量蒸馏水洗涤两次后,在沉淀中加入 15 滴蒸馏水及少量锌粉,再加 2 滴 2mol·L^{-1} H_2SO_4 酸化,充分搅拌后离心分离,用滴管吸取清液于另一试管中,加 10 滴 CCl_4,然后逐滴加入氯水,并不断振荡试管,CCl_4 层呈紫红色,表示有 I^- 存在。继续滴加氯水,紫红色褪去,CCl_4 层呈橙黄色,表示有 Br^- 存在。

【注意事项】

1. "实验内容 2.(2)"氯水滴加到 KI 溶液中时,要逐滴加入,并一边滴加,一边振荡试管,观察现象,不可一次加入过多。
2. 氯酸钾和硫黄粉都是火药中的主要成分,实验时用量要严格遵守规定,不准将药品私自带出实验室。
3. 离心试管加热时应用水浴,不可以直接加热,以免试管破裂。

【思考题】

1. 用 KI-淀粉试纸检验 Cl_2 气时,为什么试纸先呈蓝色,随后蓝色又消失?
2. 溴能从含 I^- 的溶液中取代碘,而碘又能从 KBr 中取代溴,二者有无矛盾?
3. 介质的酸碱性对卤酸盐水溶液的氧化性有什么影响?

实验 17　氧、硫

【预习】

1. 氧、硫及其化合物的性质。
2. S^{2-}、SO_3^{2-}、SO_4^{2-}、$S_2O_3^{2-}$、$S_2O_8^{2-}$ 的性质及其有关反应。

【实验目的】

1. 掌握过氧化氢的氧化还原性。
2. 掌握硫化氢、亚硫酸和硫代硫酸盐的氧化还原性。
3. 了解金属硫化物的溶解性。
4. 学习 S^{2-}、SO_3^{2-}、SO_4^{2-}、$S_2O_3^{2-}$ 的鉴定和分离方法。

$Ag_2S_2O_3$ 的歧化
H_2O_2 的分解
H_2O_2 还原 $KMnO_4$
H_2O_2 氧化 KI 或 PbS
$K_2S_2O_8$ 氧化 $MnSO_4$

【实验提要】

氧、硫是周期系中第 16(ⅥA)族的元素。

氧和氢的化合物，除了水以外，还有过氧化氢。在过氧化氢 H_2O_2 分子中，氧的氧化态为 -1，介于 -2 和 0 之间，所以 H_2O_2 既有氧化性，又有还原性，而以氧化性较为突出。例如，H_2O_2 作为氧化剂时，能将 KI 氧化析出 I_2

$$2KI + H_2O_2 + H_2SO_4 == I_2 + K_2SO_4 + 2H_2O$$

当 H_2O_2 与强氧化剂作用时，又显示出还原性，如

$$2KMnO_4 + 5H_2O_2 + 3H_2SO_4 == 2MnSO_4 + K_2SO_4 + 5O_2\uparrow + 8H_2O$$

H_2O_2 具有极弱的酸性，在水溶液中微弱地解离出 H^+

$$H_2O_2 \rightleftharpoons H^+ + HO_2^- \quad K_1^{\ominus} = 1.55 \times 10^{-12}(293K)$$

$$HO_2^- \rightleftharpoons H^+ + O_2^{2-} \quad K_2^{\ominus} \approx 10^{-25}$$

因此它能与强碱直接作用生成盐（过氧化物）。如

$$2NaOH + H_2O_2 == Na_2O_2 + 2H_2O$$

Na_2O_2 在乙醇溶液中析出沉淀。过氧化物是弱酸盐，与强酸作用生成 H_2O_2。

H_2O_2 不稳定，易歧化分解。当有 MnO_2 或重金属离子存在时，因催化作用而加速其分解

$$2H_2O_2 == 2H_2O + O_2\uparrow$$

过氧化氢在酸性溶液中能与 $K_2Cr_2O_7$ 反应，生成蓝色的不稳定的过氧化铬 CrO_5

$$4H_2O_2 + Cr_2O_7^{2-} + 2H^+ == 2CrO_5 + 5H_2O$$

$$4CrO_5 + 12H^+ == 4Cr^{3+} + 7O_2\uparrow + 6H_2O$$

但 CrO_5 在乙醚或戊醇中被萃取呈蓝色液层，较稳定。由此可用来鉴定 H_2O_2 或 $Cr_2O_7^{2-}$。

硫化氢是无色、有臭味的有毒气体。H_2S 分子中硫的氧化态为 -2，所以只具有还原性，是常用的强还原剂。例如，碘能将 H_2S 氧化成单质硫，而更强的氧化剂如 $KMnO_4$ 甚至可以把 H_2S 氧化为硫酸

$$H_2S + I_2 == 2HI + S\downarrow$$

$$5H_2S + 2KMnO_4 + 3H_2SO_4 == 5S\downarrow + 2MnSO_4 + K_2SO_4 + 8H_2O$$

$$5H_2S + 8KMnO_4 + 7H_2SO_4 == 4K_2SO_4 + 8MnSO_4 + 12H_2O$$

H_2S 可与多种金属离子生成不同颜色、不同溶解性的金属硫化物。如 Na_2S 溶于水；ZnS 为白色，难溶于水，易溶于稀酸；CuS 为黑色，不溶于盐酸，但可溶于硝酸；而黑色的 HgS 只溶于王水。根据金属硫化物颜色和溶解性不同，可用于分离和鉴定金属离子。

SO_2 溶于水生成亚硫酸。亚硫酸及其盐常作还原剂，但遇强还原剂时，又可作氧化剂。SO_2 能和某些有色有机物生成无色加合物，所以具有漂白性。但这种加合物受热易分解。

$Na_2S_2O_3$ 在酸性溶液中，由于生成的 $H_2S_2O_3$ 不稳定，而迅速分解

$$Na_2S_2O_3 + 2HCl \longrightarrow H_2S_2O_3 + 2NaCl$$

$$\longrightarrow SO_2\uparrow + S\downarrow + H_2O$$

$Na_2S_2O_3$ 是一种重要的还原剂，能将 I_2 还原为 I^-，而本身被氧化为连四硫酸钠

$$2Na_2S_2O_3 + I_2 == Na_2S_4O_6 + 2NaI$$

较强的氧化剂如 Cl_2 可将 $Na_2S_2O_3$ 氧化为 Na_2SO_4

$$Na_2S_2O_3 + 4Cl_2 + 5H_2O == Na_2SO_4 + H_2SO_4 + 8HCl$$

适量的 $S_2O_3^{2-}$ 与 Ag^+ 反应，首先得到白色的 $Ag_2S_2O_3$ 沉淀，它在水溶液中极不稳定，会迅速分解而转变为黑色的 Ag_2S，分解过程中可观察到一系列明显的颜色变化（白→黄→棕→黑）。这是 $S_2O_3^{2-}$ 的特征反应，可用来鉴定 $S_2O_3^{2-}$ 的存在

$$Ag_2S_2O_3 + H_2O \rightleftharpoons Ag_2S\downarrow(黑色) + H_2SO_4$$

过二硫酸盐是强氧化剂，在 Ag^+ 的催化作用下，能将 Mn^{2+} 氧化成紫红色的 MnO_4^-

$$2Mn^{2+} + 5S_2O_8^{2-} + 8H_2O \xrightarrow[\triangle]{Ag^+} 2MnO_4^- + 10SO_4^{2-} + 16H^+$$

如果溶液中同时存在 S^{2-}、SO_3^{2-} 和 $S_2O_3^{2-}$ 需分别加以鉴定时，必须先将 S^{2-} 除去，因 S^{2-} 的存在干扰 SO_3^{2-} 和 $S_2O_3^{2-}$ 的鉴定。除去的方法是在混合液中加固体 $CdCO_3$，使之转化为难溶的 CdS。离心分离后在清液中分别鉴定 SO_3^{2-} 和 $S_2O_3^{2-}$。

氧、硫及化合物性质实验相关演示视频扫描实验二维码观看。

【仪器、药品和材料】

仪器：离心机、烧杯、酒精灯、试管、离心试管、白色点滴板、三角架、石棉网。

药品：常用酸碱。浓度均为 $0.1\text{mol}\cdot L^{-1}$ 的 NaCl、$Na_2S_2O_3$、Na_2S、KI、$K_2Cr_2O_7$、$K_4[Fe(CN)_6]$、$BaCl_2$、$Pb(NO_3)_2$、$SrCl_2$、$MnSO_4$、$ZnSO_4$、$CdSO_4$、$Hg(NO_3)_2$、$CuSO_4$、$AgNO_3$ 溶液。$ZnSO_4$（饱和）、$MnSO_4$（$0.001\text{mol}\cdot L^{-1}$）、$KMnO_4$（$0.01\text{mol}\cdot L^{-1}$）、氯水、碘水、$H_2O_2$（3%）、$H_2S$（饱和）、$SO_2$（饱和）、$Na_2[Fe(CN)_5NO]$（1%）、混合液（含 S^{2-}、SO_3^{2-}、$S_2O_3^{2-}$）、品红溶液、淀粉（5%）、戊醇、乙醇、Na_2O_2（固）、MnO_2（固）、$K_2S_2O_8$（固）、$CdCO_3$（固）。

材料：滤纸片、pH 试纸。

【实验内容】

1. 过氧化氢的生成和鉴定

(1) 取少量 Na_2O_2 固体于试管中，加入少量蒸馏水，振荡试管，使之溶解。滴加 $2\text{mol}\cdot L^{-1} H_2SO_4$ 溶液，至溶液呈酸性（用 pH 试纸检验），写出反应式。

(2) 取上面制得的溶液 1mL，加入 0.5mL 戊醇，以 2 滴 $2\text{mol}\cdot L^{-1} H_2SO_4$ 溶液酸化，再加入 2~3 滴 $0.1\text{mol}\cdot L^{-1} K_2Cr_2O_7$ 溶液，振荡试管，观察水层和戊醇层颜色的变化。戊醇层呈蓝色说明有 H_2O_2 存在。

2. 过氧化氢的性质

(1) 弱酸性　取 0.5mL 40% NaOH 溶液于试管中，迅速加入 0.5mL 3% H_2O_2 溶液，然后加入 0.5mL 乙醇，振荡试管，观察 Na_2O_2 沉淀的析出，写出反应式。

(2) 氧化还原性

① 取 5 滴 $0.1\text{mol}\cdot L^{-1}$ KI 溶液，加 1 滴淀粉溶液，以 3~4 滴 $2\text{mol}\cdot L^{-1} H_2SO_4$ 溶液酸化，滴加 3% H_2O_2 溶液，观察现象，写出反应式。

② 取少量 $0.1\text{mol}\cdot L^{-1} Pb(NO_3)_2$ 溶液于离心试管中，滴加 $0.1\text{mol}\cdot L^{-1} Na_2S$ 溶液，离心分离后往沉淀中逐滴加入 3% H_2O_2 溶液，并用玻棒搅拌，观察现象，写出反应式。

③ 取少量 3% H_2O_2 溶液，以 3~4 滴 $2\text{mol}\cdot L^{-1} H_2SO_4$ 溶液酸化，滴加 $0.01\text{mol}\cdot L^{-1} KMnO_4$ 溶液，观察现象。用火柴余烬检验反应产生的气体，写出反应式。

④ 取少量 3% H_2O_2 溶液，加入 2 滴 $2\text{mol}\cdot L^{-1}$ NaOH 溶液，再加入 $0.1\text{mol}\cdot L^{-1} MnSO_4$ 溶液数滴，观察现象，静置，待沉淀沉降后，倾去清液，沉淀中加入 3~4 滴 $2\text{mol}\cdot L^{-1} H_2SO_4$ 酸化，再滴加 3% H_2O_2 溶液，观察有何变化，写出反应式。

(3) 不稳定性

① 取 1mL 3% H_2O_2 溶液于试管中,加热,观察现象,用火柴余烬检验反应产生的气体,写出反应式。

② 取 1mL 3% H_2O_2 溶液于试管中,加入少量 MnO_2 固体,观察现象,用火柴余烬检验反应产生的气体,写出反应式。

3. 硫化氢的还原性

(1) 取 5 滴碘水,然后滴加 2 滴饱和 H_2S 水溶液,观察现象,写出反应式。

(2) 取 2 滴 $0.01mol \cdot L^{-1} KMnO_4$ 溶液,加 2 滴 $2mol \cdot L^{-1} H_2SO_4$ 溶液酸化后,再滴加饱和 H_2S 水溶液,观察现象,写出反应式。

4. 金属硫化物的溶解性

分别取 $0.1mol \cdot L^{-1}$ 的 NaCl、$ZnSO_4$、$CdSO_4$、$CuSO_4$ 和 $Hg(NO_3)_2$ 溶液各 5 滴于 5 支离心试管中,各加入等量的饱和 H_2S 水溶液,观察产物的颜色和状态。如有沉淀,离心分离,弃去溶液,进行下列实验。

往 ZnS 沉淀中加入 1mL $2mol \cdot L^{-1}$ HCl 溶液,沉淀是否溶解?

往 CdS 沉淀中加入 $2mol \cdot L^{-1}$ HCl 溶液,沉淀是否溶解?离心分离,弃去溶液,再加入 $6mol \cdot L^{-1}$ HCl 溶液,有何变化?

往 CuS 沉淀中加入 $6mol \cdot L^{-1}$ HCl 溶液,沉淀是否溶解?离心分离,弃去溶液,再往沉淀中加入浓 HNO_3,并在水浴中加热,又有何变化?

用少量蒸馏水洗涤 HgS 沉淀,离心分离,弃去溶液,往沉淀中加入 0.5mL 浓 HNO_3,沉淀是否溶解?再加入 1.5mL 浓 HCl 并搅拌,沉淀有何变化?

比较上述几种金属硫化物的溶解情况,讨论这些金属硫化物沉淀和溶解的条件,写出有关反应式。

5. 亚硫酸的性质

(1) 酸性 用 pH 试纸检验 SO_2 饱和溶液(亚硫酸)的酸碱性。

(2) 氧化还原性

① 取 5 滴 $0.1mol \cdot L^{-1} KMnO_4$ 溶液,加入 2 滴 $2mol \cdot L^{-1} H_2SO_4$ 溶液酸化,滴加 SO_2 饱和溶液,观察现象,写出反应式。

② 取 10 滴 H_2S 饱和溶液,滴加 SO_2 饱和溶液,观察现象,写出反应式。比较 SO_2 和 H_2S 的还原性的大小。

③ 取 10 滴品红溶液,滴加 SO_2 饱和溶液,观察现象,微热溶液,有何变化?

④ 取 5 滴碘水,加入 1 滴淀粉溶液,滴加 SO_2 饱和溶液,观察现象,写出反应式。

(3) SO_3^{2-} 的鉴定 取 2 滴饱和 $ZnSO_4$ 溶液,加入 1 滴新配的 $0.1mol \cdot L^{-1} K_4[Fe(CN)_6]$ 溶液和 1 滴 1% $Na_2[Fe(CN)_5NO]$(亚硝酰铁氰化钠)溶液,再滴入 1 滴含 SO_3^{2-} 的溶液,振荡试管,出现红色沉淀,表示有 SO_3^{2-} 存在(酸能使红色沉淀消失,因此检验 SO_3^{2-} 的酸性溶液时,应滴加 $2mol \cdot L^{-1}$ 的氨水使溶液成中性)。

6. 硫代硫酸钠的性质

(1) $H_2S_2O_3$ 的生成与分解 取数滴 $0.1mol \cdot L^{-1} Na_2S_2O_3$ 溶液,滴加 $2mol \cdot L^{-1}$ HCl,放置片刻,观察现象,写出反应式。

(2) $Na_2S_2O_3$ 的还原性

① 取 5 滴碘水，滴加 $0.1 mol \cdot L^{-1} Na_2S_2O_3$，观察现象，写出反应式。

② 在 $0.1 mol \cdot L^{-1} Na_2S_2O_3$ 溶液中，加入数滴氯水。检验溶液中有无 SO_4^{2-}，写出反应式。

(3) $Ag_2S_2O_3$ 的生成与分解（$S_2O_3^{2-}$ 的鉴定） 取 4 滴 $0.1 mol \cdot L^{-1} Na_2S_2O_3$ 溶液，滴加 $0.1 mol \cdot L^{-1} AgNO_3$ 溶液，直至产生白色沉淀，观察沉淀颜色的变化，写出反应式。

7. 过二硫酸盐的氧化性

(1) 取两支试管，分别加入 2 滴 $0.001 mol \cdot L^{-1} MnSO_4$ 溶液和 2mL $2 mol \cdot L^{-1} H_2SO_4$ 溶液，加入少量 $K_2S_2O_8$ 固体。再在其中一支试管中加入 1 滴 $0.1 mol \cdot L^{-1} AgNO_3$ 溶液，将两支试管水浴加热，观察现象，解释并写出反应式。

(2) 取 10 滴 $0.1 mol \cdot L^{-1} KI$ 溶液，加 1 滴淀粉溶液，用 5 滴 $2 mol \cdot L^{-1} H_2SO_4$ 溶液酸化，加入少量 $K_2S_2O_8$ 固体，观察现象，微热之，有何变化？写出反应式。

8. S^{2-}、$S_2O_3^{2-}$、SO_3^{2-} 混合液的分离鉴定

(1) S^{2-} 的鉴定 取 1 滴混合液于点滴板上，加 1 滴 1% $Na_2[Fe(CN)_5NO]$ 出现紫红色，表示有 S^{2-}。

(2) S^{2-} 的去除 取 10 滴混合液于离心管中，加入少量 $CdCO_3$ 固体，充分搅拌，离心分离，弃去沉淀，吸取 1 滴清液，用 $Na_2[Fe(CN)_5NO]$ 检验 S^{2-} 是否除尽。

(3) $S_2O_3^{2-}$ 的分离鉴定 取已除去 S^{2-} 的清液，滴加 $0.1 mol \cdot L^{-1} SrCl_2$ 溶液至不再有沉淀析出，离心分离。清液按"实验内容 6.(3)"鉴定 $S_2O_3^{2-}$。

(4) SO_3^{2-} 的鉴定 沉淀用蒸馏水洗涤，再滴加 $2 mol \cdot L^{-1} HCl$ 数滴，如果沉淀不完全溶解，离心分离，弃去残渣，清液按"实验内容 5.(3)"鉴定 SO_3^{2-}。

【注意事项】

1. CuS 溶于浓 HNO_3 后，溶液呈黄绿色，这是由于生成的 NO_2 溶于浓 HNO_3 中的缘故。加热赶走 NO_2 后，溶液可呈蓝色。

$$3CuS + 8H^+ + 2NO_3^- \longrightarrow 3Cu^{2+} + 3S\downarrow + 2NO\uparrow + 4H_2O$$
$$2NO + O_2 \longrightarrow 2NO_2$$

2. 过量的 $Na_2S_2O_3$ 与 $AgNO_3$ 反应，会生成配合物而不产生沉淀。

$$Ag^+ + 2S_2O_3^{2-} \longrightarrow [Ag(S_2O_3)_2]^{3-}$$

3. 过二硫酸盐氧化 Mn^{2+} 的反应要有 Ag^+ 作催化剂，反应需在酸性介质中进行，若不加酸，产物为 MnO_2。

【思考题】

1. 如何通过实验加以证明 H_2O_2 既有氧化性，又有还原性？
2. S^{2-} 和 SO_3^{2-} 在酸性溶液中能否共存？
3. $Na_2S_2O_3$ 与 $AgNO_3$ 的反应，试剂的相对量的多少对实验结果有什么影响？

实验18　氮、磷

【预习】

1. 氮、磷及其化合物的性质。
2. NH_3、NH_4^+、NO_2^-、NO_3^-、PO_4^{3-} 的性质及其有关反应。

【实验目的】

1. 掌握氨及铵盐的性质。
2. 掌握亚硝酸及其盐、硝酸及其盐的主要性质。
3. 了解磷酸盐的主要性质。
4. 学习 NH_4^+、NO_2^-、NO_3^-、PO_4^{3-} 的鉴定方法。

HNO_2 的分解
$NaNO_2$ 还原 $KMnO_4$
奈斯勒试剂鉴定 NH_4^+
强碱中 $NaNO_3$ 氧化 Al
三种磷酸银的生成

【实验提要】

氮、磷是周期系中第 15（ⅤA）族的元素。

氨是氮的重要氢化物，为无色有刺激性气味的气体。氨与酸反应形成铵盐，铵盐遇强碱放出氨气，它可使湿润的 pH 试纸变蓝，这是铵盐的鉴定方法之一。奈斯勒试剂（$K_2[HgI_4]$ 的 KOH 溶液）与铵盐反应，生成红棕色的碘化氨基氧汞（Ⅱ）沉淀

$$NH_4^+ + 2HgI_4^{2-} + 4OH^- \longrightarrow O\!\!<\!\!^{Hg}_{Hg}\!\!>\!\!NH_2I\downarrow + 7I^- + 3H_2O$$

此反应也用来鉴定 NH_4^+。

亚硝酸可通过稀硫酸与亚硝酸盐作用制得，它仅存在于低温水溶液中，很不稳定，易分解

$$2HNO_2 \underset{冷}{\overset{热}{\rightleftharpoons}} H_2O + N_2O_3(浅蓝色) \underset{冷}{\overset{热}{\rightleftharpoons}} H_2O + NO\uparrow + NO_2\uparrow(红棕色)$$

亚硝酸盐很稳定，但有毒。除 $AgNO_2$ 微溶于水外，其余的都溶于水。亚硝酸及其盐中，N 的氧化态为 +3，所以它既可作氧化剂，又可作还原剂。在酸性介质中主要表现为氧化性。如

$$2HNO_2 + 2I^- + 2H^+ \Longrightarrow 2NO + I_2 + 2H_2O$$

只有遇更强的氧化剂时才显还原性。如

$$2MnO_4^- + 5NO_2^- + 6H^+ \Longrightarrow 2Mn^{2+} + 5NO_3^- + 3H_2O$$

硝酸是氮的主要含氧酸，它是强酸，又具有强氧化性。硝酸被还原后的主要产物随金属和硝酸浓度的不同而不同。一般来说，浓硝酸与金属反应主要被还原成 NO_2，稀硝酸与金属反应一般被还原成 NO，稀硝酸与活泼金属反应，其主要产物是 N_2O，极稀的硝酸与活泼金属反应能被还原成 NH_4^+。如

$$Cu + 4HNO_3(浓) \longrightarrow Cu(NO_3)_2 + 2NO_2\uparrow + 2H_2O$$
$$3Cu + 8HNO_3(稀) \longrightarrow 3Cu(NO_3)_2 + 2NO\uparrow + 4H_2O$$
$$4Zn + 10HNO_3(稀) \longrightarrow 4Zn(NO_3)_2 + N_2O\uparrow + 5H_2O$$
$$4Zn + 10HNO_3(极稀) \longrightarrow 4Zn(NO_3)_2 + NH_4NO_3 + 3H_2O$$

硝酸盐都十分稳定，加热则会发生分解，其热分解产物与金属离子有关。硝酸盐的热分解可分为三种类型

$$2NaNO_3 \xrightarrow{\triangle} 2NaNO_2 + O_2\uparrow$$
$$2Pb(NO_3)_2 \xrightarrow{\triangle} 2PbO + 4NO_2\uparrow + O_2\uparrow$$
$$2AgNO_3 \xrightarrow{\triangle} 2Ag + 2NO_2\uparrow + O_2\uparrow$$

硝酸盐都易溶于水，可用生成棕色环的特征反应来鉴定 NO_3^-。在硫酸介质中，NO_3^- 与 $FeSO_4$ 反应为

$$NO_3^- + 3Fe^{2+} + 4H^+ \longrightarrow 3Fe^{3+} + NO + 2H_2O$$

生成的 NO 再与过量的硫酸亚铁发生反应

$$NO + Fe^{2+} + SO_4^{2-} \longrightarrow [Fe(NO)]SO_4（棕色环）$$

NO_2^- 也可发生上述棕色环反应，两者的区别在于介质的酸性不同。NO_2^- 在醋酸的条件下就可反应，而 NO_3^- 则必须以浓硫酸为介质。若要在 NO_2^- 和 NO_3^- 的混合液中鉴定 NO_3^-，必须先除去 NO_2^-，其方法是在混合液中加入饱和 NH_4Cl 溶液，共热，反应为

$$NO_2^- + NH_4^+ \xrightarrow{\triangle} N_2\uparrow + 2H_2O$$

磷能形成多种形式的含氧酸。正磷酸是非挥发性的中强酸。可形成三种类型的盐：正磷酸盐、磷酸氢盐和磷酸二氢盐。在各类磷酸盐中加入 $AgNO_3$，都得到 Ag_3PO_4 的黄色沉淀。

$$PO_4^{3-} + 3Ag^+ \rightleftharpoons Ag_3PO_4\downarrow（黄色）$$

磷酸的各种钙盐在水中的溶解度不同。$Ca(H_2PO_4)_2$ 易溶于水，$CaHPO_4$ 和 $Ca_3(PO_4)_2$ 难溶于水，但都溶于盐酸。

$$Ca(H_2PO_4)_2 \underset{H^+}{\overset{OH^-}{\rightleftharpoons}} CaHPO_4\downarrow \underset{H^+}{\overset{OH^-}{\rightleftharpoons}} Ca_3(PO_4)_2\downarrow$$

在磷酸根溶液中加入浓 HNO_3，再加过量的钼酸铵溶液，微热，即有磷钼酸铵黄色沉淀生成

$$PO_4^{3-} + 12MoO_4^{2-} + 24H^+ + 3NH_4^+ \longrightarrow (NH_4)_3PO_4 \cdot 12MoO_3\downarrow + 12H_2O$$

这个反应可用来鉴定 PO_4^{3-}。

氮、磷及化合物性质实验相关演示视频扫描实验二维码观看。

【仪器、药品和材料】

仪器：烧杯、酒精灯、试管、滴管、表面皿、三角架、石棉网。

药品：常用酸碱。浓度均为 $0.1mol \cdot L^{-1}$ 的 Na_3PO_4、Na_2HPO_4、NaH_2PO_4、$NaNO_3$、$NaNO_2$、KI、$CaCl_2$、$BaCl_2$、$AgNO_3$、$(NH_4)_2MoO_4$ 溶液。$NaNO_2$（饱和）、$KMnO_4$（$0.01mol \cdot L^{-1}$）、NH_4Cl（$2mol \cdot L^{-1}$）、淀粉溶液（5%）、奈斯勒试剂、KNO_3（固）、$Cu(NO_3)_2$（固）、$AgNO_3$（固）、$FeSO_4 \cdot 7H_2O$（固）、硫黄粉、铜片、锌。

材料：pH 试纸、滤纸片、冰、火柴。

【实验内容】

1. 氨和铵盐的性质

（1）取几滴浓氨水于试管中，将玻璃棒的一端以 1 滴浓盐酸润湿后伸入试管内，观察现象，写出反应式。

（2）NH_4^+ 的鉴定

① 气室法　在一块表面皿内滴入 2 滴铵盐溶液和 2 滴 $6mol \cdot L^{-1}$ NaOH 溶液，在另一

块表面皿的凹面贴上已湿润的 pH 试纸,并把它盖在前一块表面皿上,做成"气室",在水浴上微热,观察 pH 试纸颜色的变化。

② 取 2 滴铵盐溶液于试管中,加入 2 滴 2mol·L^{-1} NaOH 溶液,再加入 2 滴奈斯勒试剂,如有红棕色的沉淀生成,表示有 NH_4^+ 存在。

2. 亚硝酸及其盐

(1) 亚硝酸的生成和分解 将盛有 1mL 饱和 $NaNO_2$ 溶液的试管置于冰水浴中冷却,然后加入 1mL 6mol·L^{-1} H_2SO_4 溶液,混合均匀,观察现象,放置一段时间后,有何变化?

(2) 亚硝酸盐的氧化还原性

① 取 5 滴 0.1mol·L^{-1} KI 溶液,加入 2 滴 2mol·L^{-1} H_2SO_4 溶液酸化,然后逐滴加入饱和 $NaNO_2$ 溶液,观察现象,检验产物中 I_2 的生成,写出反应式。

② 取 2 滴 0.01mol·L^{-1} $KMnO_4$ 溶液,加入 2 滴 2mol·L^{-1} H_2SO_4 溶液酸化,然后逐滴加入饱和 $NaNO_2$ 溶液,观察现象,写出反应式。

(3) 亚硝酸银的生成 取 2 滴饱和 $NaNO_2$ 溶液,滴加 0.1mol·L^{-1} $AgNO_3$ 溶液,观察现象。

(4) NO_2^- 的鉴定 取 2 滴 0.1mol·L^{-1} $NaNO_2$ 溶液,用 2mol·L^{-1} HAc 溶液酸化,再加入几粒 $FeSO_4·7H_2O$ 晶体,如出现棕色证明有 NO_2^- 存在。

3. 硝酸和硝酸盐的性质

(1) 硝酸的氧化性

① 浓硝酸与非金属反应 在盛有少量硫黄粉的试管中加入 1mL 浓硝酸,加热煮沸片刻(在通风橱内进行),冷却后,取溶液检验有无 SO_4^{2-} 存在。写出反应式。

② 浓硝酸与金属反应 取一小块铜片于试管中,再加入 10 滴浓硝酸,观察观象,写出反应式。

③ 稀硝酸与金属反应 取一小块铜片加入 10 滴 2mol·L^{-1} 硝酸溶液,微热,观察现象,与上一实验比较有何不同,写出反应式。

④ 极稀硝酸与活泼金属反应 将两小块锌片放入盛有 2mL 蒸馏水的试管中,加 2 滴 2mol·L^{-1} HNO_3 溶液,放置片刻,取溶液检验有无 NH_4^+ 存在,写出反应式。

(2) 硝酸盐的热分解 在三支干燥的试管中分别加入少量固体 KNO_3、$Cu(NO_3)_2$、$AgNO_3$。在通风橱(口)处加热,观察反应情况、产物颜色和状态。并用火柴余烬检验反应产生的气体,写出反应式。

(3) NO_3^- 的鉴定 取几粒 $FeSO_4·7H_2O$ 晶体,再加入 5 滴 0.1mol·L^{-1} $NaNO_3$ 溶液,振荡溶解后,稍倾斜试管,沿试管壁慢慢加入浓 H_2SO_4,观察浓 H_2SO_4 和液面交界处棕色环的生成。

4. 磷酸盐的性质

(1) 酸碱性 用 pH 试纸检验浓度均为 0.1mol·L^{-1} 的 Na_3PO_4、Na_2HPO_4、NaH_2PO_4 溶液的 pH。然后取上述三种溶液各 3 滴置于三支试管中,分别加入 6 滴 0.1mol·L^{-1} $AgNO_3$ 溶液,观察现象,并检验反应后各溶液的 pH 有无变化。解释现象,写出反应式。

(2) 溶解性 在三支试管中分别加入浓度均为 0.1mol·L^{-1} 的 Na_3PO_4、Na_2HPO_4、

NaH_2PO_4 溶液各 5 滴,再各加入 10 滴 $0.1mol \cdot L^{-1} CaCl_2$ 溶液,观察有无沉淀生成?再各加入几滴 $2mol \cdot L^{-1} NH_3 \cdot H_2O$ 溶液,有何变化?最后再各加入 $2mol \cdot L^{-1} HCl$ 溶液,又有何变化?比较三种钙盐的溶解性,说明它们相互转化的条件,写出反应式。

(3) PO_4^{3-} 的鉴定 取 5 滴 $0.1mol \cdot L^{-1} Na_3PO_4$ 溶液,加入 10 滴浓 HNO_3 溶液,再加入 1mL $0.1mol \cdot L^{-1}$ $(NH_4)_2MoO_4$ 溶液,微热至 40~50℃,如有黄色沉淀生成,表示有 PO_4^{3-} 存在。

【注意事项】

1. NO、NO_2 是有毒的气体,凡有 NO、NO_2 气体放出的实验都应在通风橱(口)处进行。

2. 用棕色环实验鉴定 NO_3^- 时,加入浓硫酸后,试管不要摇动,否则不易看到棕色环。

3. 试验磷酸盐的溶解性时,各试剂的加入应是等量的。

【思考题】

1. 为什么一般情况下不用硝酸作为酸性反应的介质?稀硝酸对金属的作用与稀硫酸或稀盐酸对金属的作用有何不同?

2. 试设计三种区别亚硝酸钠溶液和硝酸钠溶液的方案。

3. 欲用酸溶解磷酸银沉淀,在盐酸、硫酸和硝酸三种酸中,选用哪一种最适宜?为什么?

4. 试以 Na_2HPO_4 和 NaH_2PO_4 为例说明酸式盐溶液是否都呈酸性。

实验 19 碳、硅、硼、铝

【预习】

1. 碳、硅、硼、铝及其化合物的性质。
2. 碳酸盐、硅酸盐、硼酸的性质及其有关反应特性。

Na_2CO_3 与阳离子反应
硅酸凝胶的生成
活性炭的吸附
泡沫灭火器反应原理
硼酸乙酯的生成

【实验目的】

1. 了解活性炭的脱色和对溶液中其他离子的吸附作用。
2. 学习可溶碳酸盐、硅酸盐的水解反应。
3. 掌握硼酸及硼砂的重要性质。

【实验提要】

碳、硅是周期系中第 14(ⅣA)族的元素,硼、铝是第 13(ⅢA)族的元素。

活性炭因其具有极大的比表面积(单位质量物质拥有的表面积),因此具有强的吸附能力,可用于低浓度物质的吸附脱除。

碱金属碳酸盐是为数不多的可溶性碳酸盐,溶液水解显碱性,与金属离子的反应主要有三种类型。

$$Ca^{2+} + CO_3^{2-} \Longrightarrow CaCO_3 \downarrow$$

$$2Ni^{2+} + 2CO_3^{2-} + H_2O \Longrightarrow Ni_2(OH)_2CO_3 \downarrow + CO_2 \uparrow$$

$$2Fe^{3+} + 3CO_3^{2-} + 3H_2O \Longrightarrow 2Fe(OH)_3 \downarrow + 3CO_2 \uparrow$$

硅酸盐的溶解性和水解性与碳酸盐类似，但硅酸盐酸化后生成硅酸，之后相继缩合为难溶的二氧化硅水合物 $SiO_2 \cdot xH_2O$，水合物脱水后形成比表面积较大的多孔硅胶。

$$2HCl + Na_2SiO_3 + (x-1)H_2O \Longrightarrow SiO_2 \cdot xH_2O \downarrow + 2NaCl$$

多数阳离子与可溶性硅酸盐反应都产生沉淀。

$$CaCl_2 + Na_2SiO_3 \Longrightarrow CaSiO_3 \downarrow + NaCl$$

硼酸是溶解度较小的弱酸，其电离反应独特。

$$H_3BO_3 + H_2O \longrightarrow [B(OH)_4]^- + H^+$$

硼酸水溶液与邻羟基有机化合物（例如甘油）混合，由于缩合以及配位键的形成，会增强硼酸的酸性。

$$H_3BO_3 + 2\,CH\!\!\begin{array}{l}CH_2-OH\\ CH-OH\\ CH_2-OH\end{array} \longrightarrow \left[\begin{array}{c}H_2C-O\quad O-CH_2\\ \quad\backslash\;\;/\\ HC-O\;\;B\;\;O-CH\\ \quad/\;\;\backslash\\ H_2C-OH\;\;HO-CH_2\end{array}\right]^- + H^+ + 3H_2O$$

硼酸与普通醇（例如乙醇）混合，在浓硫酸的催化下，反应生成挥发性硼酸酯，点燃硼酸酯形成绿色火焰，可用于鉴定硼酸。

$$H_3BO_3 + 3CH_3CH_2OH \longrightarrow B(OCH_2CH_3)_3 \uparrow + 3H_2O$$

金属铝具有还原性。铝盐在水中水解显酸性。硫酸铝溶液与碳酸钠溶液相遇，则发生双水解反应生成 $Al(OH)_3$ 沉淀，并放出 CO_2 气体。泡沫灭火器正是利用该反应制造而成。

碳、硅、硼、铝及化合物性质实验相关演示视频扫描实验二维码观看。

【仪器、药品与材料】

仪器：烧杯（200mL）、酒精灯、试管、离心试管、离心机、三角架、石棉网等。

药品：常用酸碱。浓度均为 $0.1\,mol \cdot L^{-1}$ 的 $Pb(NO_3)_2$、K_2CrO_4、$BaCl_2$、$CaCl_2$、$MgCl_2$、$CuSO_4$、$FeCl_3$、$Al_2(SO_4)_3$ 溶液。浓度均为 $0.5\,mol \cdot L^{-1}$ 的 Na_2S、Na_2CO_3、$NaHCO_3$、$NaNO_3$ 溶液。$Pb(NO_3)_2$（$0.001\,mol \cdot L^{-1}$）、NH_4Cl（饱和）、H_3BO_3（饱和，固体）、硼砂（饱和，固体）、甘油、乙醇、品红溶液、活性炭、Na_2SiO_3（20%）、$Co(NO_3)_2$（固体）、$FeCl_3$（固体）、$CuSO_4$（固体）、$NiSO_4$（固体）、$ZnSO_4$（固体）等。

材料：pH试纸。

【实验内容】

1. 活性炭的吸附作用

(1) 取一支试管，加入约 2mL 蒸馏水，再滴入品红溶液，混合均匀后加入半匙活性炭振荡，然后离心分离，观察上层清液颜色。解释之。

(2) 取一支试管，加入约 1mL $0.001\,mol \cdot L^{-1}\,Pb(NO_3)_2$ 溶液，然后加入半匙活性炭振荡并离心分离，向上层清液滴入 $0.1\,mol \cdot L^{-1}\,K_2CrO_4$ 溶液。另取一试管不加活性炭，重复试验，观察两支试管中沉淀生成的差异。

2. 碳酸盐的水解

(1) 分别测 $0.5\,mol \cdot L^{-1}\,Na_2CO_3$ 和 $0.5\,mol \cdot L^{-1}\,NaHCO_3$ 溶液的 pH。

(2) 取四支试管，分别加入 0.1mol·L^{-1} 的 $BaCl_2$、$MgCl_2$、$CuSO_4$ 和 $FeCl_3$ 溶液各 5 滴，分别各加入 5 滴 0.5mol·L^{-1} Na_2CO_3 溶液，观察现象。用 0.5mol·L^{-1} $NaHCO_3$ 溶液代替 Na_2CO_3 溶液，重复试验，观察现象。查阅相关 $K_{sp}^{\ominus}$ 的数据，通过计算初步判断生成的产物，写出反应方程式。

3. 硅酸盐的水解与微溶性硅酸盐的生成

(1) 先用 pH 试纸测量 20% Na_2SiO_3 溶液的 pH，然后往盛有 1mL 该溶液的试管中，滴加 2mol·L^{-1} HCl，观察现象。写出反应方程式。

(2) 取 1mL 20% Na_2SiO_3 溶液，注入 2mL 饱和 NH_4Cl 溶液并微热，用 pH 试纸检验放出的气体。写出反应方程式。

(3) 取 0.1mol·L^{-1} $CaCl_2$、$Pb(NO_3)_2$ 溶液各 5 滴，分别滴加 20% Na_2SiO_3 溶液，观察现象。写出反应方程式。

(4) 微溶性硅酸盐的生成——"水中花园"：在一只 200mL 烧杯中，注入约 2/3 体积的 20% Na_2SiO_3 溶液，然后把 $CuSO_4$、$FeCl_3$、$Co(NO_3)_2$、$NiSO_4$、$MnSO_4$ 和 $ZnSO_4$ 晶体各一小粒投入烧杯，每种颗粒不要挤在一起，记住他们各自的位置，半小时后观察现象。

4. 硼酸的生成、性质与鉴定

(1) 向试管中加约 1mL 饱和硼砂溶液，再加入 0.5mL 浓 H_2SO_4 放入冰水中冷却，观察反应产物的颜色和状态。

(2) 向试管中加入 1mL 饱和硼酸溶液，测量其 pH，然后再加入 3～5 滴甘油混合均匀，再测混合溶液的 pH。解释酸度变化的原因。写出反应方程式。

(3) 硼酸的鉴定：在蒸发皿中加入少量硼酸晶体、1mL 乙醇和几滴浓 H_2SO_4，混合后点火，观察火焰颜色。

5. 铝及其化合物的性质

(1) 取金属铝片，用砂纸打磨后投入冷水中，观察现象。加热后再观察现象，说明铝与冷、热水反应的差异。

(2) 将金属铝片放入试管后，依次加入 0.5mol·L^{-1} $NaNO_3$ 溶液和 40% NaOH 溶液，加热并用 pH 试纸检验放出的 NH_3。该反应也可以用来鉴定硝酸根离子。

(3) 向两支盛有 0.1mol·L^{-1} 的 $Al_2(SO_4)_3$ 溶液中分别滴加 0.5mol·L^{-1} Na_2S 和 0.5mol·L^{-1} Na_2CO_3 溶液，观察现象。写出反应方程式。

【注意事项】

1. "水中花园"实验完毕后，应立即洗净烧杯。
2. 取用浓硫酸时应特别小心，防止洒到皮肤上受伤。

【思考题】

1. 如何用 Na_2SiO_3 溶液制作变色硅胶？
2. 在硼酸溶液加入甘油和向硼酸晶体中加入乙醇，二者的产物有何区别？
3. 在硼酸鉴定反应中，为什么要加浓硫酸？

实验 20　锡、铅、锑、铋

【预习】
1. 盐类的水解。
2. 锡、铅、锑、铋及其化合物的性质。

【实验目的】
1. 了解锡、铅、锑、铋的氢氧化物的酸碱性。
2. 掌握锡（Ⅱ）化合物的强还原性和铅（Ⅳ）、铋（Ⅴ）化合物的强氧化性。
3. 了解锡、铅、锑、铋盐类水解及硫化物和难溶盐的性质。
4. 学习锡、铅、铋离子的鉴定方法。

$NaBiO_3$ 氧化 $MnSO_4$
PbO_2 氧化 HCl
$SnCl_2$ 还原 $Bi(NO_3)_3$
$SnCl_2$ 还原 $HgCl_2$
锡锑铋盐的水解性

【实验提要】
　　锡、铅是周期系中第 14（ⅣA）族元素，可形成+2、+4 氧化态的化合物。锑、铋是周期系中第 15（ⅤA）族元素，可形成氧化态为+3、+5 的化合物。
　　锡（Ⅱ）不稳定，其化合物是强的还原剂。例如，在酸性介质中，$SnCl_2$ 能与 $HgCl_2$ 发生反应

$$2HgCl_2 + SnCl_2(适量) \longrightarrow SnCl_4 + Hg_2Cl_2 \downarrow (白色)$$
$$HgCl_2 + SnCl_2(过量) \longrightarrow SnCl_4 + Hg \downarrow (黑色)$$

此反应可用来鉴定 Sn^{2+} 或 Hg^{2+}。
　　在碱性介质中，亚锡酸根能将 $Bi(OH)_3$ 还原为金属铋。

$$3SnO_2^{2-} + 2Bi(OH)_3 \longrightarrow 3SnO_3^{2-} + 2Bi \downarrow (黑色) + 3H_2O$$

或　$$3[Sn(OH)_4]^{2-} + 2Bi(OH)_3 \longrightarrow 3[Sn(OH)_6]^{2-} + 2Bi \downarrow (黑色)$$

此反应可用以鉴定 Sn^{2+} 或 Bi^{3+}。
　　铅（Ⅳ）、铋（Ⅴ）化合物是强氧化剂，在酸性介质中能氧化 Cl^-、Mn^{2+} 等。

$$PbO_2 + 4HCl \Longrightarrow PbCl_2 \downarrow + Cl_2 \uparrow + 2H_2O$$
$$5PbO_2 + 2Mn^{2+} + 4H^+ \Longrightarrow 5Pb^{2+} + 2MnO_4^- + 2H_2O$$
$$5NaBiO_3 + 2Mn^{2+} + 14H^+ \Longrightarrow 2MnO_4^- + 5Bi^{3+} + 5Na^+ + 7H_2O$$

后两个反应都可用以鉴定 Mn^{2+}。
　　锡、铅和锑的氢氧化物都呈两性，它们既溶于稀酸，又溶于稀碱。而铋的低氧化态氢氧化物只呈碱性。
　　锡、铅、锑、铋的盐类都易水解。因此配制这些盐类的水溶液时，必须将其溶解在相应的酸中以抑制水解。

$$SnCl_2 + H_2O \Longrightarrow Sn(OH)Cl \downarrow (白色) + HCl$$
$$SbCl_3 + H_2O \Longrightarrow SbOCl \downarrow (白色) + 2HCl$$
$$BiCl_3 + H_2O \Longrightarrow BiOCl \downarrow (白色) + 2HCl$$

　　锡、铅、锑、铋都能生成有颜色的难溶硫化物，它们均不溶于稀酸。
　　锡、铅、锑、铋硫化物的颜色与酸碱性见表 6-1。

表 6-1　锡、铅、锑、铋硫化物的颜色与酸碱性

硫化物	SnS	SnS$_2$	PbS	Sb$_2$S$_3$	Sb$_2$S$_5$	Bi$_2$S$_3$
颜色	棕色	黄色	黑色	橙色	橙色	黑色
酸碱性	弱碱性	两性偏酸性	弱碱性	两性	两性偏酸性	弱碱性

两性和酸性的硫化物可溶于碱金属硫化物中，生成硫代酸盐。硫代酸盐只能存在于中性或碱性介质中，遇酸分解成相应的硫化物和放出 H_2S。SnS、PbS 和 Bi$_2$S$_3$ 由于呈碱性，不能溶于碱金属硫化物中。但 SnS 可被 Na$_2$S$_2$ 氧化生成 Na$_2$SnS$_3$ 而溶解。

$$Sb_2S_3 + 3Na_2S = 2Na_3SbS_3$$
$$SnS + S_2^{2-} = SnS_3^{2-}$$
$$SnS_3^{2-} + 2H^+ = SnS_2\downarrow + H_2S\uparrow$$

铅能生成很多难溶的化合物，如

$$Pb^{2+} + CrO_4^{2-} = PbCrO_4\downarrow（黄色）$$

此反应可用来鉴定 Pb^{2+}。

锡、铅、锑、铋及其化合物性质实验相关演示视频扫描实验二维码观看。

【仪器、药品和材料】

仪器：离心机、烧杯、酒精灯、试管、离心试管、三角架、石棉网等。

药品：常用酸碱。浓度均为 0.1mol·L^{-1} 的 Na$_2$S、KI、K$_2$CrO$_4$、SnCl$_2$、SnCl$_4$、Pb(NO$_3$)$_2$、SbCl$_3$、BiCl$_3$、MnSO$_4$、HgCl$_2$ 溶液。Na$_2$S（1mol·L^{-1}）、KOH（2mol·L^{-1}）、NaAc（饱和）、碘-淀粉溶液、PbO$_2$（固）、NaBiO$_3$（固）、SnCl$_2$（固）、SbCl$_3$（固）、BiCl$_3$（固）。

材料：滤纸片、pH 试纸。

【实验内容】

1. 氢氧化物的酸碱性

在四支试管中分别加入 10 滴 0.1mol·L^{-1} 的 SnCl$_2$、Pb(NO$_3$)$_2$、SbCl$_3$ 和 BiCl$_3$ 溶液，再各滴加 2mol·L^{-1} NaOH 溶液，观察沉淀的产生，然后将沉淀分成两份，再分别加入稀碱（2mol·L^{-1} NaOH 溶液）和稀酸（2mol·L^{-1}，各选用什么酸？）溶液，观察沉淀有何变化，说明它们的酸碱性，将实验现象和检验结果记入表 6-2。

表 6-2　Sn(Ⅱ)、Pb(Ⅱ)、Sb(Ⅲ)、Bi(Ⅲ) 氢氧化物的酸碱性

溶液	+NaOH 现象	沉淀+NaOH 现象	沉淀+酸现象	氢氧化物酸碱性
SnCl$_2$				
Pb(NO$_3$)$_2$				
SbCl$_3$				
BiCl$_3$				

2. 氧化还原性

（1）锡（Ⅱ）的还原性

① 取 2 滴 0.1mol·L^{-1} HgCl$_2$ 溶液，滴加 0.1mol·L^{-1} SnCl$_2$ 溶液，静置片刻，观察沉淀颜色的变化，写出反应式。

② 取 3 滴 0.1mol·L^{-1} SnCl$_2$ 溶液，逐滴加入过量 2mol·L^{-1} NaOH 溶液至最初生成的沉淀刚溶解完为止，然后滴加 2 滴 0.1mol·L^{-1} BiCl$_3$ 溶液，观察现象，写出反应方程式。

(2) 铅（Ⅳ）的氧化性

① 取少量 PbO_2 固体于试管中，滴加浓 HCl（在通风口处进行），观察现象，检验反应生成的气体（如何检验？），写出反应式。

② 取少量 PbO_2 固体于试管中，加入 1 滴 $0.1 mol·L^{-1} MnSO_4$ 溶液，再加 1mL $6 mol·L^{-1} HNO_3$ 溶液，酸化，在水浴中加热，观察现象，写出反应式。

(3) 锑（Ⅲ）的还原性和锑（Ⅴ）的氧化性 取 3 滴 $0.1 mol·L^{-1} SbCl_3$ 溶液，逐滴加入过量 $2 mol·L^{-1} KOH$ 溶液至最初生成的沉淀刚溶解完为止，加入 2 滴碘-淀粉溶液，观察现象，然后加入 $6 mol·L^{-1} HCl$ 溶液酸化，振荡试管，又有什么变化？用电极电势的概念加以解释，写出反应式。

(4) 铋（Ⅴ）的氧化性 取少量 $NaBiO_3$ 固体于试管中，滴加 1 滴 $0.1 mol·L^{-1} MnSO_4$ 溶液，再加入 1mL $6 mol·L^{-1} HNO_3$ 溶液酸化，振荡并微热，观察现象，写出反应式。

3. 盐类水解性

(1) 取少量固体 $SnCl_2$ 于试管中，用蒸馏水溶解，有何现象？溶液的酸碱性如何？往溶液中滴加 $2 mol·L^{-1} HCl$ 溶液后有何变化？再稀释后又有何变化？解释并写出反应式。

(2) 分别用少量固体 $SbCl_3$ 和固体 $BiCl_3$ 代替 $SnCl_2$，重复上述实验，观察现象。

4. 铅的难溶盐的生成和性质

(1) 取 5 滴 $0.1 mol·L^{-1} Pb(NO_3)_2$ 溶液于试管中，滴加 $2 mol·L^{-1} HCl$ 溶液，观察现象，加热后又有什么变化？再将溶液冷却又有什么现象？

(2) 取 5 滴 $0.1 mol·L^{-1} Pb(NO_3)_2$ 溶液于试管中，滴加 2 滴 $2 mol·L^{-1} H_2SO_4$ 溶液，观察现象，将沉淀分成两份，一份加入 $2 mol·L^{-1} NaOH$ 溶液，有什么变化？另一份加入饱和 NaAc 溶液，有什么变化？

(3) 取 5 滴 $0.1 mol·L^{-1} Pb(NO_3)_2$ 溶液于试管中，用少量蒸馏水稀释后再加入 2 滴 $0.1 mol·L^{-1} KI$ 溶液，观察现象，在水浴中加热，有什么变化？

(4) 取 5 滴 $0.1 mol·L^{-1} Pb(NO_3)_2$ 溶液于试管中，滴加 $0.1 mol·L^{-1} K_2CrO_4$ 溶液，观察现象，再加入 $2 mol·L^{-1} HNO_3$ 溶液，有什么变化？

5. 硫化物的生成和性质

在五支试管中分别加入浓度均为 $0.1 mol·L^{-1}$ 的 $SnCl_2$、$SnCl_4$、$Pb(NO_3)_2$、$SbCl_3$、$BiCl_3$ 溶液各 5 滴，再分别滴加 $0.1 mol·L^{-1} Na_2S$ 溶液，观察各沉淀的生成和颜色，试验沉淀与 $1 mol·L^{-1} Na_2S$ 溶液的作用，沉淀是否溶解？如沉淀溶解，再滴加 $2 mol·L^{-1} HCl$ 溶液，有什么现象？写出反应式。

【注意事项】

1. $HgCl_2$ 有剧毒，使用时应注意。

2. 锡、铅、锑、铋等的化合物均有毒性，废液应注意回收集中处理。

【思考题】

1. 实验室配制 $SnCl_2$ 溶液时，为什么要将 $SnCl_2$ 溶解在 HCl 溶液中，并加入 Sn 粒？

2. 试验 $Pb(OH)_2$ 的碱性时，应使用何种酸？为什么？
3. 如何配制少量亚锡酸钠溶液？
4. 如何将 Sn^{2+}、Pb^{2+} 从它们的混合溶液中分离？

实验21　碱金属和碱土金属

【预习】
1. 碱金属和碱土金属及其化合物的性质。
2. 焰色反应的原理。

【实验目的】
1. 试验碱金属和碱土金属的活泼性。
2. 掌握碱金属和碱土金属的重要化合物的性质。
3. 学习利用焰色反应鉴定碱金属、碱土金属离子。
4. 学习 Na^+、K^+、Mg^{2+}、Ca^{2+}、Ba^{2+} 的鉴定方法。

$BaCrO_4$ 沉淀
CaC_2O_4 沉淀
Na^+ 和 K^+ 的沉淀
磷酸铵镁的生成
氢氧化物的溶解性

【实验提要】
　　碱金属是周期系中第1（ⅠA）族元素，碱土金属是周期系中第2（ⅡA）族元素。碱金属是活泼性很强的金属元素，碱土金属的活泼性仅次于碱金属。钠和钾在空气中易被氧化，用小刀可切割金属钠和钾，切割后的新鲜表面可以看到银白色光泽，但接触空气后，会生成一层氧化物而颜色变暗。钠在空气中燃烧直接得到 Na_2O_2。钠、钾、镁和钙都能与水作用生成 H_2，钠、钾与水作用都很剧烈，因此一般被储存于煤油中。镁与冷水反应很慢，与热水反应较快。
　　碱金属的氢氧化物易溶于水（LiOH 除外），固体碱吸湿性强，易潮解，因此固体 NaOH 是常用的干燥剂。碱土金属的氢氧化物在水中的溶解度一般都不大，同族元素氢氧化物的溶解度从上到下逐渐增大。
　　碱金属的盐类一般都易溶于水，仅极少数盐难溶。例如
$$Na^+ + K[Sb(OH)_6] \longrightarrow Na[Sb(OH)_6] \downarrow (白色) + K^+$$
$$K^+ + Na[B(C_6H_5)_4] \longrightarrow K[B(C_6H_5)_4] \downarrow (白色) + Na^+$$
碱土金属的盐类中，有不少是难溶的，这是区别碱土金属与碱金属盐类的方法之一。
　　碱金属和碱土金属的挥发性盐在无色的火焰中灼烧时，电子被激发，当电子从较高能级回到较低能级时，便会发出一定波长的光，使火焰呈现特征的颜色。锂呈红色，钠呈黄色，钾、铷和铯呈紫色，钙呈橙红色，锶呈洋红色，钡呈浅黄绿色。这种利用火焰的颜色鉴别金属元素的方法称为"焰色反应"。
　　碱金属和碱土金属及其化合物性质实验相关演示视频扫描实验二维码观看。

【仪器、药品和材料】
　　仪器：离心机、烧杯、酒精喷灯、三角架、石棉网、试管、离心试管、铂丝（或镍铬丝）、镊子、小刀、蒸发皿、坩埚钳、玻璃漏斗、点滴板、蓝色钴玻璃。
　　药品：常用酸碱。浓度均为 $0.1 mol \cdot L^{-1}$ 的 Na_2SO_4、Na_2CO_3、Na_2CrO_4、Na_2HPO_4、$MgCl_2$、$CaCl_2$、$BaCl_2$。浓度均为 $1 mol \cdot L^{-1}$ 的 LiCl、NaCl、KCl、$CaCl_2$、

$SrCl_2$、$BaCl_2$ 溶液。$KMnO_4$（$0.01mol \cdot L^{-1}$）、$K[Sb(OH)_6]$（饱和）、NH_4Cl（饱和）、$(NH_4)_2C_2O_4$（饱和）、$Na[B(C_6H_5)_4]$（饱和）、镁试剂Ⅰ、金属镁条、金属钠。

材料：滤纸片、pH 试纸、砂纸。

【实验内容】

1. 碱金属与碱土金属活泼性的比较

（1）钠、镁与氧气的反应

① 领取一小块存放在煤油中的金属钠，置于滤纸上，用滤纸吸干表面的煤油后，用小刀切下米粒大小的金属钠，迅速观察新鲜表面的颜色和变化，并立即放入蒸发皿中，加热，当金属钠开始燃烧时即停止加热。观察反应情况和产物的颜色、状态，写出反应式。产物冷却后，用玻璃棒轻轻捣碎，转移入试管中，加入少量蒸馏水溶解，冷却后，检验溶液的酸碱性。用 $2mol \cdot L^{-1}$ H_2SO_4 溶液酸化，加入 1 滴 $0.01mol \cdot L^{-1}$ $KMnO_4$ 溶液，观察现象，写出反应式。

② 取一段 2cm 长的金属镁条，用砂纸除去表面氧化层后，用坩埚钳夹住镁条的一端，点燃，观察燃烧的情况及产物的颜色，写出反应式。

（2）钠、镁与水的反应

① 取一小块米粒大小的金属钠，用滤纸吸干表面的煤油后，放入盛有半杯水的烧杯中，立即用大小合适的玻璃漏斗盖好，观察反应的情况，并检验溶液的酸碱性。

② 取一小段金属镁条，用砂纸除去表面氧化层，放入盛有 1mL 冷水的试管中，观察现象，检验溶液的酸碱性。加热，有什么变化？

比较碱金属、碱土金属元素的活泼性。

2. 碱土金属氢氧化物溶解性比较

（1）氢氧化镁的生成和性质　在三支试管中，各加入 5 滴 $0.1mol \cdot L^{-1}$ $MgCl_2$ 溶液和 5 滴 $2mol \cdot L^{-1}$ $NH_3 \cdot H_2O$ 溶液，观察 $Mg(OH)_2$ 沉淀的生成。然后分别试验沉淀与饱和 NH_4Cl 溶液、$2mol \cdot L^{-1}$ HCl 溶液和 $2mol \cdot L^{-1}$ NaOH 溶液的反应情况，写出反应式。

（2）镁、钙、钡氢氧化物的溶解性

① 分别取 $0.1mol \cdot L^{-1}$ $MgCl_2$、$CaCl_2$ 和 $BaCl_2$ 溶液各 5 滴于三支试管中，各加入等量新配制的 $2mol \cdot L^{-1}$ NaOH 溶液（为什么要新配制的？），观察是否有沉淀生成。

② 分别取 $0.1mol \cdot L^{-1}$ $MgCl_2$、$CaCl_2$ 和 $BaCl_2$ 溶液各 5 滴于三支试管中，各加入等量 $2mol \cdot L^{-1}$ $NH_3 \cdot H_2O$ 溶液，观察是否有沉淀生成。

说明碱土金属氢氧化物溶解度的大小顺序。

3. 碱金属和碱土金属的难溶盐

（1）微溶性钠盐的生成和 Na^+ 的鉴定　取 5 滴 $1mol \cdot L^{-1}$ NaCl 溶液于试管中，加入 5 滴饱和六羟基锑（Ⅴ）酸钾 $K[Sb(OH)_6]$ 溶液，必要时可用玻璃棒摩擦试管内壁。观察沉淀的颜色和状态，写出反应式。此反应常用于 Na^+ 的鉴定。

（2）微溶性钾盐的生成和 K^+ 的鉴定　取 5 滴 $1mol \cdot L^{-1}$ KCl 溶液于试管中，加入 5 滴饱和四苯硼酸钠 $Na[B(C_6H_5)_4]$ 溶液，观察沉淀的颜色和状态，写出反应式。此反应常用于 K^+ 的鉴定。

（3）镁、钙、钡的碳酸盐的生成和性质　分别取 $0.1mol \cdot L^{-1}$ $MgCl_2$、$CaCl_2$ 和 $BaCl_2$

溶液各 5 滴于三支试管中，各加入等量的 0.1mol·L^{-1} Na$_2$CO$_3$ 溶液，观察沉淀是否生成。离心分离后检验沉淀在 2mol·L^{-1} HAc 溶液中是否溶解，写出反应式。

(4) 镁、钙、钡的硫酸盐和 Ba^{2+} 的鉴定　分别取 0.1mol·L^{-1} MgCl$_2$、CaCl$_2$ 和 BaCl$_2$ 溶液各 5 滴于三支试管中，各加入等量的 0.1mol·L^{-1} Na$_2$SO$_4$ 溶液，观察沉淀是否生成（如果不产生沉淀，可用玻璃棒摩擦试管内壁），离心分离后检验沉淀与浓 HNO$_3$ 溶液的作用，写出反应式。

比较 MgSO$_4$、CaSO$_4$ 和 BaSO$_4$ 溶解度的大小。

Ba^{2+} 通常以生成不溶于硝酸溶液的 BaSO$_4$ 沉淀予以鉴定。

(5) 钙、钡的铬酸盐的生成和性质　分别取 0.1mol·L^{-1} CaCl$_2$ 和 BaCl$_2$ 溶液各 5 滴于两支试管中，各加入等量的 0.1mol·L^{-1} Na$_2$CrO$_4$ 溶液，观察沉淀是否生成，离心分离后检验沉淀在 2mol·L^{-1} HAc 溶液和 2mol·L^{-1} HCl 溶液中是否溶解，写出反应式。

(6) 钙、钡的草酸盐和 Ca^{2+} 的鉴定　分别取 0.1mol·L^{-1} CaCl$_2$ 和 BaCl$_2$ 溶液各 5 滴于两支试管中，各加入等量的饱和 (NH$_4$)$_2$C$_2$O$_4$ 溶液，观察沉淀是否生成，离心分离后检验沉淀在 2mol·L^{-1} HAc 溶液和 2mol·L^{-1} HCl 溶液中是否溶解，写出反应式。

Ca^{2+} 通常以形成 CaC$_2$O$_4$ 白色沉淀予以鉴定。

(7) 磷酸铵镁的生成和 Mg^{2+} 的鉴定

① 磷酸铵镁的生成　取 5 滴 0.1mol·L^{-1} MgCl$_2$ 溶液，加入 5 滴 2mol·L^{-1} HCl 溶液和 5 滴 2mol·L^{-1} NH$_3$·H$_2$O 溶液，再滴加 5 滴 0.1mol·L^{-1} Na$_2$HPO$_4$ 溶液，振荡试管，观察现象，写出反应式。

② Mg^{2+} 的鉴定　取 5 滴 0.1mol·L^{-1} MgCl$_2$ 溶液，逐滴加入 2mol·L^{-1} NaOH 溶液至生成白色絮状沉淀为止，再滴加 1 滴镁试剂 I，振荡试管，观察天蓝色沉淀的产生。

4. 焰色反应

在点滴板上分别滴入 2 滴 1mol·L^{-1} 的 LiCl、NaCl、KCl、CaCl$_2$、SrCl$_2$、BaCl$_2$ 和浓 HCl 溶液。用一根顶端弯成小圈的铂丝（或镍铬丝），反复蘸取浓 HCl 溶液后在煤气灯或酒精喷灯的氧化焰中灼烧至近于无色，在点滴板上蘸取 LiCl 溶液后在氧化焰中灼烧，观察火焰的颜色。再蘸取浓 HCl 溶液在氧化焰中再灼烧至近于无色，以同样的方法分别试验 NaCl、KCl、CaCl$_2$、SrCl$_2$ 和 BaCl$_2$ 溶液。K$^+$ 的紫色火焰可能被 Na$^+$ 的黄色火焰所掩盖（即使 Na$^+$ 是极微量的），所以在试验 K$^+$ 的焰色时，要用蓝色钴玻璃滤去黄色火焰后观察。记录各离子的焰色。

5. 未知物及离子的鉴别

(1) 现有五种试剂，它们分别是 Na$_2$CO$_3$、Na$_2$SO$_4$、MgCO$_3$、CaCl$_2$、BaCO$_3$。试用合适方法加以鉴别。

(2) 混合溶液中含有 K$^+$、Mg^{2+}、Ba^{2+}，试设计分离鉴定的实验方案。

【注意事项】

1. 金属钠的化学性质非常活泼，使用时应注意安全。
2. 镁试剂 I 分子式参见实验 7。

【思考题】

1. 为什么 MgCl$_2$ 溶液中加入 NH$_3$·H$_2$O 时能生成 Mg(OH)$_2$ 沉淀和 NH$_4$Cl，而

$Mg(OH)_2$ 沉淀又能溶于饱和 NH_4Cl 溶液？两者是否矛盾？试用化学平衡移动的原理说明。

2. 为什么在试验 $Mg(OH)_2$、$Ca(OH)_2$ 和 $Ba(OH)_2$ 的溶解度时，所用的 NaOH 溶液必须是新配的？

3. 如何将 Ca^{2+}、Mg^{2+} 从它们的混合溶液中分离？

实验22　铬、锰

【预习】

铬和锰元素化合物的性质。

【实验目的】

1. 掌握铬、锰的各种氧化态化合物的生成和性质。
2. 了解铬、锰化合物的氧化还原性及介质对氧化还原性的影响。

$Cr(OH)_3$ 的酸碱性
Cr 的鉴定
$K_2Cr_2O_7$ 的氧化性
$KMnO_4$ 氧化浓碱
$Mn(OH)_2$ 的还原性

【实验提要】

铬是周期系中第 6（ⅥB）族元系。主要氧化态为 +2、+3、+6，其中氧化态为 +2 价的化合物不稳定。

锰是周期系中第 7（ⅦB）族元素。主要氧化态为 +2、+3、+4、+6、+7，其中 +3 价的化合物不稳定。

铬（Ⅲ）主要以铬盐和亚铬酸盐的形式存在。向 $CrCl_3$ 溶液中加入 NaOH，产生 $Cr(OH)_3$ 沉淀，它具有两性。

在酸性介质中 Cr^{3+} 还原性较弱，而在碱性介质中 Cr(Ⅲ) 具有较强的还原性。在碱性介质中，Cr(Ⅲ) 可被氧化为 Cr(Ⅵ)。

$$2CrO_2^- + 3H_2O_2 + 2OH^- \rightleftharpoons 2CrO_4^{2-} + 4H_2O$$

铬（Ⅵ）的化合物在酸性介质中主要为 $Cr_2O_7^{2-}$，在碱性介质中主要为 CrO_4^{2-}，两者在水溶液中存在下列平衡

$$2CrO_4^{2-}（黄色）+ 2H^+ \rightleftharpoons 2Cr_2O_7^{2-}（橙色）+ H_2O$$

若向溶液中加 Ba^{2+}、Pb^{2+}、Ag^+ 等离子，由于铬酸盐的溶度积更小，平衡向生成 CrO_4^{2-} 的方向移动，最后将得到相应的铬酸盐沉淀，溶液的酸度也相应增加。如

$$2Ba^{2+} + Cr_2O_7^{2-} + H_2O \longrightarrow 2BaCrO_4 \downarrow + 2H^+$$

在酸性条件下重铬酸盐具有氧化性，$K_2Cr_2O_7$ 是常见的氧化剂，其还原产物是 Cr^{3+}。

锰（Ⅱ）盐在无氧气的条件下遇碱生成白色 $Mn(OH)_2$ 沉淀，它在空气中极易被氧化成 $MnO(OH)_2$，即 $MnO_2 \cdot H_2O$。在酸性介质中 Mn^{2+} 遇强氧化剂如 PbO_2、$NaBiO_3$、$K_2S_2O_8$ 等可被氧化为 MnO_4^-。

MnO_2 是难溶于水的黑褐色物质。由于其中的 Mn 处于中间氧化态，所以它既可做氧化剂，又可做还原剂。但以氧化性为主，尤其是在酸性介质中是一较强的氧化剂。如

$$MnO_2 + 4HCl(浓) \xrightarrow{\triangle} MnCl_2 + Cl_2 \uparrow + 2H_2O$$

此反应可制备氯气。

锰（Ⅵ）盐存在于碱性介质中，在酸性介质中歧化为锰（Ⅶ）盐和 MnO_2。$KMnO_4$ 是强氧化剂，其还原产物受溶液介质酸碱性的影响。

MnO_4^- 与 Mn^{2+} 作用，发生逆歧化生成 MnO_2。

$$2MnO_4^- + 3Mn^{2+} + 2H_2O \longrightarrow 5MnO_2\downarrow + 4H^+$$

铬、锰及其化合物性质实验相关演示视频扫描实验二维码观看。

【仪器、药品和材料】

仪器：离心机、离心试管、试管、表面皿、蒸发皿。

药品：常用酸碱。浓度均为 $0.1mol \cdot L^{-1}$ 的 $CrCl_3$、K_2CrO_4、$AgNO_3$、$K_2Cr_2O_7$、$BaCl_2$、$Pb(NO_3)_2$、$Pb(Ac)_2$、$MnSO_4$ 溶液。Na_2S（$2mol \cdot L^{-1}$）、$KMnO_4$（$0.01mol \cdot L^{-1}$）、Na_2SO_3 [$0.5mol \cdot L^{-1}$（新配）]、H_2S（饱和）、$K_2Cr_2O_7$（饱和）、H_2O_2（3%）、乙醇、戊醇、$NaBiO_3$（固）、$K_2S_2O_8$（固）、MnO_2（固）。

材料：冰、滤纸。

【实验内容】

1. 铬（Ⅲ）化合物的性质

（1）**氢氧化铬的生成及其酸碱性** 取 5 滴 $0.1mol \cdot L^{-1} CrCl_3$，滴加 $2mol \cdot L^{-1} NaOH$，观察灰绿色沉淀 $Cr(OH)_3$ 的生成。分别用少量稀酸、稀碱检验其酸碱性，写出反应方程式。

（2）**铬（Ⅲ）的还原性**

① 取 5 滴 $0.1mol \cdot L^{-1} CrCl_3$ 溶液，滴加 $2mol \cdot L^{-1} NaOH$ 直到沉淀溶解，再加入 3% H_2O_2 溶液，加热，观察溶液颜色的变化，解释现象并写出反应方程式。

② 在两支试管中各加入 5 滴 $0.1mol \cdot L^{-1} CrCl_3$ 溶液，向其中一支试管中加入 8 滴 3% H_2O_2 溶液，另一支加入 1 滴 $0.1mol \cdot L^{-1} AgNO_3$ 溶液及少量 $K_2S_2O_8$ 晶体，再往两支试管中各加入 2 滴 $2mol \cdot L^{-1} H_2SO_4$ 酸化，加热片刻，观察两支试管的颜色变化，解释现象并写出有关反应方程式。

（3）**铬（Ⅲ）盐的水解** 取 5 滴 $0.1mol \cdot L^{-1} CrCl_3$ 溶液，滴加 $2mol \cdot L^{-1} Na_2S$，观察生成的沉淀，检测放出的气体。自行设计实验证明沉淀是 Cr_2S_3 还是 $Cr(OH)_3$。

2. 铬（Ⅵ）化合物的性质

（1）**铬酸盐和重铬酸盐的相互转变** 在试管中加入 3 滴 $0.1mol \cdot L^{-1} K_2Cr_2O_7$ 溶液和 5 滴 $2mol \cdot L^{-1} NaOH$ 溶液，观察颜色变化。再加入数滴 $2mol \cdot L^{-1} H_2SO_4$ 酸化，又有何变化，解释现象。

（2）**难溶盐的生成**

① 取三支试管，加入 $0.1mol \cdot L^{-1} K_2Cr_2O_7$ 溶液各 5 滴，分别滴入 $0.1mol \cdot L^{-1} BaCl_2$、$Pb(NO_3)_2$、$AgNO_3$，观察沉淀颜色。

② 用 $0.1mol \cdot L^{-1} K_2CrO_4$ 代替 $K_2Cr_2O_7$，重复上面的实验，观察沉淀的颜色有无不同。

（3）**CrO_3 的生成和性质** 将盛有 1mL 饱和 $K_2Cr_2O_7$ 溶液的试管放在冰水中冷却，再滴加 2mL 用冰水冷却过的浓硫酸，并继续冷却至结晶析出，取一些结晶放在蒸发皿上，滴加乙醇至反应完毕，观察现象。

（4）**铬（Ⅵ）化合物氧化性**

① 取 2 滴 0.1mol·L^{-1}K$_2$Cr$_2$O$_7$，加入 2 滴 2mol·L^{-1}H$_2$SO$_4$ 酸化，逐滴加入 3% H$_2$O$_2$ 观察溶液颜色变化和气体放出，写出反应方程式。

② 自行设计实验说明 K$_2$Cr$_2$O$_7$ 能否氧化浓 HCl，验证产物，写出反应方程式。

3. 铬（Ⅲ）离子鉴定

在试管中加入 10 滴 0.1mol·L^{-1}Cr^{3+} 溶液，逐滴加入 2mol·L^{-1}NaOH 到沉淀刚好溶解，再加入 20 滴 3% H$_2$O$_2$ 溶液，加热至溶液彻底变黄，继续加热使过量 H$_2$O$_2$ 分解，冷却，进行以下鉴定实验。

（1）用 2mol·L^{-1}H$_2$SO$_4$ 酸化上述溶液，加 10 滴戊醇后，滴加数滴 3% H$_2$O$_2$，观察戊醇层蓝色 CrO$_5$ 的生成。

（2）取 2 滴黄色溶液，用 6mol·L^{-1}HAc 酸化，加 2 滴 0.1mol·L^{-1}Pb（Ac）$_2$ 溶液，生成黄色沉淀，表示有 Cr^{3+}。

4. 锰（Ⅱ）化合物的性质

（1）氢氧化锰（Ⅱ）的生成及其酸碱性　在三支试管中各加入 0.1mol·L^{-1}MnSO$_4$ 数滴，再分别加入 2mol·L^{-1}NaOH 至沉淀生成，取其中一支试管在空气中振荡，观察沉淀颜色的变化；另两支试管分别用少量稀酸和稀碱检验生成沉淀的酸碱性。

（2）Mn^{2+} 的还原性　在盛有 1mL 水的试管中，加入 2 滴 0.1mol·L^{-1}MnSO$_4$ 溶液，加 5 滴 2mol·L^{-1}HNO$_3$ 溶液，然后加入少量固体 NaBiO$_3$，微热，振荡，静置后，观察溶液的颜色变化，写出反应方程式。此反应可用于鉴定 Mn^{2+}。

（3）硫化锰的生成　向 0.1mol·L^{-1}MnSO$_4$ 中滴加饱和 H$_2$S 水溶液，再逐滴加入 2mol·L^{-1}NaOH。观察实验现象，写出反应方程式。

5. MnO$_2$ 的生成及氧化性

取 5 滴 0.01mol·L^{-1}KMnO$_4$ 溶液，滴加 0.1mol·L^{-1}MnSO$_4$ 溶液，观察沉淀的生成。然后沉淀用 2mol·L^{-1}H$_2$SO$_4$ 酸化，逐滴加入 0.5mol·L^{-1}Na$_2$SO$_3$，观察颜色变化。

6. MnO$_4^{2-}$ 的生成及其歧化

取少量固体 MnO$_2$，加入 5 滴 40% NaOH 溶液和少量 0.01mol·L^{-1}KMnO$_4$ 溶液，微热片刻，观察溶液颜色变化，写出反应方程式。取上层清液，用数滴 2mol·L^{-1}H$_2$SO$_4$ 酸化，观察溶液颜色变化和沉淀生成。

7. 高锰酸钾在不同介质中的氧化性

（1）在酸性、中性和强碱性介质中，分别试验 0.01mol·L^{-1}KMnO$_4$ 与 0.5mol·L^{-1}Na$_2$SO$_3$ 的反应，观察现象，写出反应方程式。

（2）试验 0.01mol·L^{-1}KMnO$_4$ 与 40% NaOH 的反应，观察溶液颜色变化和气体的放出，写出反应方程式。

自行设计方案，分离 Cr^{3+} 和 Mn^{2+} 的混合溶液，并加以鉴定。

【注意事项】

1. CrCl$_3$ 与 Na$_2$S 反应产物的验证，可将沉淀离心分离，洗涤两次后分成两份。一份加酸，观察沉淀是否溶解，同时观察有无 H_2S 气体放出［用 $Pb(Ac)_2$ 试纸检验］。另一份加碱，观察沉淀是否溶解，若沉淀既溶于酸，又溶于碱，且无 H_2S 气体，说明产物是 $Cr(OH)_3$。

2. 饱和 $K_2Cr_2O_7$ 与浓 H_2SO_4 反应生成 CrO_3 时，浓 H_2SO_4 应过量并缓慢加入，适当搅拌使反应温度不要过高。在 CrO_3 的晶体上滴加乙醇，会立即着火，反应方程式为：

$$2CrO_3 + 2C_2H_5OH \longrightarrow CH_3CHO + Cr_2O_3\downarrow + CH_3COOH + 2H_2O$$

3. 高锰酸钾在碱性条件下与亚硫酸钠的反应，应先混合亚硫酸和碱溶液，然后再滴加高锰酸钾溶液。因为高锰钾在强碱介质中不稳定，易分解。

$$4MnO_4^- + 4OH^- \longrightarrow 4MnO_4^{2-} + O_2\uparrow + 2H_2O$$

【思考题】

1. 在试验重铬酸钾氧化性时，为什么用硫酸而不用盐酸酸化？
2. $K_2Cr_2O_7$ 与 Ba^{2+}、Ag^+、Pb^{2+} 作用，得到的为什么是铬酸盐沉淀？如何使这类反应进行完全？
3. 定性检验 Mn^{2+} 时，一般用哪些氧化剂？举三例说明。
4. $KMnO_4$ 的氧化性为什么会受介质酸度的影响？
5. 如何分离鉴定 Cr^{3+} 和 Mn^{2+} 的混合液？

实验23　铁、钴、镍

【预习】

铁、钴和镍化合物的氧化还原性与配位特性。

$[Co(SCN)_4]^{2-}$ 稳定性
Co 与 Ni 的鉴定
FeCoNi 的还原性
FeCoNi 与氨水反应
Fe 离子的鉴定

【实验目的】

1. 掌握铁、钴、镍氢氧化物的生成和性质。
2. 掌握 Fe(Ⅱ) 的还原性和 Fe(Ⅲ)、Co(Ⅲ)、Ni(Ⅲ) 的氧化性。
3. 了解铁、钴、镍配合物的生成和性质。
4. 掌握 Fe^{2+}、Fe^{3+}、Co^{2+}、Ni^{2+} 的鉴定方法。

【实验提要】

铁、钴、镍是第四周期第 8、9、10（ⅧB）族元素，又称铁系元素。它们的性质相似，化合物中常见的氧化态是 +2、+3。

Fe(Ⅱ)、Co(Ⅱ)、Ni(Ⅱ) 的氢氧化物不溶于水，呈碱性，具有不同的颜色。在空气中，白色 $Fe(OH)_2$ 很快被氧化，颜色变化为白→绿→红棕色，生成 $Fe(OH)_3$；粉红色 $Co(OH)_2$ 缓慢地被氧化成褐色 $Co(OH)_3$；而浅绿色的 $Ni(OH)_2$ 则不会被空气氧化，需要用强氧化剂，如溴水才能将其氧化为 $Ni(OH)_3$。

$$2NiSO_4 + Br_2 + 6NaOH = 2Ni(OH)_3 + 2NaBr + 2Na_2SO_4$$

$Fe(OH)_3$ 与盐酸反应得到 Fe(Ⅲ) 盐，而 $Co(OH)_3$ 和 $Ni(OH)_3$ 与盐酸反应时，生成

的是 Co(Ⅱ) 和 Ni(Ⅱ) 盐，同时放出 Cl_2：

$$2Co(OH)_3+6HCl=\!=\!=2CoCl_2+Cl_2\uparrow+6H_2O$$

$$2Ni(OH)_3+6HCl=\!=\!=2NiCl_2+Cl_2\uparrow+6H_2O$$

铁(Ⅲ)盐易水解，由于 $Fe(OH)_3$ 的碱性比 $Fe(OH)_2$ 更弱，所以 Fe^{3+} 比 Fe^{2+} 更易水解。由于水解，Fe^{3+} 盐溶液常呈黄色或棕色。

Fe^{2+} 为还原剂，而 Fe^{3+} 是氧化剂，如将 H_2S 通入 $FeCl_3$ 溶液中，由于 Fe^{3+} 为氧化性，S^{2-} 又具有还原性，最后得到的产物是 FeS 黑色沉淀。

铁、钴、镍能形成多种配合物。常见的配合物有氰配合物、氨配合物（除铁之外）、硫氰配合物。Fe(Ⅱ) 和 Fe(Ⅲ) 都能生成稳定的配合物。Co(Ⅱ) 的配合物不稳定，易被氧化为 Co(Ⅲ) 的配合物。如

$$4[Co(NH_3)_6]^{2+}+O_2+2H_2O=\!=\!=4[Co(NH_3)_6]^{3+}+4OH^-$$

镍的配合物则以氧化态为 +2 的较稳定。

铁、钴、镍的某些配合物具有特征的颜色，可以用来鉴定 Fe^{2+}、Fe^{3+}、Co^{2+}、Ni^{2+}。如：Fe^{2+} 与 $K_3[Fe(CN)_6]$ 生成蓝色沉淀；Fe^{3+} 与 $K_4[Fe(CN)_6]$ 也生成蓝色沉淀，此外 Fe^{3+} 还可与 SCN^- 生成血红色 $[Fe(CN)_n]^{3-n}$（$n=1\sim6$），这两个反应都可用来鉴定 Fe^{3+}。Co^{2+} 与 SCN^- 生成宝石蓝色的 $[Co(SCN)_4]^{2-}$。它在水溶液中不稳定，在丙酮、戊醇等有机溶剂中能稳定存在，且蓝色更显著

$$Co^{2+}+4SCN^-\longrightarrow[Co(SCN)_4]^{2-}$$

Ni^{2+} 在氨性溶液中与丁二酮肟生成特征的鲜红色螯合物，可用于鉴定 Ni^{2+}

鲜红色沉淀

铁、钴、镍及其化合物实验性质相关演示视频扫描实验二维码观看。

【仪器、药品和材料】

仪器：离心机、离心试管、试管。

药品：常用酸碱。浓度均为 $0.1mol\cdot L^{-1}$ 的 $CoCl_2$、$NiSO_4$、$FeCl_3$、KSCN、KI、$K_3[Fe(CN)_6]$、$K_4[Fe(CN)_6]$、$K_2Cr_2O_7$ 溶液。KSCN（饱和）、NaF（$1mol\cdot L^{-1}$）、$KMnO_4$（$0.01mol\cdot L^{-1}$）、H_2O_2（3%）、溴水、戊醇、淀粉（5%）、丁二酮肟（1%）、$FeSO_4\cdot 7H_2O$（固）、NH_4Cl（固）。

材料：pH 试纸、滤纸条。

【实验内容】

1. Fe(Ⅱ)、Co(Ⅱ)、Ni(Ⅱ) 氢氧化物的生成及其还原性

(1) $Fe(OH)_2$ 的制备和性质　在一试管中加入 2mL 蒸馏水，加 2 滴 $2mol\cdot L^{-1}$ H_2SO_4 溶液，煮沸片刻，然后在其中溶解少许 $FeSO_4\cdot 7H_2O$ 晶体。在另一试管中加入

1mL 2mol·L^{-1}NaOH 溶液，煮沸，用滴管吸取该溶液后，插入 FeSO$_4$ 液面之下，轻轻挤出 NaOH 溶液（不可挤出气泡），观察白色 Fe(OH)$_2$ 生成。然后摇匀，静置片刻，观察颜色的变化，解释现象并写出反应方程式。

(2) Co(OH)$_2$ 的生成和性质　取两支试管，各加入 5 滴 0.1mol·L^{-1}CoCl$_2$ 溶液，各滴加 2mol·L^{-1}NaOH 溶液，观察碱式盐沉淀的生成。振荡试管或微热，观察沉淀颜色的变化。

然后取其中一支试管，静置，观察沉淀颜色的变化。

在第二支试管中滴加 3% H$_2$O$_2$，观察沉淀颜色的变化，写出反应方程式（保留此溶液，供下面实验使用）。

(3) Ni(OH)$_2$ 的生成和性质　在两支试管中各加入 5 滴 0.1mol·L^{-1}NiSO$_4$ 溶液和数滴 2mol·L^{-1}NaOH 溶液，观察 Ni(OH)$_2$ 沉淀的产生。振荡试管使沉淀充分接触空气，沉淀有何变化？

向其中一支试管中加入 3% H$_2$O$_2$ 溶液；在另一支试管中加入溴水（保留此溶液，供下面实验用），观察两支试管现象的差异，写出反应方程式。

根据上述实验结果，比较 Fe(OH)$_2$、Co(OH)$_2$、Ni(OH)$_2$ 还原性的大小。

2. Fe(Ⅲ)、Co(Ⅲ)、Ni(Ⅲ) 氢氧化物的生成及其氧化性

(1) Fe(OH)$_3$ 的生成和性质　在 5 滴 0.1mol·L^{-1}FeCl$_3$ 溶液中加入 2mol·L^{-1} NaOH，观察沉淀的颜色，然后加数滴浓 HCl，微热，检验有无 Cl$_2$ 产生。

(2) Co(OH)$_3$ 的性质　向"实验内容 1.(2)"制取的 Co(OH)$_3$ 沉淀中，滴入浓 HCl，加热，检验有无 Cl$_2$ 产生。

(3) Ni(OH)$_3$ 的性质　向"实验内容 1.(3)"制取的 Ni(OH)$_3$ 沉淀中，滴入浓 HCl，加热，检验有无 Cl$_2$ 产生。

根据以上实验结果，比较 Fe(Ⅲ)、Co(Ⅲ)、Ni(Ⅲ) 的氧化性。

3. 铁盐的性质

(1) 铁盐的水解

① 用纯水溶解少量 FeSO$_4$·7H$_2$O，用 pH 试纸测其 pH，保留溶液供下面实验使用。

② 试管中加入 1mL 0.1mol·L^{-1}FeCl$_3$ 溶液，测其 pH，然后加热，有何现象，解释之。

(2) 铁（Ⅱ）盐的还原性　往上面实验保留下的 FeSO$_4$ 溶液中，加入 2mol·L^{-1}H$_2$SO$_4$ 酸化，把溶液分做两份。其中一份滴入 0.01mol·L^{-1}KMnO$_4$；另一份滴入 0.1mol·L^{-1}K$_2$Cr$_2$O$_7$，各有何现象？写出反应方程式。

(3) 铁（Ⅲ）盐的氧化性　自行设计实验用 0.1mol·L^{-1}KI 检验 FeCl$_3$ 的氧化性，写出反应方程式。

4. 铁、钴、镍的配合物

(1) 铁的配合物

① 取 2 滴自配 FeSO$_4$ 溶液，滴加 0.1mol·L^{-1} K$_3$[Fe(CN)$_6$]，观察现象，写出反应方程式，该反应可用于鉴定 Fe^{2+}。

② 取 2 滴 0.1mol·L^{-1} FeCl$_3$ 溶液，滴加 0.1mol·L^{-1} K$_4$[Fe(CN)$_6$]，观察现象，写

出反应方程式，该反应可用于鉴定 Fe^{3+}。

③ 取 2 滴 $0.1mol \cdot L^{-1} FeCl_3$ 溶液，滴加 $0.1mol \cdot L^{-1} KSCN$，观察现象（该反应亦可用于鉴定 Fe^{3+}）。然后再滴加 $1mol \cdot L^{-1} NaF$ 溶液，有何变化，解释并写出反应方程式。

（2）钴的配合物

① 取 5 滴 $0.1mol \cdot L^{-1} CoCl_2$ 溶液，加入饱和 KSCN 溶液，再加入戊醇，振荡试管，观察戊醇层的颜色，写出反应方程式。该反应可用来鉴定 Co^{2+}。

② 在 $0.1mol \cdot L^{-1} CoCl_2$ 溶液中，加入少许固体 NH_4Cl，然后滴加浓 $NH_3 \cdot H_2O$，观察溶液颜色，静置一段时间后，溶液颜色有何变化，解释并写出反应方程式。

（3）镍的配合物

① 在 $0.1mol \cdot L^{-1} NiSO_4$ 溶液中，加入少许固体 NH_4Cl，然后滴加 $6mol \cdot L^{-1} NH_3 \cdot H_2O$，直至沉淀刚好溶解，观察溶液颜色变化，写出反应方程式。

② 取 5 滴 $0.1mol \cdot L^{-1} NiSO_4$ 溶液中，加入 $2mol \cdot L^{-1} NH_3 \cdot H_2O$ 溶液至沉淀刚好溶解，再加 2 滴 1%丁二酮肟溶液，观察现象。该反应可用来鉴定 Ni^{2+}。

自行设计一方案，分离 Fe^{3+}、Co^{2+}、Ni^{2+} 的混合液，并加以鉴定。

【注意事项】

1. $CoCl_2$ 和 NaOH 反应，先生成蓝色碱式盐沉淀，后变为粉红色。粉红色的 $Co(OH)_2$ 较稳定。

2. 分离鉴定 Fe^{3+}、Co^{2+}、Ni^{2+} 时应注意，Fe^{3+} 干扰 Co^{2+} 的鉴定，应先将 Fe^{3+} 分离或掩蔽起来，通常采用加入 NH_4F 或 NaF 的方法将 Fe^{3+} 掩蔽，Co^{2+}、Ni^{2+} 的鉴定互不干扰。

【思考题】

1. 制备 $Fe(OH)_2$ 时，Fe(Ⅱ)盐溶液和 NaOH 溶液反应前为什么要先煮沸片刻？

2. 如何实现下列物质的相互转化：氯化亚铁和氯化铁；硫酸亚铁和硫酸铁。

3. 为什么在碱性介质中 Cl_2 可把 Co(Ⅱ)氧化为 Co(Ⅲ)，而在酸性介质中 Co(Ⅲ)又能把 Cl^- 氧化为 Cl_2？

4. 怎样鉴定 Fe^{2+}、Fe^{3+}、Co^{2+}、Ni^{2+}？

实验 24　铜、银、锌、镉、汞

【预习】

预习铜分族、锌分族元素化合物的性质。

【实验目的】

1. 了解铜、银、锌、镉、汞氧化物和氢氧化物的性质。
2. 了解铜、银、汞化合物的氧化还原性。
3. 了解铜、银、锌、镉、汞常见的配合物。
4. 学习铜、银、锌、镉、汞离子的鉴定方法。

CuI 的生成
HgI_2 的配位
$HgNH_2Cl$ 的生成
HgO 的沉淀
银镜反应

【实验提要】

铜、银是周期系中第 11（ⅠB）族元素；锌、镉、汞是第 12（ⅡB）族元素。将碱加到 Cu^{2+}、Ag^+、Zn^{2+}、Cd^{2+} 的盐中，可得到相应的氢氧化物或氧化物。

$Cu(OH)_2$（浅蓝色）呈两性偏碱性；$Zn(OH)_2$（白色）呈两性；$Cd(OH)_2$（白色）呈碱性。$Cu(OH)_2$ 受热易分解为 CuO（黑色）。$AgOH$ 极不稳定，常温下就迅速分解成褐色 Ag_2O。Hg^{2+} 盐溶液中加碱后，得到的是黄色 HgO，它呈碱性。Hg_2^{2+} 盐溶液中加碱后，得到的是 HgO 和 Hg 的混合物。

Cu^{2+} 具有较弱的氧化性，遇到较强的还原剂（如 KI）与 Cu(Ⅰ) 形成沉淀或配合物，发生氧化还原反应。例如

$$2Cu^{2+} + 4I^- \longrightarrow 2CuI\downarrow + I_2$$

在 Cu^{2+} 溶液中加入过量 NaOH，再加入葡萄糖，则 Cu^{2+} 被还原成红色 Cu_2O

$$2Cu^{2+} + 4OH^- + C_6H_{12}O_6 \xrightarrow{\triangle} Cu_2O\downarrow + 2H_2O + C_6H_{12}O_7$$

Ag(Ⅰ) 具有一定的氧化能力，遇到某些有机物即被还原成 Ag。如 $[Ag(NH_3)_2]^+$ 溶液中，加入葡萄糖或甲醛，即产生银镜

$$2[Ag(NH_3)_2]^+ + C_6H_{12}O_6 + 2OH^- \xrightarrow{\triangle} 2Ag\downarrow + C_6H_{12}O_7 + 4NH_3\uparrow + H_2O$$

从 Hg 元素的电势图

$$E^\ominus/V \quad Hg^{2+} \xrightarrow{+0.92} Hg_2^{2+} \xrightarrow{+0.797} Hg$$
$$\underline{0.851}$$

可以看出，Hg(Ⅰ) 和 Hg(Ⅱ) 都具有一定的氧化性。当把还原剂 $SnCl_2$ 加入到 Hg^{2+} 溶液中时，Hg^{2+} 先被还原成白色 Hg_2Cl_2，后进一步被还原成黑色单质 Hg，该反应可用来鉴定 Hg^{2+}。

Cu^{2+}、Ag^+、Zn^{2+}、Cd^{2+}、Hg^{2+} 都能形成多种配合物。如把过量氨水加到 Cu^{2+}、Ag^+、Zn^{2+}、Cd^{2+} 溶液中，可产生相应的氨合物。而 Hg^{2+} 与 NH_3 作用时，只有大量 NH_4^+ 存在时才能生成氨配合物，没有 NH_4^+ 存在或存在量不大时，生成氨基化物

$$2Hg(NO_3)_2 + 4NH_3 + H_2O \longrightarrow HgO \cdot HgNH_2NO_3（白）\downarrow + 3NH_4NO_3$$
$$HgCl_2 + 2NH_3 \longrightarrow HgNH_2Cl（白）\downarrow + NH_4Cl$$

Hg_2^{2+} 和 Hg^{2+} 与 I^- 作用，分别生成难溶的绿色 Hg_2I_2 和金红色 HgI_2 沉淀，I^- 过量时，发生如下反应

$$Hg_2I_2 + 2I^- \longrightarrow [HgI_4]^{2-} + Hg\downarrow$$
$$HgI_2 + 2I^- \longrightarrow [HgI_4]^{2-}$$

$[HgI_4]^{2-}$ 的碱性溶液就是用以鉴定 NH_3 和 NH_4^+ 的奈斯勒试剂。

Cu^{2+} 与 $K_4[Fe(CN)_6]$ 生成红棕色沉淀，可用来鉴定 Cu^{2+}

$$2Cu^{2+} + [Fe(CN)_6]^{4-} \longrightarrow Cu_2[Fe(CN)_6]\downarrow$$

Zn^{2+} 的鉴定可在很少量 Cu^{2+} 存在下与 $(NH_4)_2[Hg(SCN)_4]$［四硫氰合汞（Ⅱ）酸铵］生成紫色混晶来实现

$$\left.\begin{array}{l}Zn^{2+} + [Hg(SCN)_4]^{2-} \longrightarrow Zn[Hg(SCN)_4]（白色）\\ Cu^{2+} + [Hg(SCN)_4]^{2-} \longrightarrow Cu[Hg(SCN)_4]（棕褐色）\end{array}\right\}（紫色混晶）$$

Zn^{2+} 也可以在强碱性介质中，用二苯硫腙来鉴定。参见附录 11。

Cd^{2+} 与 H_2S 反应生成鲜黄色 CdS 沉淀，可用来鉴定 Cd^{2+}。

铜、银、锌、镉、汞及其化合物性质实验相关演示视频扫描实验二维码观看。

【仪器和药品】

仪器：离心机、离心试管、试管。

药品：常用酸碱。浓度均为 0.1mol·L^{-1} 的 $CuSO_4$、$ZnSO_4$、$CdSO_4$、$AgNO_3$、$Hg(NO_3)_2$、$Hg_2(NO_3)_2$、KI、KSCN、$CoCl_2$、$Na_2S_2O_3$、$SnCl_2$（新配）、$K_4[Fe(CN)_6]$、$(NH_4)_2[Hg(SCN)_4]$ 溶液。Na_2SO_3（0.5mol·L^{-1}）、H_2S（饱和）、葡萄糖（10%）、二苯硫腙溶液、CCl_4、$CuCl_2$（固体）。

【实验内容】

1. 铜、银、锌、镉、汞的氢氧化物或氧化物的生成和性质

分别取 5 滴 0.1mol·L^{-1} 的 $CuSO_4$、$ZnSO_4$、$CdSO_4$、$AgNO_3$、$Hg(NO_3)_2$、$Hg_2(NO_3)_2$ 溶液于试管中，各滴入 2mol·L^{-1} NaOH，观察沉淀的颜色和状态，再检验它们的酸碱性，并将实验结果填入表 6-3 中。

表 6-3 铜、银、锌、镉、汞氢氧化物或氧化物的生成与性质

物　质 /0.1mol·L^{-1}	加入适量碱使沉淀生成		加入适量碱检验 沉淀物的酸性		加酸检验沉淀物的碱性		氢氧化物 或氧化物 的酸碱性
	现象或颜色	主要产物	现象	主要产物	现象	主要产物	
$CuSO_4$							
$ZuSO_4$							
$CdSO_4$							
$AgNO_3$							
$Hg(NO_3)_2$							
$Hg_2(NO_3)_2$							

2. 铜、银、锌、镉、汞的配合物

(1) 氨合物

① Cu(Ⅱ)、Zn(Ⅱ)、Cd(Ⅱ)、Ag(Ⅰ) 的氨合物　分别取 5 滴 0.1mol·L^{-1} $CuSO_4$、$AgNO_3$、$ZnSO_4$、$CdSO_4$ 溶液，各滴加 2mol·L^{-1} $NH_3·H_2O$，观察沉淀的生成和溶解。再试验沉淀溶解后对酸、碱的稳定性，将实验结果填入表 6-4 中。

② Hg(Ⅰ)、Hg(Ⅱ) 与氨的作用　取两支试管，分别各加入 3 滴 0.1mol·L^{-1} $Hg(NO_3)_2$ 和 $Hg_2(NO_3)_2$ 溶液，再各加入 2mol·L^{-1} $NH_3·H_2O$，观察沉淀的生成，再加入过量 $NH_3·H_2O$，观察沉淀是否溶解，写出反应方程式。

表 6-4 铜、银、锌、镉氨合物的性质

离　子		Cu^{2+}	Ag^+	Zn^{2+}	Cd^{2+}
适量 2mol·L^{-1} $NH_3·H_2O$					
过量 $NH_3·H_2O$	颜色				
	加稀酸				
	加碱				

(2) Hg(Ⅰ)、Hg(Ⅱ) 与碘化钾的作用　取两支试管，各加入 3 滴 0.1mol·L^{-1} $Hg(NO_3)_2$ 和 $Hg_2(NO_3)_2$，再各加入 0.1mol·L^{-1} KI，观察沉淀的颜色，然后各加入过量 KI，观察现象有何变化？写出反应方程式。

(3) Hg(Ⅱ) 与硫氰化钾的作用　取 5 滴 0.1mol·L^{-1} $Hg(NO_3)_2$，逐滴加入 0.1mol·

L^{-1} KSCN 溶液，观察沉淀的生成，继续滴加到沉淀刚好溶解，写出反应方程式。把溶液分成两份，一份加入钴盐观察蓝色 $Co[Hg(SCN)_4]$ 沉淀；另一份加入 1 滴 $0.001mol \cdot L^{-1} CuSO_4$ 并迅速加入锌盐，片刻后生成紫色混晶，这两个反应可以分别鉴定 Co^{2+} 和 Zn^{2+}。

3. 其他化合物

（1）氧化亚铜的生成　取 10 滴 $0.1mol \cdot L^{-1} CuSO_4$ 溶液，逐滴加入 $6mol \cdot L^{-1}$ NaOH 至沉淀刚好溶解。再加入 10 滴 10% 葡萄糖溶液，摇匀、微热，观察现象，写出反应方程式。

（2）氯化亚铜的生成　取少量固体 $CuCl_2$，加入 1mL $0.5mol \cdot L^{-1} Na_2SO_3$ 溶液，搅拌，观察现象。离心分离，弃去溶液，加入 $6mol \cdot L^{-1}$ HCl 数滴，观察现象，写出反应方程式。

（3）碘化亚铜的生成　取 3 滴 $0.1mol \cdot L^{-1} CuSO_4$ 溶液，加入 6 滴 $0.1mol \cdot L^{-1}$ KI 溶液，再逐滴加入 $0.1mol \cdot L^{-1} Na_2S_2O_3$ 溶液至颜色褪去，观察沉淀颜色，写出反应方程式。

（4）银镜反应　向一支盛有 10 滴 $0.1mol \cdot L^{-1} AgNO_3$ 溶液的洁净试管中，滴加 $2mol \cdot L^{-1}$ 氨水至生成沉淀又完全溶解，再加入 10 滴 10% 葡萄糖溶液，在水浴中加热。观察银镜的生成，写出反应方程式。

4. Cu^{2+}、Ag^+、Zn^{2+}、Cd^{2+}、Hg^{2+} 的鉴定

（1）Cu^{2+} 的鉴定　取 2 滴 $0.1mol \cdot L^{-1} CuSO_4$，加入 2 滴 $0.1mol \cdot L^{-1} K_4[Fe(CN)_6]$ 溶液，观察沉淀的生成。

（2）Ag^+ 的鉴定　取 2 滴 $0.1mol \cdot L^{-1} AgNO_3$，加入 2 滴 $2mol \cdot L^{-1}$ HCl，有白色沉淀析出，滴加 $2mol \cdot L^{-1} NH_3 \cdot H_2O$，至沉淀溶解，再滴加 $2mol \cdot L^{-1} HNO_3$ 时，白色沉淀又析出。

（3）Zn^{2+} 的鉴定

① 取 5 滴 $0.1mol \cdot L^{-1} ZnSO_4$，加入 1 滴 $0.001mol \cdot L^{-1} CuSO_4$ 溶液和 2 滴 $0.1mol \cdot L^{-1} (NH_4)_2[Hg(SCN)_4]$ 溶液，观察紫色沉淀的生成。

② 取 2 滴 $0.1mol \cdot L^{-1} ZnSO_4$，加入 5 滴 $6mol \cdot L^{-1}$ NaOH 溶液和 10 滴 CCl_4，再加入 2 滴二苯硫腙溶液，振荡试管，观察水层和 CCl_4 层颜色变化。

（4）Cd^{2+} 的鉴定　在 2 滴 $0.1mol \cdot L^{-1} CdSO_4$ 溶液中加入饱和 H_2S 水溶液，观察沉淀的生成，再加少量 $2mol \cdot L^{-1}$ HCl，观察沉淀是否溶解。

（5）Hg^{2+} 的鉴定　取 3 滴 $0.1mol \cdot L^{-1} Hg(NO_3)_2$ 溶液中，逐滴加入 $0.1mol \cdot L^{-1} SnCl_2$ 溶液，观察沉淀的生成及颜色变化。

5. 自行设计方案

（1）设计一个方案分离 Cu^{2+}、Ag^+、Zn^{2+}、Hg^{2+} 的混合液，并加以鉴定。

（2）三瓶没有标签的试剂瓶，分别盛有 $AgNO_3$、$Hg_2(NO_3)_2$ 和 $Hg(NO_3)_2$，请用最简单的方法，将它们鉴别出来。

【注意事项】

1. 镉及其化合物被人体吸收会引起中毒，轻者引起肠、胃、呼吸道等炎症；重者引起全身痛、脊椎骨变形等。因此含镉废液应倒入指定的回收瓶里集中处理。

2. 汞有毒且有挥发性，汞蒸气被吸入人体内可引起积累性中毒，因此常把金属汞储存

在水面以下。取用汞时,要用端部弯成弧形的滴管,不能直接倾倒,以免洒落在桌面或地上(下面可放一只搪瓷盘)。未用完的金属汞应倒入回收瓶中,切勿倒入水槽中,若汞不慎洒落,要仔细用滴管收集,并在洒落处撒一些硫黄粉,使残余的汞与硫反应,生成不易挥发的硫化汞。

3. $Cu(OH)_2$ 不溶于 $2mol·L^{-1}$ NaOH 溶液,但可溶于 $6mol·L^{-1}$ NaOH,检验 $Cu(OH)_2$ 的酸碱性时,为了让现象明显,$Cu(OH)_2$ 的取量尽可能少些。

4. $CuSO_4$ 与 KI 反应的产物有 CuI 和 I_2,I_3^- 的颜色遮盖了 CuI 的颜色,可加入适量 $Na_2S_2O_3$ 除去 I_2,以便观察 CuI 的颜色,但 $Na_2S_2O_3$ 不得过量,否则会使 CuI 溶解。

$$CuI + 2S_2O_3^{2-} \longrightarrow [Cu(S_2O_3)_2]^{3-} + I^-$$

5. 要使"银镜反应"成功,一定要用干净的试管,且要用水浴加热,加热时不要摇动试管。反应生成的银氨配离子久置会析出易爆炸的氮化银 Ag_3N。因此,实验后的溶液用少量 HCl 处理后,倒入回收瓶中,残留在试管壁上的银镜,可用硝酸溶液洗去。

【思考题】

1. 检验 Cu^{2+}、Ag^+、Zn^{2+}、Cd^{2+}、Hg^{2+} 的氢氧化物或氧化物的酸碱性应选用什么酸?
2. 为什么硫酸铜溶液中加入 KI 时,生成碘化亚铜?如加过量 KCl,产物应该是什么?
3. 能否用 NaOH 来分离混合的 Zn^{2+}、Cu^{2+}?为什么?
4. 当溶液中 Cu^{2+} 浓度很低时(肉眼看不见蓝色)加什么试剂可使它显蓝色?
5. 什么是银镜反应?它利用了银的什么性质?

第 7 章
综合性实验

实验 25　不同形貌 CdS 的制备与性质

【预习】

1. 硫代硫酸盐的性质。
2. 水热反应的特性。

【实验目的】

1. 了解并掌握水热合成的操作方法。
2. 学习 X-射线衍射、扫描和透射电子显微表征技术。
3. 初步培养学生综合应用所学知识进行科学研究的能力。

【实验原理】

有着 2.45eV 禁带的 CdS，是一种良好的窗口层和过渡层材料，广泛应用于光伏电池、光敏器件、传感器的组装等。高纯度 CdS 是良好的半导体，对可见光有强烈的光电效应，可用于制光电管、太阳能电池，尤其是近年来作为光敏剂广泛应用在光催化制氢和 CO_2 活化研究。鉴于 CdS 的形貌对其性能有着特别的影响，本实验学习水热法制备纳米簇和纳米棒的过程以及它们的表征方法。制备原理按下列反应式实施：

$$CdCl_2 + Na_2S_2O_3 + H_2O \longrightarrow CdS + 2HCl + Na_2SO_4$$

光照下，CdS 与钴配离子 $[Co(bpy)_2]^{2+}$ 混合，具有协同光催化分解抗坏血酸并产 H_2 的性质。

【仪器、药品和材料】

仪器：烧杯、量筒、磁力搅拌器、样品管、试管、布氏漏斗、吸滤瓶、分析天平、烘箱、不锈钢反应釜、聚四氟乙烯衬套、LED 灯（$\lambda=469$nm）光照箱、光学显微镜、X-射线衍射仪、扫描电子显微镜（SEM）、透射电子显微镜（TEM）、超声清洗仪、微量注射器、气相色谱仪。

药品：$CdCl_2$（固，AR）、$Na_2S_2O_3$（固，AR）、KH_2PO_4（固，AR）、抗坏血酸（H_2A）、$[(bpy)_2Co(NO_3)]NO_3$ 等。

材料：滤纸、载玻片、橡皮塞。

【实验内容】

1. CdS 纳米簇的制备

把 1.1g（0.006mol）的 $CdCl_2$ 溶解在 35mL 蒸馏水中，在搅拌条件下加入 0.006mol 的硫代硫酸钠，并继续搅拌 1h。然后，将此混合溶液装入 50mL 的聚四氟乙烯的衬套里。接下来，将此衬套放入不锈钢反应釜中，并将反应釜放入烘箱升温至 100℃，保持 6h 进行水热反应。反应结束后取出反应釜，自然冷却至室温，衬套里出现黄色晶体。过滤，蒸馏水和乙醇洗涤几次得到黄色产物。取微量 CdS 于载玻片上，于光学显微镜下观察颗粒形貌，以备调整制备温度。把黄色产物在烘箱里 80℃ 下烘烤 3h，取出、冷却、装入样品管以备表征。

2. CdS 纳米棒的制备

重复实验内容 1 中的搅拌操作，将装有混合液的反应釜放入烘箱升温至 160℃，保持 8h。反应结束后取出，重复实验内容 1 的操作，将得到的样品装入样品管以备表征。

3. CdS 的形貌表征

利用 X-射线衍射仪测定 CdS 的晶体结构，判断晶体结构类型。采用扫描电子显微镜（SEM）观测不同制备条件所得 CdS 纳米团聚体的微观形貌，结果见图 7-1。通过透射电子显微镜（TEM）分析 CdS 晶粒尺度与形貌。对比表征结果分析制备条件对 CdS 形貌的影响。

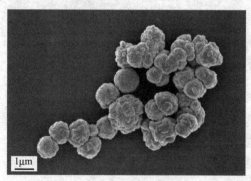 

(a) 纳米簇　　　　　　　　　　　　　　　　(b) 纳米棒

图 7-1　CdS 纳米团聚体的 SEM 图

选择不同反应温度，根据表征结果，探讨温度变化对 CdS 的形貌的影响。分析晶体生长的机理。

4. 光催化性质

将所制 CdS 超声分散于蒸馏水中，制成 $0.135mg·mL^{-1}$ CdS 悬浮液 CdS NRs。取 $0.135mg·mL^{-1}$ CdS NRs 于试管中，再加入 $0.10mol·L^{-1}$ H_2A 和 $1.0×10^{-4}mol·L^{-1}$ $[(bpy)_2Co(NO_3)]NO_3$ 溶液，用 KH_2PO_4 溶液调节其 pH 为 4.0，并用橡皮塞密封试管口。把试管置于 LED 灯（$\lambda=469nm$）光照箱中光照 1h，期间观察 H_2 气泡的产生。可用微量注

射器抽取试管中的气体,用气相色谱仪检测 H_2 的量。

【数据记录与结果处理】

  水热反应温度_____℃,反应时间_____h,样品颜色与状态_____,晶体_____(有或没有)形成,晶体微观形貌_____状,晶体尺度_____nm。

  光照过程中_____(可以或不能)观察到气泡产生。

【注意事项】

  1. 反应釜放入烘箱升温至高于 100℃ 后属于高压反应,放入前应确保盖子拧紧。

  2. 打开反应釜前应确保温度降低至室温,以防烫伤。

  3. 设计温度对 CdS 的形貌影响的实验时,应充分考虑聚四氟乙烯衬套的耐温和变形问题。

  4. 催化剂 $[(bpy)_2Co(NO_3)]NO_3$ 也可以自制。把 10mL 含有 0.291g $Co(NO_3)_2 \cdot 6H_2O$ 甲醇溶液,加入含有 0.312g 的 2,2′-联吡啶的 10mL 甲醇溶液的烧杯中搅拌。通风橱内蒸发浓缩析出玫瑰红晶体。

【思考题】

  1. 该实验的过程与方法对学生将来的工作有哪些启示?

  2. 无机物质的合成有哪些方法?表征手段还有哪些?

实验 26　纳米 TiO_2 的制备和表征

【预习】

  1. 钛元素化合物的性质和 TiO_2 光催化作用原理。

  2. 晶粒尺寸计算方法——谢乐(Scherrer)公式。

【实验目的】

  1. 学习溶胶-凝胶制备方法。

  2. 了解固体在高温下晶化、相变及其晶体结构的测定方法。

  3. 初步培养学生参照文献进行数据分析的能力。

【实验原理】

  TiO_2 有锐钛矿、板钛矿和金红石三种晶型。金红石型 TiO_2 广泛用作涂料、造纸、化妆品等工业。锐钛矿型纳米 TiO_2 具有良好的光催化作用被广泛研究,其光催化作用源于其光照后产生的电子-空穴对。电子-空穴对能够在纳米颗粒表面产生强氧化性的物质,例如氢氧自由基。这些物质可以氧化废水中的有机污染物,用于污水处理。

  纳米 TiO_2 的合成方法很多,溶胶-凝胶法是其中之一。用含钛的小分子化合物,例如,钛酸丁酯 $[Ti(OC_4H_9)_4]$,在溶液中缓慢水解,再缩合,先形成粒径小于 100nm 且具有流动性的溶胶,继续缩合形成凝胶,反应为

$$Ti(OC_4H_9)_4 + 4H_2O \xrightarrow[C_2H_5OH]{H^+} Ti(OH)_4 + 4C_4H_9OH$$

$$n\text{Ti(OH)}_4 \longrightarrow n\text{TiO}_2 \cdot 2n\text{H}_2\text{O}$$

形成的凝胶一般为非晶体。在高温下保温（也称为煅烧），可使凝胶晶化。煅烧温度600℃以内，形成锐钛矿型TiO_2，700℃以上形成金红石型TiO_2。煅烧的温度越高，晶化时间越短。

晶体的结构用X-射线粉末衍射（XRD）仪，在2θ角为10°～80°范围内测定。得到的结果一般是衍射强度-2θ图。把测定图与标准数据图进行对照，即可确定TiO_2的晶体结构。锐钛矿型TiO_2三个典型衍射峰的2θ分别为：25.34°、38.61°和55.14°；金红石型的分别为：27.44°、36.08°和54.32°。可以根据衍射峰的半高宽度，基于谢乐公式计算出晶体粒径的大小。

在合成过程中，加入添加剂，可以改变凝胶化时间，进而影响粉体颗粒的外观形貌和尺寸。例如在溶液中加入平均分子量为6000的聚乙二醇，可制备出球状颗粒粉体（图7-2）。微球直径约几微米，由约50nm的TiO_2晶粒聚集而成。由此可见，颗粒尺寸与晶粒尺寸概念不同。

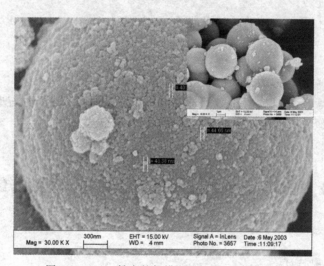

图7-2 TiO_2粉末的扫描电子显微（SEM）图

【仪器、药品和材料】

仪器：烧杯、台秤、磁力搅拌器、烘箱、马弗炉、坩埚、X-射线粉末衍射（XRD）仪、扫描电子显微镜（SEM）。

药品：HCl（2mol·L^{-1}）、钛酸丁酯、无水乙醇、聚乙二醇6000（PEO）。

材料：滤纸。

【实验内容】

1. 纳米TiO_2的合成

（1）把0.5g PEO溶解在20mL无水乙醇中形成混合溶液。再将2g钛酸丁酯缓慢加入此混合溶液，滴入5滴2mol·L^{-1} HCl，40℃下磁力搅拌30min形成透明溶液，用滤纸盖住烧杯，室温放置数天待溶液缓慢反应生成凝胶。

（2）把上述凝胶于烘箱中80℃下烘干，得到白色固体。把固体转入坩埚中，在450～800℃煅烧2～5h，得到白色粉末。

2. 纳米 TiO_2 的表征与分析

测量不同煅烧温度和时间下所得粉体的 XRD 图谱，与标准图谱对比，确定样品晶体结构类型。自行查阅谢乐公式，根据衍射峰半高宽，计算晶粒尺寸，分析晶粒尺寸随煅烧温度的变化。根据 SEM 图观察粉体颗粒微观形貌，研究煅烧温度和时间对粉体晶体结构、晶粒尺寸和晶粒聚集颗粒尺寸和形貌的影响。

【数据记录与结果处理】

煅烧温度_____℃，煅烧时间_____h，样品颜色与状态_____，晶体类型_____型，聚集颗粒尺寸_____μm，形貌为_____状，晶粒尺寸_____nm。

【注意事项】

1. 该实验分组进行，经过讨论后确定每个同学用一个实验条件进行实验，最后全组同学的实验结果进行比较。
2. 该实验可以在开放性实验的时间进行。

【思考题】

1. 加入水溶性聚乙二醇为什么形成微球粒状粉体？
2. 在 750℃ 下煅烧 $TiO_2 \cdot xH_2O$ 后冷却到室温，晶体能否由金红石型转变为锐钛矿型？为什么？如果要转变成锐钛矿型应采取什么措施？

实验 27　三草酸合铁（Ⅲ）酸钾的制备、性质及组成测定

【预习】

1. 配合物的一般特征。
2. 电导率仪的使用。

【实验目的】

1. 学习一种配合物的制备方法。
2. 了解电导率法测定物质离子类型的原理和方法。
3. 掌握恒重法测定物质结晶水含量的原理和方法。
4. 进一步熟练基础化学实验的一些基本操作，培养综合实验的能力。

【实验原理】

三草酸合铁（Ⅲ）酸钾是制备负载型活性铁催化剂的主要原料。$K_3[Fe(C_2O_4)_3] \cdot 3H_2O$ 为翠绿色单斜晶体，在 100g 水中的溶解度为 4.7g，110℃ 失去结晶水，230℃ 开始分解，难溶于醇、醚、酮等有机溶剂。该配合物具有光敏活性，在紫外线的作用下，一个配离子吸收一个光量子后，成为一个活化配离子（激发态），激发态进一步发生电子转移，结果使中心离子 Fe^{3+} 转变为 Fe^{2+}，$C_2O_4^{2-}$ 被氧化为 CO_2，光化学反应过程为

$$2[Fe(C_2O_4)_3]^{3-} \xrightarrow{h\nu} 2[Fe(C_2O_4)_3]^{3-*} \longrightarrow 2FeC_2O_4 + 2CO_2 + 3C_2O_4^{2-}$$

本实验以硫酸亚铁铵为原料,通过沉淀反应、氧化还原反应、配位反应等多步转化,最后制得三草酸合铁(Ⅲ)酸钾配合物。主要反应式为

$$(NH_4)_2Fe(SO_4)_2 \cdot 6H_2O + H_2C_2O_4 \longrightarrow FeC_2O_4 \cdot 2H_2O \downarrow + (NH_4)_2SO_4 + H_2SO_4 + 4H_2O$$

$$6FeC_2O_4 \cdot 2H_2O + 3H_2O_2 + 6K_2C_2O_4 \longrightarrow 4K_3[Fe(C_2O_4)_3] + 2Fe(OH)_3 \downarrow + 12H_2O$$

$$2Fe(OH)_3 + 3H_2C_2O_4 + 3K_2C_2O_4 \longrightarrow 2K_3[Fe(C_2O_4)_3] + 6H_2O$$

将溶液蒸发浓缩冷却后,即析出 $K_3[Fe(C_2O_4)_3] \cdot 3H_2O$ 晶体。

配合物的离子类型可用电导率法来确定。电解质溶液的电导率 κ 随溶液中离子数目的不同而变化,即随溶液浓度的不同而变化。通常用摩尔电导率 Λ_m 来衡量电解质溶液的导电能力。摩尔电导率与电导率之间关系为

$$\Lambda_m = \frac{\kappa}{c} \times 10^{-3}$$

式中,κ 为溶液的电导率,$S \cdot m^{-1}$;c 为电解质溶液的物质的量浓度,$mol \cdot L^{-1}$;Λ_m 为含有 1mol 电解质溶液的导电能力,$S \cdot m^2 \cdot mol^{-1}$。

如果测得一系列已知离子数物质的摩尔电导率,并和被测配合物的摩尔电导率相比较,即可求得该配合物的离子总数,进而可确定该配合物的离子类型。表 7-1 列出了在 25℃ 时,各种类型的离子化合物在稀度(浓度的倒数)为 1024 时的摩尔电导率(以 Λ_{1024} 表示)的范围。

表 7-1 化合物类型与摩尔电导率 (25℃)

化合物类型	MA 型	M_2A 型、MA_2 型	M_3A 型	M_4A 型、MA_4 型
$\Lambda_{1024}(\times 10^{-4})/S \cdot m^2 \cdot mol^{-1}$	118~131	235~273	408~442	523~553

配合物的组成可通过化学分析方法确定。其中结晶水的含量可用重量法测得,$C_2O_4^{2-}$ 的含量可直接用 $KMnO_4$ 标准溶液在酸性介质中滴定测得,Fe^{3+} 的含量则可先用过量锌粉将其还原为 Fe^{2+},过滤后用 $KMnO_4$ 标准溶液滴定。反应式为

$$5C_2O_4^{2-} + 2MnO_4^- + 16H^+ \longrightarrow 10CO_2 \uparrow + 2Mn^{2+} + 8H_2O$$

$$5Fe^{2+} + MnO_4^- + 8H^+ \longrightarrow 5Fe^{3+} + Mn^{2+} + 4H_2O$$

【仪器、药品和材料】

仪器:电导率仪、分析天平、台秤、高压汞灯(250W)、酸式滴定管(50mL)、锥形瓶(250mL)、移液管(25mL)、容量瓶(100mL)、称量瓶(ϕ2.5cm×4.0cm)、干燥器、烧杯[100mL,50mL(干燥)]、量筒(10mL,50mL)、酒精灯、温度计、抽滤瓶、布氏漏斗、短颈漏斗、表面皿、试管、三角架、石棉网、电热板。

药品:常用酸碱。浓度均为 $0.1mol \cdot L^{-1}$ 的 KSCN、$FeCl_3$、$CaCl_2$、$BaCl_2$ 溶液。$K_3[Fe(CN)_6]$($0.5mol \cdot L^{-1}$)、$H_2C_2O_4$(饱和)、$K_2C_2O_4$(饱和)、3% H_2O_2、$(NH_4)_2Fe(SO_4)_2 \cdot 6H_2O$(固)、锌粉、四苯硼酸钠(饱和)、$KMnO_4$($0.02mol \cdot L^{-1}$、标准溶液)。

材料:pH 试纸、滤纸。

【实验内容】

1. 三草酸合铁（Ⅲ）酸钾的制备

(1) 沉淀　在 100mL 小烧杯中加入 5.0g 自制的 $Fe(SO_4)_2 \cdot (NH_4)_2 \cdot 6H_2O$ 固体（实验 8 留存）、15mL 蒸馏水和数滴 $2mol \cdot L^{-1} H_2SO_4$（起什么作用？）。加热溶解后，再加入 25mL 饱和 $H_2C_2O_4$ 溶液，加热至沸腾，同时不断搅拌以免暴沸，片刻，证实沉淀反应基本完成后（如何证实？），停止加热，将溶液静置。待黄色沉淀（$FeC_2O_4 \cdot 2H_2O$）沉降后，以倾析法弃去上层清液，用少量蒸馏水加热洗涤沉淀 2～3 次。洗净的标准是洗涤液中检验不到 SO_4^{2-}（如何检验 SO_4^{2-}？如何消除 $C_2O_4^{2-}$ 的干扰？）。

(2) 氧化　在上述沉淀中加入 13mL 饱和 $K_2C_2O_4$ 溶液，再在充分搅拌下，分 4～5 次加入 20mL 3% H_2O_2 溶液，每次间隔约 1min，H_2O_2 溶液全部加完后沉淀转化为红棕色（何物？），证实 Fe^{2+} 已被氧化完全后（如何检验溶液中是否还有 Fe^{2+} 存在？如仍有 Fe^{2+} 存在，如何处理？），将溶液加热至沸（起什么作用？）。

(3) 配位　保持溶液近沸，分两次加入饱和 $H_2C_2O_4$ 溶液 8mL（第一次加 5mL，第二次加 3mL），期间注意观察溶液颜色的变化，溶液由红棕色变为透明翠绿色，小火蒸发浓缩至溶液体积为 25mL 左右，停止加热。

(4) 结晶　将浓缩的溶液静置冷却，观察结晶的析出。待溶液冷却至室温后，减压抽滤。称量，计算产率。将产物转入已编号的称量瓶中，放入干燥器内避光保存。

2. 配合物的性质

(1) 配合物离子类型的测定（电导率法）

① 配制稀度 ($1/c$) 为 256 的产物溶液，用 100mL 容量瓶定容。自行计算所需称取产物的量（称准至 0.1mg）。

② 用移液管移取稀度为 256 的产物溶液 25mL 于 100mL 容量瓶中，稀释至刻度，摇匀。即得稀度为 1024 的产物溶液。

③ 测定溶液的电导率　将稀度为 1024 的产物溶液倒入洁净、干燥的小烧杯中，用电导率仪测定溶液的电导率 κ、计算摩尔电导率 Λ_{1024}，对比表 7-1 判断所制配合物的离子类型。

(2) 配合物内外界离子的鉴定　称取 1g 产物溶于 10mL 蒸馏水中，配成产物的饱和溶液。

① 鉴定 K^+　取少量饱和 $K_2C_2O_4$ 溶液和产物的饱和溶液于两支试管中，分别加入几滴饱和四苯硼酸钠溶液，充分摇匀，观察有无白色沉淀产生以及沉淀量是否相同。

② 鉴定 Fe^{3+}　取少量 $0.1mol \cdot L^{-1} FeCl_3$ 溶液和产物的饱和溶液于两支试管中，分别加入 $0.1mol \cdot L^{-1}$ KSCN 溶液 1 滴，观察现象有何不同？在盛有产物溶液的试管中加入 $3mol \cdot L^{-1} H_2SO_4$ 溶液 2 滴，溶液的颜色有何变化？解释实验现象。

③ 鉴定 $C_2O_4^{2-}$　取少量饱和 $K_2C_2O_4$ 溶液和产物的饱和溶液于两支试管中，分别加入 2 滴 $0.1mol \cdot L^{-1} CaCl_2$ 溶液，观察现象有何不同？放置一段时间后又有何变化？解释实验现象。综合以上实验现象，确定所制得的配合物中哪种离子在内界？哪种离子在外界？将实验结果记录在表 7-2 中。

(3) 配合物的光化学活性试验

① 在表面皿或点滴板上放少许三草酸合铁(Ⅲ)酸钾晶体，置于汞灯光源或日光下一段时间，观察晶体颜色变化，与放暗处的晶体比较。

② 取 0.5mL 产物的饱和溶液与等体积的 0.5mol·L^{-1} 的 $K_3[Fe(CN)_6]$ 溶液混合均匀。用玻璃棒蘸此混合液在滤纸上写字或画一些几何图形，置于汞灯光源下曝光 15min，若无汞灯光源，置阳光下直晒亦可，不过时间略长，观察纸上的图像并解释。

3. 配合物组成的分析

(1) 结晶水含量的测定

① 洗净两个 ϕ2.5cm×4.0cm 的称量瓶，放入烘箱中，在 110℃ 下干燥 1h，置于干燥器中冷却至室温，称量。重复上述干燥（0.5h）—冷却—称量等操作至恒重（两次称量相差不超过 0.3mg）。

② 准确称取 0.9～1.0g 晾干的产物两份（称准至 0.1mg），分别放入上述两个已恒重的称量瓶中。半开称量瓶盖，放入烘箱中，在 110℃ 下干燥 1h，置于干燥器中冷却至室温，称量。重复上述干燥（0.5h）—冷却—称量等操作至恒重。根据称量结果，计算每克无水配合物所对应结晶水的质量分数 $w(H_2O)$。

$$w(H_2O) = \frac{m(H_2O)}{m(无水物)} = \frac{m(产物) - m(无水物)}{m(无水物)}$$

将实验结果记录在表 7-3 中。

(2) $C_2O_4^{2-}$ 含量的测定　准确称取 0.15～0.20g 无水产物两份（称准至 0.1mg），置于锥形瓶中，加入 50mL 蒸馏水和 10mL 3mol·L^{-1} H_2SO_4 溶液，微热溶解。

在锥形瓶中先用滴定管滴加约 10mL 0.02mol·L^{-1} $KMnO_4$ 标准溶液（是否需要计入读数？），在电热板上加热至 70～80℃（冒较多水蒸气，锥形瓶壁上有回流），趁热再继续用 $KMnO_4$ 标准溶液滴定，开始滴定时要慢并摇动均匀，待紫红色褪去后再滴加第二滴，整个滴定过程保持温度不低于 60℃，滴定至溶液呈粉红色并在 30s 内不褪色。记录 $KMnO_4$ 标准溶液的用量 V_1。计算每克无水配合物所含 $C_2O_4^{2-}$ 的质量分数 $w(C_2O_4^{2-})$。滴定反应式为

$$5C_2O_4^{2-} + 2MnO_4^- + 16H^+ \longrightarrow 10CO_2 + 2Mn^{2+} + 8H_2O$$

$$w(C_2O_4^{2-}) = \frac{\frac{5}{2} c(KMnO_4) V_1(KMnO_4) M(C_2O_4^{2-})}{m(无水物) \times 1000}$$

保留滴定后的溶液，用作 Fe^{3+} 的测定。

(3) Fe^{3+} 含量的测定　将上述滴定后的溶液加热近沸，加入半药匙锌粉，直至溶液的黄色消失（如何解释？）。用短颈漏斗趁热将溶液过滤于另一锥形瓶中，用 5mL 蒸馏水通过漏斗洗涤残渣一次，洗涤液与滤液合并收集于同一锥形瓶中。用 $KMnO_4$ 标准溶液滴定至溶液呈粉红色并在 30s 内不褪色。记录 $KMnO_4$ 标准溶液的用量 V_2。计算每克无水配合物所含 Fe^{3+} 的质量分数 $w(Fe^{3+})$。滴定反应式为

$$5Fe^{2+} + MnO_4^- + 8H^+ \longrightarrow 5Fe^{3+} + Mn^{2+} + 4H_2O$$

$$w(Fe^{3+}) = \frac{5 c(KMnO_4) V_2(KMnO_4) M(Fe^{3+})}{m(无水物) \times 1000}$$

用另一份样品重复上述测定。将实验结果记录在表 7-4 中。

4. 产物化学式的确定

由实验所测得的 $w(H_2O)$、$w(C_2O_4^{2-})$ 和 $w(Fe^{3+})$ 值，可计算每克无水产物所含 K^+

的质量分数 $w(K^+)$。据此，可计算配合物中各组分的物质的量之比 $[n(K^+) : n(Fe^{3+}) : n(C_2O_4^{2-}) : n(H_2O)]$。

再结合配合物的离子类型和配合物的内外界，即可确定配合物的化学式。

【数据记录与结果处理】

室温_____℃；硫酸亚铁铵的质量_____g；三草酸合铁（Ⅲ）酸钾的理论产量_____g；三草酸合铁（Ⅲ）酸钾的实际产量_____g；产率_____。

电导电极常数值_____cm^{-1}；配合物溶液的电导率 $\kappa = $ _____$S \cdot m^{-1}$；配合物溶液的摩尔电导率 $\Lambda_{1024} = $ _____$S \cdot m^2 \cdot mol^{-1}$；配合物的离子类型_____。

表 7-2　配合物内外界离子的鉴定

待检离子	检验方法	现象（产物溶液）
K^+	加饱和四苯硼酸钠溶液	
Fe^{3+}	加 KSCN 溶液；加 H_2SO_4 溶液	
$C_2O_4^{2-}$	加 $CaCl_2$ 溶液；放置	

配合物的外界离子_____，配合物的内界离子_____。

表 7-3　结晶水含量的测定

项目		Ⅰ	Ⅱ
m(称量瓶)/g			
m(称量瓶＋产物)/g			
m(产物)/g			
m(称量瓶＋无水物)/g			
m(无水物)/g			
$m(H_2O)$/g			
$w(H_2O)$	测定值		
	平均值		

表 7-4　配合物组成的分析

项目		Ⅰ	Ⅱ
m(无水物)/g			
$c(KMnO_4)/mol \cdot L^{-1}$			
$V_1(KMnO_4)/mL$			
$w(C_2O_4^{2-})$	测定值		
	平均值		
$V_2(KMnO_4)/mL$			
$w(Fe^{3+})$	测定值		
	平均值		

每克无水配合物所含 K^+ 的质量分数 $w(K^+) = $ _____；

配合物中各组分的物质的量之比：_____；

配合物的化学式：_____。

【注意事项】

1. 本实验需 3 次 12 学时完成。第一次进行制备；第二次进行配合物性质与结晶水含量测定（先做）；第三次进行 $C_2O_4^{2-}$ 和 Fe^{3+} 含量的联合滴定。

2. 第一次加入饱和 $H_2C_2O_4$ 时要注意搅拌，防止暴沸。加 3% H_2O_2 时，要在室温且搅拌下分 4～5 次加完。每次间隔约 1min 确保无气泡冒出时再加入下一次，直到全部加完。

H_2O_2 被加入太快或太慢都可能使草酸亚铁氧化不完全。

3. 在实验内容 1（3）配位步骤，如果溶液转为翠绿色后烧杯底部还有黄色沉淀，可趁热过滤，滤液转入另一 100mL 小烧杯中，进行后续浓缩结晶步骤。

4. $KMnO_4$ 滴定 $C_2O_4^{2-}$ 时，溶液的温度不能超过 90℃，否则部分 $H_2C_2O_4$ 会分解

$$H_2C_2O_4 \longrightarrow CO_2\uparrow + CO\uparrow + H_2O$$

但滴定结束时的温度也不能低于 60℃。即使在 70~80℃ 的温度下，滴定反应的速率仍然很慢，$KMnO_4$ 溶液必须逐滴加入（第一滴加入后，要摇匀溶液，当紫红色褪去后再滴入第二滴）。否则，加入的 $KMnO_4$ 溶液来不及与 $C_2O_4^{2-}$ 反应，在热的酸性溶液中会发生分解

$$4MnO_4^- + 12H^+ \longrightarrow 4Mn^{2+} + 5O_2\uparrow + 6H_2O$$

5. 锌粉除与 Fe^{3+} 反应外，也与溶液中 H^+ 反应，所以加入的锌粉需过量，同时溶液必须保持足够的酸度，以免 Fe^{3+}、Fe^{2+}、Zn^{2+} 等水解而析出。

【思考题】

1. 影响三草酸合铁（Ⅲ）酸钾产量的主要因素有哪些？应根据哪种试剂的量计算产率？
2. 如何提高产率？能否用蒸干溶液的办法来提高产率？
3. 在 $K_3[Fe(C_2O_4)_3]$ 溶液中存在如下平衡，试讨论溶液 pH 对上述平衡及产品质量的影响。

$$[Fe(C_2O_4)_3]^{3-} \longrightarrow Fe^{3+} + 3C_2O_4^{2-}$$
$$+ \qquad +$$
$$OH^- \qquad 3H^+$$
$$\updownarrow \qquad \updownarrow$$
$$[Fe(OH)]^{2+} \quad 3HC_2O_4^-$$

$$K_{不稳}^{\ominus} = \frac{[Fe^{3+}][C_2O_4^{2-}]^3}{[Fe(C_2O_4)_3^{3-}]} = 5 \times 10^{-21}$$

实验 28　柠檬酸钙配合物的合成、表征及柠檬酸根离子极限摩尔电导率的测定

【预习】

1. 配位化合物的一般特性。
2. 电导率仪的使用方法。

【实验目的】

1. 学会用无机物与有机羧酸在水溶液中配位反应制备纯净的配位化合物。
2. 分析并理解反应物化学计量比的不同对产物组成的影响。
3. 学会利用光谱分析手段，判断化合物的基本结构。
4. 学会电感耦合等离子体原子发射光谱（ICP-AES）法测定金属元素含量的方法。

【实验原理】

柠檬酸钙是一种比碳酸钙更好的食品钙强化剂，具有钙质吸收率高、肠胃刺激小、可以促进锌等微量元素吸收等优点。柠檬酸钙可通过柠檬酸与钙盐或氢氧化钙反应获得。

柠檬酸（$H_3C_6H_5O_7$，H_3cit）的结构式如图 7-3 所示。其一、二、三级电离方程式如下：

$$H_3cit \longrightarrow H_2cit^- + H^+ \quad pK_{a1}^\ominus = 3.13$$
$$H_2cit^- \longrightarrow Hcit^{2-} + H^+ \quad pK_{a2}^\ominus = 4.76$$
$$Hcit^{2-} \longrightarrow cit^{3-} + H^+ \quad pK_{a3}^\ominus = 6.40$$

从电离常数来看，柠檬酸酸性较强。其电离后的主要存在形式与溶液 pH 有关（图 7-4）。

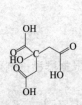

图 7-3 柠檬酸结构示意图

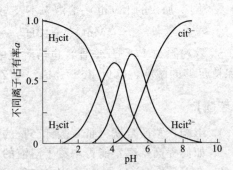

图 7-4 柠檬酸电离后主要存在形式与 pH 的关系

碳酸钙（$CaCO_3$）俗称大理石或石灰石，呈中性，难溶于水和醇。

柠檬酸水溶液与碳酸钙［或者 $Ca(OH)_2$］在一定物质的量比例的条件下发生反应，生成柠檬酸钙结晶水合物。其化学反应式为

$$3CaCO_3 \text{ 或 } 3Ca(OH)_2 + 2H_3cit \Longrightarrow [cit]_2 Ca_3 \cdot 4H_2O + 3CO_2 \text{ 或 } 3H_2O$$

由于生成的柠檬酸钙难溶于水（0.1g/100mL，25℃），反应后的生成物经水洗、干燥，可得较为纯净的产品。

柠檬酸钙中钙含量用 ICP-AES 测定，测试前，首先需用标准溶液对仪器进行校准。

ICP-AES 常用的标准溶液特性值一般为 $1000\mu g \cdot g^{-1}$ 或者 $500\mu g \cdot g^{-1}$，由国家钢铁材料测试中心或者国家有色金属和电子材料分析测试中心提供。为了防止玻璃容器对金属离子的吸附，标准溶液一般用高密度聚乙烯瓶盛装，并存储于冰箱中，用时稀释到需要浓度后使用。较低浓度的标准溶液应现用现配，并使溶液有一定的酸度。

在 ICP-AES 测试中，要注意标准溶液和待测溶液浓度的匹配。如待测溶液浓度过高，则需要稀释后再测试，使被测溶液在标准的浓度范围内；如待测溶液浓度较低，则应使用低浓度的标准溶液。

溶液电导率一般用 $\kappa(S \cdot m^{-1})$ 来表示，在研究溶液电导率时，把电导率与溶液浓度 $c(mol \cdot L^{-1})$ 的比值称为摩尔电导率 Λ_m（$S \cdot m^2 \cdot mol^{-1}$）。即

$$\Lambda_m = \frac{\kappa}{c} \times 10^{-3}$$

对于无限稀释的电解质溶液来说，则有

$$\Lambda_\infty = \frac{\kappa}{c'} \times 10^{-3}$$

式中，Λ_∞ 为溶液的极限摩尔电导率，也就是溶液在无限稀释时的摩尔电导率；c' 为无限稀

释时溶液的浓度。

由于柠檬酸钙属于难溶电解质，在水中的溶解度很小，故可将其饱和溶液近似看作无限稀释的溶液，当溶液无限稀释时，离子间的相互作用可以忽略不计，此时电导率具有加和性，即

$$\Lambda_m[Ca_3(cit)_2 \cdot 4H_2O] = 3 \times \Lambda_\infty(Ca^{2+}) + 2 \times \Lambda_\infty(cit^{3-})$$

如果已知 $[Ca_3(cit)_2 \cdot 4H_2O]$ 在一定温度下的溶解度（c'）和钙离子的极限摩尔电导率 $\Lambda_\infty(Ca^{2+})$，就可以通过测定柠檬酸钙饱和溶液的电导率来计算出柠檬酸根离子的极限摩尔电导率。

由式 $\Lambda_\infty = \kappa/c'$ 可知

$$\Lambda_\infty[Ca_3(cit)_2 \cdot 4H_2O] = \kappa[Ca_3(cit)_2 \cdot 4H_2O]/c'$$

柠檬酸钙饱和溶液的电导率 $\kappa[Ca_3(cit)_2 \cdot 4H_2O]$ 可通过电导率仪进行测量。由于所测得的柠檬酸钙饱和溶液的电导率实际上包含了水解离出的 H^+ 和 OH^- 的电导率，所以必须再测出水的电导率 $\kappa(H_2O)$。有

$$\Lambda_\infty[Ca_3(cit)_2 \cdot 4H_2O] = \{\kappa[Ca_3(cit)_2 \cdot 4H_2O]\kappa(H_2O)\}/c'$$

根据以上公式，在已知 $\Lambda_\infty(Ca^{2+})$ 和柠檬酸钙的饱和溶液浓度的情况下，测出柠檬酸钙饱和溶液的电导率和水的电导率，就可以计算出柠檬酸根离子的极限摩尔电导率 $[\Lambda_\infty(cit^{3-})]$。

【仪器、药品和材料】

仪器：烧杯、药匙、量筒、表面皿、容量瓶、酒精灯、石棉网、三角架、称量瓶、移液管（25 mL，100 mL）、磁力搅拌仪、布氏漏斗、抽滤瓶、循环水泵、分析天平、电导率仪、烘箱、压片机、压片模具、研钵、红外光谱仪、移液枪、电感耦合等离子体原子发射光谱（ICP-AES）仪。

药品：柠檬酸（$H_3C_6H_5O_7 \cdot H_2O$，固）、$CaCO_3$（固，粉状）、HNO_3（1mol·L^{-1}）、$Ca(OH)_2$（新制）、乙醇、KBr（固，AR）、Ca^{2+}（标准溶液）。

材料：蒸馏水、高纯水、乙醇、滤纸、pH 试纸。

【实验内容】

1. 柠檬酸钙的制备

(1) 称取 2.2065g（10.5mmol）$H_3C_6H_5O_7 \cdot H_2O$ 于 200mL 烧杯中，加入 50mL 蒸馏水，放置于磁力搅拌器上，以 150r·min^{-1} 的转速搅拌 5～10min 使柠檬酸完全溶解。另称取 1.5000g（15.0mmol）$CaCO_3$ 粉末，在搅拌条件下缓慢加到柠檬酸溶液中，加完后继续搅拌 30min。将生成的固体用布氏漏斗抽滤，用 100mL 蒸馏水洗涤产品 3 次后，再用 20mL 乙醇洗涤产品两次，将产品转入表面皿于 60℃烘箱中干燥 1h，称重并计算产率。

(2) 用 3.1521g（15.0 mmol）$H_3C_6H_5O_7 \cdot H_2O$ 替代上述 (1) 中的 2.2065 g 柠檬酸，重复上述实验，待 $CaCO_3$ 粉末全部加完后，用 pH 试纸测量一下溶液 pH，继续搅拌 30min，观察是否能有沉淀生成。如无沉淀生成，分析可能存在的原因，并用化学方程式表示。

2. 柠檬酸钙的红外光谱测定

称取溴化钾约 0.10g 放入干燥的研钵中，加入少量（1～2mg）柠檬酸钙，将两种物质混合后研磨成细粉，取 15mg 左右的粉末于红外压片专用模具中，装好模具进行压

片。取出压好的透明片,置于红外测试样品支架上,在红外光谱仪上进行测试。将所得谱图与柠檬酸标准卡片图进行对比,探讨柠檬酸脱除 H^+ 并与 Ca^{2+} 配位后,红外光谱的变化情况。

3. 柠檬酸钙中钙离子浓度的测定

(1) 系列浓度标准溶液的配制　用移液枪取一定量的 Ca^{2+} 标准溶液,按照需要,再稀释成不同浓度的标准溶液。

(2) 一定浓度柠檬酸钙溶液的配制　用分析天平准确称取 0.9～1.0g(准确到 0.1mg)的柠檬酸钙,转入烧杯中再加入 50mL 稀硝酸使其溶解,于 100mL 的容量瓶定容后待用。

(3) 钙离子浓度的测量　将配制的溶液稀释到所需浓度,利用 ICP-AES 进行测量,记录读数,并重复测试 3 次。

4. 柠檬酸根离子的极限摩尔电导率的测定

(1) 柠檬酸钙饱和溶液的配制　称取干燥后的柠檬酸钙样品 1.60g,于 200mL 的烧杯中用 150mL 高纯水在 50℃下水浴加热搅拌溶解,冷却至室温后,用移液管移取上层清液 100mL 于容量瓶中待用。

(2) 测定高纯水的电导率　先用高纯水洗电极及烧杯(50mL)三次,洗净的烧杯盛一定量的高纯水,在室温下用电导率仪测定其电导率 $\kappa(H_2O)$。

(3) 测定柠檬酸钙饱和溶液的电导率　先用饱和柠檬酸钙溶液润洗电极及烧杯(50mL)三次,洗净的烧杯盛一定量的饱和柠檬酸钙溶液,在室温下用电导率仪测定其电导率 $\kappa[Ca_3(cit)_2 \cdot 4H_2O]$。

【数据记录与结果处理】

柠檬酸钙$[Ca_3(C_6H_5O_7)_2 \cdot 4H_2O]$分子量为_____,质量为_____g,产率为_____;

柠檬酸钙$[Ca_3(C_6H_5O_7)_2 \cdot 4H_2O]$红外光谱的特征峰有_____;

柠檬酸钙$[Ca_3(C_6H_5O_7)_2 \cdot 4H_2O]$中钙离子理论含量为_____,实际测量值为_____,推测柠檬酸钙$[Ca_3(C_6H_5O_7)_2 \cdot 4H_2O]$的纯度为_____。

柠檬酸根离子的极限摩尔电导率测量的相关数据记录于表 7-5 中。

表 7-5　柠檬酸根离子极限摩尔电导率测量结果

项目		I	II	III
$c'/mol \cdot L^{-1}$				
$\Lambda_\infty(Ca^{2+})/S \cdot m^2 \cdot mol^{-1}$				
$\kappa(H_2O)/S \cdot m^{-1}$				
$\kappa[Ca_3(cit)_2 \cdot 4H_2O]/S \cdot m^{-1}$				
$\Lambda_\infty(cit^{3-})$ /S·m²·mol⁻¹	测定值			
	平均值			
	相对平均偏差($\bar{d}$)/%			

【注意事项】

1. 进行柠檬酸与碳酸钙反应时,有 CO_2 气体生成,应防止溶液溢出。
2. 反应生成的柠檬酸钙难溶于水,所以在反应过程中,应该始终保持搅拌。
3. 为了得到较为纯净的样品,洗涤时尽量多次,且干燥样品温度不宜过高。

4. 在配制溶液时，要注意操作，避免沾污样品。

【思考题】

1. 根据柠檬酸钙难溶于水易溶于酸的特点，讨论不同化学计量比的反应物条件下，得到柠檬酸钙配合物的可行性。
2. 在柠檬酸钙制备的过程（1）中，应根据哪个物质来计算柠檬酸钙的产率？为什么？
3. 还可用哪些方法测定柠檬酸钙中的 Ca^{2+} 含量？其中的结晶水数目可用何方法测定？
4. 如果采用氢氧化钙代替碳酸钙为原料，在制备柠檬酸钙过程中需要注意哪些问题？

实验29　溶剂萃取法处理电镀厂含铬废水

【预习】

1. 过渡金属铬元素的性质。
2. 溶剂萃取、反萃取、萃取率、分配比、相比。

【实验目的】

1. 了解石油亚砜萃取电镀厂含铬废水中 Cr（Ⅵ）的过程。
2. 学习和了解液-液萃取实验的操作和过程。
3. 学习铬试纸的使用方法。

【实验原理】

元素铬是最具毒性的污染物之一。含铬废水主要来源于电镀、制革、颜料和冶金等行业。铬元素常见价态主要有 Cr(Ⅲ) 和 Cr(Ⅵ)，其中 Cr(Ⅵ) 毒性更强。石油亚砜对 Cr(Ⅵ) 具有很强的提取能力，可通过溶剂萃取的方式提取。

物质从水溶液（水相，A）转入与其不相溶的有机溶剂（有机相，O）中的传递过程称为溶剂萃取，其中被传递的物质称为被萃取组分。被萃取组分从有机相转入水相的过程称为反萃取。萃取时，有机相的体积与水相的体积之比称为相比（O/A）。

石油亚砜是从含有硫醚（R—S—R'）的石油馏分经氧化、分离、提纯得到，是含有多种不同分子量的亚砜混合物。

$$R-S-R' \xrightarrow{[O]} R-S-R' \quad (R, R'代表烃基)$$
$$\text{（硫醚）} \qquad\qquad \text{（亚砜）}$$

石油亚砜对多种重金属离子有特殊的配位能力，是一类优良的工业萃取剂，可以利用其分离、提取许多重金属离子。利用石油亚砜处理电镀厂含铬废水，可以使危害性较大的含铬废水变废为宝，并消除环境污染。国家对含铬废水规定的排放标准为含 Cr(Ⅵ) $0.5\,\mathrm{mg\cdot L^{-1}}$。

石油亚砜处理含铬废水时，将石油亚砜用白煤油稀释制成有机相（O），含铬废水为水相（A）。当它们混合并在分液漏斗中振荡时，萃取随即发生。静置后两相自动分离，水相中大部分 Cr(Ⅵ) 与石油亚砜作用转入有机相。当萃取达到平衡时，有机相中 Cr(Ⅵ) 和水相中 Cr(Ⅵ) 浓度不再随时间变化。条件不变时，二者之比为定值，称为分配比 D。

$$D = \frac{c(\text{有}, \text{总})}{c(\text{水}, \text{总})}$$

式中，c(有，总)、c(水，总) 分别为 Cr(Ⅵ) 在有机相和水相中的总浓度。

为表征萃取剂的萃取能力或被萃取物质在两相的分配情况，实际工作中，常用萃取率（E）表示。萃取率是指被萃取物进入有机相中的量占萃取前原料液中总量的百分比

$$E = \frac{被萃取物在有机相中的量}{被萃取物在原料液中的总量} \times 100\%$$

含铬废水经石油亚砜处理后，萃入有机相中的 Cr(Ⅵ)，经 $6mol·L^{-1}$ NaOH 溶液反萃取，Cr(Ⅵ) 会从有机相转入水相。此时，碱液中 Cr(Ⅵ) 的浓度大于废水中的浓度，Cr(Ⅵ) 被富集。碱液经酸化并进一步处理，Cr(Ⅵ) 被回收，而石油亚砜也可重复使用。

本实验考虑实验仪器及时间有限，仅作半定量要求。采用 Cr(Ⅵ) 金属铬试纸（测试范围：$0.5 \sim 50mg·L^{-1}$）分析溶液中 Cr(Ⅵ) 含量。

【仪器、药品和材料】

仪器：分液漏斗（125mL，两个）、量筒、烧杯、普通漏斗、漏斗架。

药品：NaOH（$6mol·L^{-1}$）、HCl（$1mol·L^{-1}$，$6mol·L^{-1}$，浓）、含铬废水、石油亚砜溶液（含亚砜硫 $0.4\ mol·L^{-1}$ 的白煤油溶液）。

材料：铬试纸、滤纸。

【实验内容】

(1) 用铬试纸检验含铬废水中的 Cr(Ⅵ) 浓度 A，记入表 7-6 中。

(2) 萃取

① 将两个 125mL 分液漏斗编号为 Ⅰ、Ⅱ。用量筒量取 100mL 含铬废水倒入分液漏斗 Ⅰ 中，再量取 5mL 石油亚砜（即用 $1mol·L^{-1}$ HCl 平衡好的 $0.4mol·L^{-1}$ 石油亚砜溶液），注入分液漏斗 Ⅰ 中，盖好分液漏斗 Ⅰ 的顶盖，振荡分液漏斗 $10 \sim 15min$，使两相溶液充分接触，放置在漏斗架上静置 $10 \sim 15min$，待两相液面清晰，排放下层水相于分液漏斗 Ⅱ 中，同时用铬试纸检验排出水相中的含 Cr（Ⅵ）浓度 B。记入表 7-6 中。

② 再量取 5mL 石油亚砜注入分液漏斗 Ⅱ 中，与第一次从分液漏斗 Ⅰ 中排出的废水接触。盖好顶盖，振荡 $10 \sim 15min$，再静置 $10 \sim 15min$，待两相界面清晰即可进行分离，排出废水放入有标号的 200mL 烧杯中，用铬试纸检验其中 Cr（Ⅵ）的浓度 C，记入表 7-6 中。

(3) 反萃取

取 $6mol·L^{-1}$ NaOH 溶液 5mL 注入分液漏斗 Ⅰ 中，与已萃取过 Cr（Ⅵ）的石油亚砜接触，振荡 $10 \sim 15min$ 进行反萃取，静置至两相界面清晰，分离出反萃取碱液并取出 1mL（碱度近似为 $6mol·L^{-1}$ NaOH），用 $6mol·L^{-1}$ HCl 将此 1mL 反萃取碱液调为 $1mol·L^{-1}$ HCl 的酸度，使之与原来的含铬废水比较颜色的深浅，判断反萃取液中 Cr（Ⅵ）浓度的大小（粗略估计即可，若要准确分析，应用分光光度计）。

(4) 把 Ⅰ、Ⅱ号分液漏斗中的石油亚砜倒入指定回收瓶中。

【数据记录与结果处理】

萃取条件：室温_____℃，相比（O/A）_____，振荡时间_____min，
　　　　　萃取剂石油亚砜在白煤油溶液的浓度_____$mol·L^{-1}$。

反萃取条件：室温_____℃，相比（O/A）_____，振荡时间_____min，
　　　　　　反萃取剂 NaOH 的浓度_____$mol·L^{-1}$。

表 7-6　数据记录与处理

项目	Cr(Ⅵ)的浓度 /mg·L^{-1}	萃取率$(E) = \dfrac{\text{被萃取 Cr(Ⅵ)的量}}{\text{废水中 Cr(Ⅵ)的量}} \times 100\%$ (若水相体积不变,可用浓度代替量)
含铬废水	$A=$	
Ⅰ号分液漏斗第一次萃取排出废水	$B=$	$E(1)\% = \dfrac{A-B}{A} \times 100\%$
Ⅱ号分液漏斗第二次萃取排出废水	$C=$	$E(2)\% = \dfrac{B-C}{A} \times 100\%$

二次总萃取率　　$E(总) = E(1)\% + E(2)\% = \dfrac{A-C}{A} \times 100\%$

【注意事项】

1. 含铬废水。可用 CrO_3 配制含 Cr(Ⅵ) 溶液。因为一般电镀厂含铬废水含其他杂质较少，通常定性检查不出 Cu^{2+}、Ni^{2+}、Fe^{3+}，所以实验可直接用 CrO_3 模拟配制。

2. 石油亚砜溶液（含亚砜硫 $0.4 mol \cdot L^{-1}$ 的白煤油溶液）的配制方法如下：

$$W = \dfrac{MV \times 32.06}{A}$$

式中，W 为石油亚砜的质量，g；M 为需配制的石油亚砜溶液中含亚砜硫的物质的量浓度，$mol \cdot L^{-1}$；V 为需配溶液的体积，L；A 为原石油亚砜溶液中含硫的浓度，%（石油亚砜产品都已标明亚砜硫的浓度）。

如需配 1L $0.40 mol \cdot L^{-1}$ 亚砜硫的白煤油溶液，若原石油亚砜中含亚砜硫为 8.8%，则

$$W/g = \dfrac{0.40 \times 1.000 \times 32.06}{8.8\%} = 145.7$$

即称取 145.7g 原石油亚砜，注入 1L 容量瓶中，用少量白煤油冲洗盛器后转移入容量瓶中，再用白煤油稀释到刻度即成。

已配制好的石油亚砜应用 $1 mol \cdot L^{-1}$ HCl 振荡平衡 2 次（每次用 HCl 量约为石油亚砜溶液的 1/4 左右），最后分离去酸水，石油亚砜溶液即可使用。

3. 铬试纸的使用方法。取试纸一条，浸入欲测溶液中，立即取出，半分钟后与标准色板比较，即可得出 Cr(Ⅵ) 的含量。

4. 回收的石油亚砜可用 $6 mol \cdot L^{-1}$ NaOH 进行反萃取，再经 $1 mol \cdot L^{-1}$ HCl 酸化平衡后，便可重复使用。

【思考题】

1. 通过实验，如何理解萃取和反萃取过程？
2. 比较萃取率 $E(1)$、$E(2)$ 和 $E(总)$ 的数据，有什么体会？
3. 根据萃取、反萃取的相比和萃取率，估算当反萃取率为 90% 时，反萃取液中 Cr(Ⅵ) 的浓度。

实验 30　氰桥配合物 $K[(NC)_5Fe^{Ⅲ}\text{-}\mu\text{-}CN\text{-}Cu^{Ⅱ}(en)_2]$ 的合成与表征

【预习】

1. 螯合物的结构特征与性质。

2. 红外光谱、紫外光谱与分子结构特征的相关性。
3. 配位化合物的结构与磁性的相关性。

【实验目的】

1. 学习氰桥配合物 $K[Cu^{II}(en)_2][Fe^{III}(CN)_6]$ 的合成、表征与性质测试的方法。
2. 全面训练学生合成及结构与性质分析的能力。
3. 培养学生综合应用所学知识进行科学研究的能力。

【实验原理】

1. 氰桥配合物 $K[Cu^{II}(en)_2][Fe^{III}(CN)_6]$ 的合成路线

$$Cu^{2+} + 2NH_2CH_2CH_2NH_2 \longrightarrow \left[\begin{array}{c}H_2NNH_2\\Cu\\H_2NNH_2\end{array}\right]^{2+}$$

$$\left[\begin{array}{c}H_2NNH_2\\Cu\\H_2NNH_2\end{array}\right]^{2+} + K_3[Fe(CN)_6] \longrightarrow K^+ \left[\begin{array}{c}H_2NNH_2\\Cu\text{—NC—Fe—CN}\\H_2NNH_2\end{array} \begin{array}{c}NCCN\\\\NCCN\end{array}\right]^-$$

2. 氰桥配合物 $K[Cu^{I}(en)_2][Fe^{III}(CN)_6]$ 的表征

所合成配合物的表征包括元素分析、红外光谱（分子振动）、紫外可见光谱（电子光谱）和配合物 $K[(NC)_5Fe^{III}\text{-}\mu\text{-}CN\text{-}Cu^{II}(en)_2]$ 的单晶晶体结构测定。

3. 配合物的磁性质分析

当配合物中存在未配对的单电子时，配合物将表现为顺磁性。可以通过变温磁化率测定，来分析配合物磁性。

【仪器、药品和材料】

仪器：烧杯、量筒、酒精灯、布氏漏斗、吸滤瓶、三角架、石棉网、台秤、分析天平、电导率仪、元素分析仪、红外光谱仪、紫外-可见分光光度计、X-射线单晶衍射仪、磁强计。
药品：$CuCl_2 \cdot 2H_2O$（固，AR）、乙二胺（固，AR）、$K_3[Fe(CN)_6]$（固，AR）。
材料：滤纸。

【实验内容】

1. 配合物的合成与单晶的培养

(1) 称取 0.374g $CuCl_2 \cdot 2H_2O$ 于 50mL 烧杯中，加 10mL 蒸馏水溶解制成溶液。
(2) 称取 0.3g 乙二胺（en）于 25mL 烧杯中，加 5mL 蒸馏水溶解制成溶液。
(3) 称取 0.8g $K_3[Fe(CN)_6]$ 于 50mL 烧杯中，加 10mL 蒸馏水溶解制成溶液。
(4) 在搅拌下，把乙二胺溶液慢慢地加入 $CuCl_2$ 溶液中，并继续搅拌 5min，得到深蓝色的溶液。
(5) 在搅拌下，把步骤 (4) 制得的深蓝色的溶液慢慢地加入已配制的 $K_3[Fe(CN)_6]$ 溶液中。搅拌的同时，析出一种棕色沉淀。过滤，干燥，计算产率。
(6) 单晶的培养　把步骤 (5) 得到的产品在水中重结晶可得到棕色针状晶体产物，过滤，干燥，以备结构分析。

2. 配合物的表征

(1) 用元素分析仪,分析产物的 C、H、N 的含量。

(2) 用红外光谱仪分别测试产物和 $K_3[Fe(CN)_6]$ 的红外光谱,比较两者的氰基伸缩振动频率。

(3) 用紫外-可见分光光度计测试产物和乙二胺合铜(Ⅱ)溶液吸收光谱,并加以比较。

(4) 用 X-射线单晶衍射仪表征产物的晶体结构。采用 Mo-K$_\alpha$ 辐射,ω-2θ 方式扫描。金属原子通过 Patterson 合成确定,非氢原子用 Fourier 合成确定。所有氢原子用差值 Fourier 确定。所有计算在计算机上用 SHELXTL 97 程序完成。图 7-5 是用 Bruker Smart 1000 CCD X-射线单晶衍射仪测定的配合物晶体结构,表 7-7 是所得晶体结构参数。

3. 配合物的性质分析

(1) 用电导率仪测定配合物水溶液的摩尔电导率。

(2) MPMS XL-7 型磁强计(300-2K)测定配合物的变温磁化率。

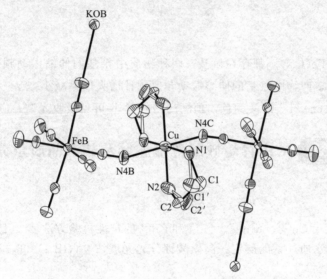

图 7-5 配合物 K[Cu(en)$_2$Fe(CN)$_6$] 晶体结构

表 7-7 重要的键长(nm)和键角(°)

键长/nm				键角/(°)			
Cu-N(1)	0.1989(2)	Cu-N(2)	0.1990(3)	N(1′)#1-Cu-N(1)#1	0.0(17)	C(5)-Fe-C(3)	93.6(12)
Cu-N(4)#2	0.2866(3)	Cu-N(4)#3	0.2866(3)	N(1′)#1-Cu-N(1)	180.0(13)	N(5)-K-N(4)#3	89.5(8)
Fe-C(5)#4	0.1940(3)	Fe-C(5)	0.1940(3)	N(2)#1-Cu-N(2′)#1	0.0(16)	C(5)-Fe-C(4)	88.24(12)
Fe-C(4)	0.1948(3)	Fe-C(3)	0.1949(3)	N(1)#1-Cu-N(1)	180.0(13)	C(4)-Fe-C(3)	87.44(12)
K-N(5)	0.2806(3)	K-N(3)#6	0.2863(3)	N(2)-Cu-N(2)#1	180.0(10)	C(5)-N(5)-K	179.3(3)
K-N(4)#3	0.3192(3)			N(4)#2-Cu-N(4)#3	180.0		

【数据记录与结果处理】

产品外观:_____;产率:_____。

元素分析的结果:C_____、H_____、N_____。

配合物水溶液的摩尔电导率:_____ S·m^2·mol^{-1}。

配合物的变温磁化率:_____。

红外光谱：$\nu_{CN}\{K_3[Fe(CN)_6]\}$ _____ cm^{-1}，
$\nu_{CN}\{K[(NC)_5Fe^{III}\text{-}\mu\text{-}CN\text{-}Cu^{II}(en)_2]\}$ _____ cm^{-1}。
紫外可见光谱：$\lambda_{max}\{[Cu(en)_2]^{2+}\}$ _____ nm，
$\lambda_{max}\{K[(NC)_5Fe^{III}\text{-}\mu\text{-}CN\text{-}Cu^{II}(en)_2]\}$ _____ nm。
产物的晶体结构和晶胞参数：
_____。

【注意事项】

1. 配合物表征中的 C、H、N 元素分析和晶体结构分析，以及配合物的变温磁化率测定，需要送到专门机构进行测量。实验者需要学习对测量结果进行分析。

2. 产物和 $K_3[Fe(CN)_6]$ 的红外光谱测试时，应确保样品干燥，制样时样品量控制适中。

3. 产物和乙二胺合铜（Ⅱ）溶液的紫外-可见光谱测试时，应控制溶液浓度在吸光度范围。

【思考题】

1. 产物和 $K_3[Fe(CN)_6]$ 都存在氰基，两种物质中氰基的伸缩振动频率为什么不同？与 $K_3[Fe(CN)_6]$ 相比，产物中氰基的伸缩振动频率预计增大还是减小？

2. 相对于 $[Cu(en)_2]^{2+}$ 溶液颜色，预测产物的紫外-可见吸收光谱，应该蓝移还是红移？

实验 31　由锌焙砂制备硫酸锌及其产品质量分析

【预习】

1. Fe^{2+}、Fe^{3+}、Cu^{2+}、Mn^{2+}、Ni^{2+} 和 Cd^{2+} 的定性检验方法。

2. 国家标准《水质　锰的测定　高碘酸钾分光光度法》（GB 11906—89）提供的微量锰元素的测定方法。

【实验目的】

1. 综合应用多种反应原理和实验技术，完成"矿石→产品→质检"一体化综合性实验。

2. 通过对所制产品进行定性和定量分析，培养学生分析问题能力。

【实验原理】

1. 硫酸锌的制备

硫酸锌是合成锌钡白的主要原料之一。工业上，硫酸锌是以锌精矿焙烧后的锌焙砂或其他含锌精矿为原料，经过酸浸、氧化、置换、蒸发、结晶等步骤制得。锌焙砂中含 ZnO 约 65%，同时含有 Cd、Mn、Fe、Co、Ni、Cu、As、Sb 和泥沙等杂质。用稀 H_2SO_4 浸取时，$ZnSO_4$ 和部分上述杂质一起进入溶液。在微酸性条件下，Fe^{2+} 和 Mn^{2+} 用 H_2O_2 氧化为 Fe_2O_3 和 MnO_2，与 As^{3+} 与 Sb^{3+} 水解产物沉淀一起除去。溶液中 Cu^{2+}、Cd^{2+} 和 Ni^{2+} 等杂质用 Zn 粉置换除去（除 Co^{2+} 和二次氧化步骤本实验省略）。将净化后的溶液，经过蒸发浓缩结晶，制得 $ZnSO_4 \cdot 7H_2O$ 晶体产品。产品的品质由其中的 $ZnSO_4 \cdot 7H_2O$ 和杂质含量共同决定。

2. 产品中 $ZnSO_4 \cdot 7H_2O$ 含量的测定

产品中 $ZnSO_4 \cdot 7H_2O$ 含量,可通过测量 Zn^{2+} 含量确定。称量一定质量样品用蒸馏水溶解,用 EDTA 标准溶液配位滴定。EDTA 是乙二胺四乙酸的简称,常用试剂是其二钠盐(简写为 Na_2H_2Y),习惯上也称为 EDTA。EDTA 配位滴定 Zn^{2+} 过程会释放 H^+ 使溶液 pH 下降。

$$Zn^{2+} + Na_2H_2Y \longrightarrow ZnY^{2-} + 2Na^+ + 2H^+$$

pH 下降影响终点颜色变化,也影响 EDTA 与 Zn^{2+} 的定量反应,对滴定十分不利。因此滴定前,需加入缓冲溶液。缓冲溶液 pH 由指示剂变色决定,例如二甲酚橙(简称 In)指示 Zn^{2+} 在 pH=6 时,变色最灵敏。终点前,溶液中的 Zn^{2+} 与 In 结合为红色 ZnIn;终点时 EDTA 从 ZnIn 中"夺走" Zn^{2+},释放出的指示剂在 pH=6 时恢复亮黄色。

终点时,ZnIn(红色)$+ Na_2H_2Y \rightleftharpoons ZnY^{2-} + In^{2-}$(亮黄色)$+ 2Na^+ + 2H^+$

$ZnSO_4 \cdot 7H_2O$ 质量分数可如下计算:

$$x = \frac{Vc \times 287.5}{m \times 1000} \times 100\%$$

式中,x 为硫酸锌的质量分数,%;V 为 EDTA 标准溶液的体积,mL;c 为 EDTA 标准溶液的浓度,$mol \cdot L^{-1}$;m 为样品质量,g;287.5 为 $ZnSO_4 \cdot 7H_2O$ 摩尔质量,$g \cdot mol^{-1}$。

3. 产品中杂质离子种类的定性分析

若测得所制产品中硫酸锌含量<100%,产品中可能含有杂质。杂质离子源于矿砂,包括 Fe^{2+}、Fe^{3+}、Cu^{2+}、Mn^{2+}、Ni^{2+} 和 Cd^{2+} 等,需要通过离子鉴定进行定性分析。附录 11 中列出这些离子的鉴定方法。应用附录 11 时,需要考虑产品中大量 Zn^{2+} 和硫酸根离子的干扰。应选择合适的鉴定方法,确定产品存在的杂质种类,为后续研究发现杂质。

4. 产品中杂质硫酸锰含量的定量分析

几乎所有实验者制备的产品,都能检出 Mn^{2+}。但 Mn^{2+} 含量甚微,可参照国家标准(GB 11906—89)提供的微量锰含量测定方法,对产品中 Mn^{2+} 含量进行测定,其分析方法的原理参见实验 32。产品中大量 Zn^{2+} 可能干扰 Mn^{2+} 含量的检测,测定时需注意称量样品的质量范围。

本实验截取工业生产片段,完成由矿砂制备硫酸锌、对所制产品进行杂质定性检验、主产品硫酸锌含量测定、杂质 Mn^{2+} 含量测定的"矿砂→产品→质检→数据评估"完整实验,对学生进行综合实验能力训练。

【仪器、药品和材料】

仪器:台秤、分析天平、温度计、量筒、酸式滴定管、滴定管夹、滴定台、锥形瓶、烧杯、酒精灯、三角架、石棉网、滴管、玻璃棒、布氏漏斗、吸滤瓶、减压泵、试管、试管架、容量瓶、试剂瓶、吸量管、分光光度计、比色皿(1cm)。

药品:常用酸碱。浓度均为 $0.1mol \cdot L^{-1}$ 的 $K_3[Fe(CN)_6]$、$K_4[Fe(CN)_6]$、KSCN 溶液。Na_2S ($1mol \cdot L^{-1}$)、H_2O_2 (3%)、丁二酮肟(3%)、NaAc-HAc 缓冲溶液(pH=6)、二甲酚橙指示剂、EDTA 标准溶液($0.1 mol \cdot L^{-1}$)、锌焙砂精矿粉(固)、锌粉(固)、$NaBiO_3$(固)、$ZnSO_4 \cdot 7H_2O$(固,AR)、ZnO(浆液)、$0.6mol \cdot L^{-1}$ 焦磷酸

钾-1.0mol·L^{-1}乙酸钠缓冲溶液（pH值≈8）、HNO$_3$（1∶9）、KIO$_4$（20g·L^{-1}）、Mn^{2+}标准溶液（50μg·mL^{-1}）。

材料：pH试纸、滤纸。

【实验内容】

1. 由锌焙砂制备硫酸锌

（1）浸出　称取10.0g锌焙砂于200mL带刻度的烧杯中，加入约15mL水，再加入所需体积的2mol·L^{-1} H$_2$SO$_4$（自行计算加入量），记录此时液面位置。加热30～35min，期间补水到所记录液面。

（2）净化　边加热边用ZnO浆液调节溶液的pH到5.2（根据Zn^{2+}浓度计算），滴加1～2mL 3% H$_2$O$_2$，测pH是否下降。再次用少量ZnO浆液调节溶液pH到5.2，观察烧杯中分层现象。向上层清液中滴加H$_2$O$_2$，若不出现棕红色，取清液检验Fe^{3+}除尽后，再加热溶液至沸腾数分钟，补加蒸馏水使溶液总体积约80mL，抽滤。滤液转入100mL烧杯中加热到60～70℃，如果出现白色混浊（是什么？），加几滴2mol·L^{-1} H$_2$SO$_4$使之透明。然后加入少量Zn粉，搅拌7～8min，取清液检验Ni^{2+}是否除尽。再取几滴清液，加到0.5mL 2.0mol·L^{-1} HCl溶液中，滴加Na$_2$S水溶液，若无黄色沉淀，抽滤，除去残余的锌粉。

（3）浓缩结晶　将滤液转入100mL带刻度的烧杯中，加几滴H$_2$SO$_4$至溶液透明，蒸发浓缩到溶液20～30mL时，冷却至室温使之结晶，抽滤至干，称重，计算产率。产品用大滤纸包裹，于室温自然干燥，待后续进行产品质量分析。

2. 产品中ZnSO$_4$·7H$_2$O含量的测定

为掌握EDTA滴定分析Zn^{2+}的方法和观察滴定终点的颜色变化，首先用分析纯ZnSO$_4$·7H$_2$O进行滴定练习。

（1）ZnSO$_4$·7H$_2$O含量的测定练习　准确称取0.6～0.8g分析纯ZnSO$_4$·7H$_2$O试剂（精确至0.0001g）三份于编号的250mL锥形瓶中。加入50mL蒸馏水溶解，再加入10mL pH为6.0的NaAc-HAc缓冲溶液。各加入3滴二甲酚橙指示剂使溶液呈红色。用实验室提供的EDTA标准溶液（～0.1mol·L^1）滴定至溶液由红色变为亮黄色，EDTA用量记入表7-8。根据前述ZnSO$_4$·7H$_2$O质量分数计算方法求算含量。计算结果与试剂瓶上含量对比，如果测定结果与试剂瓶上含量相对偏差在0.5%之内，可以进行自制产品的质量分析。

（2）自制产品中ZnSO$_4$·7H$_2$O含量的测定　准确称取0.6～0.8g已干燥的自制ZnSO$_4$·7H$_2$O样品（精确至0.0001g）三份。重复上述实验，测量结果记入表7-9。计算自制ZnSO$_4$·7H$_2$O的质量分数，判断自制产品的纯度与等级。

3. 产品中杂质离子的检验

取1g所制产品溶于5mL水，配成溶液。参照附录11给出的离子定性鉴定方法，在充分考虑高浓度硫酸锌特殊化学环境的情况下，拟订离子鉴定方法，对自制产品溶液分别进行Fe^{2+}、Fe^{3+}、Cu^{2+}、Mn^{2+}、Ni^{2+}和Cd^{2+}的检验，所选离子鉴定方法和实验现象记入表7-10。

4. 产品中杂质硫酸锰含量的测定

在产品杂质离子检验中，一定会检出Mn^{2+}。需要对Mn^{2+}含量进行测定。按照国家标准（GB 11906—89）提供的微量锰的高碘酸钾分光光度法，略去与本产品检验无关的步骤，进行测定。特别注意，要使自制产品中 Mn^{2+} 含量在该方法的检测范围之内，需要实验者首先进行尝试测定。另外，产品中大量的硫酸锌可能干扰测量，需要格外关注。

（1）标准曲线绘制　用 5mL 吸量管，向一系列 50mL 容量瓶中，分别移取 0.00mL、1.00mL、2.00mL、3.00mL、4.00mL、5.00mL 锰标准溶液（$50\mu g \cdot mL^{-1}$），用蒸馏水稀释至约 25mL，加入 10mL 焦磷酸钾-乙酸钠缓冲溶液，再加入 3mL 高碘酸钾溶液，用水定容至刻度，摇匀，放置 10min 显色。以水做参比，用 1cm 比色皿在 525nm 处测量吸光度，记入表 7-11。

（2）产品中锰含量测定

① 产品中锰含量测量方法初探　由于每个实验者的产品杂质含量不同，需实验者根据 Mn^{2+} 鉴定时观察到的颜色深浅，对比标准溶液颜色，自行判断在 0.2~1.0g 范围内，准确称量自制产品 1 份，进行尝试测量。将称量的样品用少量蒸馏水溶解，转入 50mL 容量瓶中，重复实验内容 4.(1)操作，测得吸光度。根据吸光度数据是否超出表 7-11 所示标准曲线数值范围，判断正式测定所需称量自制产品的质量范围。

② 产品中锰含量的测定　根据上述步骤①提供的称量范围，分别准确称量合适质量的产品 3 份，重复上述步骤①和实验内容 4.(1)操作，获得吸光度数据记入表 7-12。在标准曲线上查出对应的锰量，分别计算产品中杂质锰含量，最后取平均值。进而计算产品中硫酸锰含量。

【数据记录与结果处理】

锌焙砂的质量 _____ g；$ZnSO_4 \cdot 7H_2O$ 的理论产量 _____ g；

$ZnSO_4 \cdot 7H_2O$ 的实际产量 _____ g；产率 _____ 。

表 7-8　分析纯试剂中 $ZnSO_4 \cdot 7H_2O$ 含量测定

实验序号	1	2	3
$m(ZnSO_4 \cdot 7H_2O)$/ g			
$c(EDTA)$/ $mol \cdot L^{-1}$			
$V(EDTA)$/ mL			
$x(ZnSO_4 \cdot 7H_2O$ 质量分数)/ %			
$\bar{x}$(平均)/%			
相对平均偏差($\bar{d}$)/%			

表 7-9　自制产品中 $ZnSO_4 \cdot 7H_2O$ 含量测定与产品纯度分析[①]

实验序号	1	2	3
$m(ZnSO_4 \cdot 7H_2O$ 产品)/ g			
$c(EDTA)$/ $mol \cdot L^{-1}$			
$V(EDTA)$/ mL			
$x(ZnSO_4 \cdot 7H_2O$ 质量分数)/ %			
$\bar{x}$(平均)/%			
相对平均偏差($\bar{d}$)/%			

① $ZnSO_4 \cdot 7H_2O$ 产品纯度：分析纯（≥99.5%）、化学纯（>99.0%）、工业纯（92%~99%）。

表 7-10　产品中所含杂质离子的检验

待检离子	鉴定方法简述	实验现象
Fe^{2+}		
Fe^{3+}		
Cu^{2+}		
Mn^{2+}		
Ni^{2+}		
Cd^{2+}		

由表 7-9 可以判断：所制产品纯度可能属于_____纯。由表 7-10 可知，所制产品含有的杂质离子为_____。

表 7-11　标准曲线测定与绘制

项目	1	2	3	4	5	6
锰标准溶液体积 V /mL	0.00	1.00	2.00	3.00	4.00	5.00
锰的质量 m /μg						
锰的浓度 C /μg·mL^{-1}						
吸光度 A						

以吸光度为纵坐标，锰含量为横坐标，绘制标准曲线，其线性回归系数 R^2：_____。测量自制产品中锰含量时，需称量产品量的范围是_____g。

表 7-12　锰含量的准确测量

项目	1	2	3
所称量产品的质量 m /g			
吸光度 A（是否在范围）			
查出锰的质量 m /μg			
产品中锰含量/%			
产品中锰含量平均值/%			
相对平均偏差($\bar{d}$)/%			

根据表 7-12 所得锰含量，计算出产品中硫酸锰（以 $MnSO_4·4H_2O$ 计，分子量 223.1）的含量为_____%，结合表 7-9 所得 $ZnSO_4·7H_2O$ 的含量，二者之和为_____%，_____（大，或小）于 99.5%，说明产品中或许_____（还，或没）有其他杂质。

【注意事项】

1. 本实验需 12 学时完成。学时分配如下：产品制备 4 学时；产品 $ZnSO_4·7H_2O$ 含量测定与杂质定性分析合用 4 学时；硫酸锰杂质含量测定 4 学时。

2. 硫酸锌除了有 $ZnSO_4·7H_2O$ 外，还有多种脱水产品。在制备时，由于 $ZnSO_4·7H_2O$ 结晶较困难，一般要浓缩到溶液体积为 20~30mL，此时可能会析出白色脱水晶体。因此冷却时需不断搅拌帮助结晶完成最后的相变生成 $ZnSO_4·7H_2O$。相变时表现为黏稠液体突然失去流动性并放热，这时略加一点蒸馏水，再次冷却后抽滤。

【思考题】

1. 在产品质量分析中，可能会出现 $ZnSO_4·7H_2O$ 的质量分数＞100% 的情况，为什么？

2. 定性分析中未被检出的杂质离子，在产品中是否一定没有？为什么？

第8章 设计性及研究性实验

实验32　磺基水杨酸铁（Ⅲ）配合物的组成和稳定常数的测定

【预习】
1. 三价铁离子的沉淀溶解平衡及其与磺基水杨酸的配位平衡。
2. 磺基水杨酸的逐级离解平衡及其与三价铁离子的配位平衡。

【实验目的】
1. 学习等摩尔系列法测定配合物组成和平衡常数的方法。
2. 培养学生基于原理设计实验并具体实施的综合能力。

【实验原理】
1. 互补色的概念

白光由 400～760nm 多种单色光混合而成，单色光对应的波长范围见表 8-1。两种单色光按一定比例混合，形成白光，这两种单色光为互补色光。

表 8-1　溶液颜色与吸收光颜色的关系

溶液呈现的颜色	被吸收的单色光		溶液呈现的颜色	被吸收的单色光	
	互补色	波长范围/nm		互补色	波长范围/nm
黄绿	紫	400～450	紫	黄绿	560～580
黄	蓝	450～480	蓝	黄	580～610
橙	绿蓝	480～490	绿蓝	橙	610～650
红	蓝绿	490～500	蓝绿	红	650～760
红紫	绿	500～560			

2. 物质显色原因

不透明物质，反射所有单色光显白色，吸收所有单色光呈黑色，只吸收某一单色光显其反射的互补色。透明物质，透过所有单色光为无色，吸收所有单色光显黑色，吸收某单色光显其透过的互补色。分光光度分析利用有色物质的互补色为入射光，根据其吸光度与有色物质含量的关系对有色物质进行定量分析。

被吸收的单色光有一定的波长范围，如表 8-1 所示。其中吸光度最大的波长称为最大吸收波长，记为 λ_{max}。同一物质的 λ_{max} 固定不变。分光光度分析选 λ_{max} 为入射光。λ_{max} 处的吸光度随物质浓度不同而改变，且变化灵敏度最高。其他波长的吸光度也随浓度变化而改变，但灵敏度偏低。当杂质在 λ_{max} 处干扰时，选择其他较大吸收波长为入射光。

3. 分光光度分析原理——比尔定律

当一束波长一定的单色光通过透明有色溶液时，溶液对光的吸收程度与溶液中有色物（如有色离子）浓度 c 和液层厚度 L 的乘积成正比。即

$$A = \varepsilon c L$$

式中，A 为吸光度；ε 为吸光系数，ε 与入射光的波长以及溶液性质、温度等有关。

比尔定律适用于有色物浓度（c）小于 $0.01 \text{mol} \cdot \text{L}^{-1}$ 的稀溶液。若浓度过大，将发生偏离比尔定律的现象，即 A 与 c 呈非线性关系。另外，溶液中其他配位、电离、缔合和酸碱反应等化学因素，以及仪器因素也会导致偏离比尔定律的现象。

当我们把溶液浓度和仪器调节到符合比尔定律的状况且让入射光的波长、强度（ε）和液层厚度（L）一定时（令 $B = \varepsilon L$），溶液的吸光度（A）就只和有色溶液浓度（c）成正比。

$$A = Bc$$

入射光的波长可以事先选定，测定时的 ε 可用空白溶液调节仪器确定，液层厚度 L 可用一定厚度的比色皿控制，A-c 就呈线性关系。比色皿随仪器配送，一般有厚度为 0.5cm、1cm、2cm 和 3cm 几个规格，每个规格的比色皿通常有 4 个，其吸光度基本相同。

4. 分光光度定量分析方法

先配制已知浓度 c_i（$i = 1、2、3、\cdots\cdots$）的标准溶液，测定其相应 A_i 值，以 A_i 对 c_i 作图，得标准工作曲线。再在相同条件下，测定未知浓度该物质的吸光度 $A_{未}$，在标准工作曲线上查与 $A_{未}$ 对应的浓度 $c_{未}$（即比色）即可。可见，控制测量条件一致，无需知道 ε 具体值。

5. 光度法测定配合物组成和稳定常数

对于那些配体和中心离子都是无色透明溶液，或者有色但在测定波长下不吸收的溶液，可以直接利用吸光度随有色配合物浓度变化，求出配合物的组成和稳定常数。

等摩尔系列法：保持溶液中心离子与配体浓度之和不变。改变中心离子与配体的相对量，配成一系列溶液，在系列溶液中，有些中心离子过量，另一些配体过量，这两种情况下，配离子浓度均达不到最大值，只有当中心离子和配体的浓度比与配离子组成一致时，配离子浓度最大，配离子的吸光度也最大。若以吸光度对配体（或中心离子）摩尔分数作图。从图上吸光度最大处对应的摩尔分数可以求得配位数 n，如图 8-1 所示。

$$\frac{配体的物质的量}{总物质的量} = \frac{中心离子物质的量}{总物质的量} = 0.50$$

$$n = \frac{配体的物质的量}{中心离子物质的量} = 1$$

由此可知，该配合物的组成为 $1 : 1$ 型，n 等于 1。

由图 8-1 还可看出，吸光度最大处 X 点被认为是中心离子 M^{n+} 和配体 R^{m-} 全部配位时的理论吸光度，其值为 A_1。由于配离子有部分离解，所以实验测得的吸光度最大处 Y 点对

应的 A_2 要稍小一些。因此配离子离解度 α 可表示为

$$\alpha = \frac{A_1 - A_2}{A_1}$$

再根据 1∶1 组成配合物的关系式即可导出配合物的稳定常数 $K_{\text{稳}}^{\ominus\prime}$。

$$\text{M} + \text{R} \rightleftharpoons \text{MR}$$

平衡浓度　　$c\alpha$　　$c\alpha$　　$c - c\alpha$

$$K_{\text{稳}}^{\ominus\prime} = \frac{[MR]}{[M][R]} = \frac{1-\alpha}{c\alpha^2}$$

式中，c 为对应 X 点的金属离子浓度。

Fe^{3+} 与磺基水杨酸 （简写为 H_3R）能形成稳定的螯合物。当 pH 为 2~3 时，生成有一个配位体的紫红色螯合物，反应可表示为

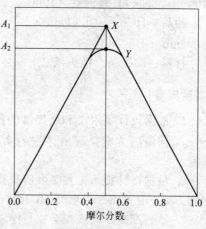

图 8-1　吸光度与配体摩尔分数图

pH 为 4~9 时生成红色螯合物，pH 为 9~11.5 时，生成黄色螯合物。本实验测定 pH=2~3 时螯合物的组成和稳定常数。用与金属离子不配位的高氯酸（$HClO_4$）来控制 pH。注意：由于 H_3R 在溶液中存在逐级离解平衡，故实验测得的稳定常数（$K_{\text{稳}}^{\ominus\prime}$）与理论平衡常数（$K_{\text{稳}}^{\ominus}$）之间做如下校正：

$$K_{\text{稳}}^{\ominus} = K_{\text{稳}}^{\ominus\prime} \times a$$

式中，a 为副反应常数。pH=2 时，磺基水杨酸的 $\lg a = 10.2$。

【设计任务】

1. 根据提示和教材所列出的仪器，设计配体和中心离子溶液的稀释方案。
2. 根据摩尔系列法原理、设计提示、所提供的吸量管规格和比色皿容积等线索，设计系列溶液的配制方案。

【设计提示】

1. 用 0.001mol·L^{-1} 的 Fe^{3+} 和 0.001mol·L^{-1} 的 H_3R 配出的溶液，再稀释一倍，才使溶液符合比尔定律。用 pH=2 的 $HClO_4$ 溶液为溶剂，可控制配合物溶液 pH 在 2~3 之间。

2. 摩尔分数 x 概念

$$x_{\text{配}} = \frac{n_{\text{配}}}{n_{\text{配}} + n_{\text{中心}}}, \quad x_{\text{中心}} = \frac{n_{\text{中心}}}{n_{\text{配}} + n_{\text{中心}}}$$

式中，$n_{\text{配}}$ 和 $n_{\text{中心}}$ 为被测溶液中所加入的配体和中心离子的物质的量。

【仪器、药品和材料】

仪器：分光光度计、比色皿（$1\text{cm} \times 1\text{cm} \times 4.5\text{cm}$）、烧杯（50mL，11 只）、容量瓶

(100mL、2只)、移液管（10mL、1支），吸量管（10mL、2支）。

药品：$HClO_4$（$0.01mol \cdot L^{-1}$）、磺基水杨酸（$0.01mol \cdot L^{-1}$）、$(NH_4)Fe(SO_4)_2$（$0.01mol \cdot L^{-1}$）。

材料：滤纸条、镜头纸。

【实验内容】

1. 根据设计提示 1 和所提供的仪器，设计稀释配体磺基水杨酸和中心离子 $(NH_4)Fe(SO_4)_2$ 溶液的方案。写出详细的实验步骤，指出稀释操作的注意事项和稀释后各溶液的浓度。

2. 根据设计提示 1 和 2 及所提供的吸量管规格和比色皿容积等线索，设计系列溶液的配制方案。在表 8-2 中填写 $HClO_4$、Fe^{3+} 和 H_3R 的浓度及体积。

3. 系列配离子（或配合物）溶液的配制和吸光度的测定

表 8-2 系列配离子溶液的配制

溶液编号	$HClO_4$($0.01mol \cdot L^{-1}$)/mL	Fe^{3+}($mol \cdot L^{-1}$)/mL	H_3R($mol \cdot L^{-1}$)/mL	H_3R的摩尔分数	吸光度 A
1					
2					
3					
4					
5					
6					
7					
8					
9					
10					
11					

(1) 接通分光光度计电源，并调整好仪器，选波长为 500nm 的光为入射光。

(2) 用移液管和吸量管按表 8-2 中所设计的体积吸取各溶液，分别注入已编号的干燥洁净小烧杯中混合均匀。

(3) 取 4 只厚度为 1cm 的比色皿，往其中 1 只中加入 $0.01mol \cdot L^{-1}$ 的 $HClO_4$ 溶液至 2/3 容积处作空白溶液，放在分光光度计的暗盒第一格内。

(4) 其余 3 只分别用待测溶液润洗两次后加入待测溶液至相同的容积，放入暗盒的其他三格内，依次测定其吸光度 A，记入表 8-2 中。

(5) 测定后，弃去 3 只比色皿中的已测溶液，洗净比色皿，用其他待测溶液润洗后，重复测定其吸光度 A，记入表 8-2 中。

【数据记录与结果处理】

稀释后磺基水杨酸 H_3R 的浓度：＿＿＿＿＿＿；稀释后 Fe^{3+} 的浓度：＿＿＿＿＿＿。

以配合物吸光度为纵坐标，H_3R 摩尔分数为横坐标作图。从图中得到的最大吸光度对应的 H_3R 摩尔分数为＿＿＿＿＿＿，配离子的组成 n 为＿＿＿＿＿＿，A_1 为＿＿＿＿＿＿，A_2 为

_____，计算所得的实验稳定常数 $K_{稳}^{\ominus'}$ 为_____，理论稳定常数 $K_{稳}^{\ominus}$ 为_____。

【注意事项】

1. 拿比色皿时，要用手捏住两侧的磨砂面。严禁用手直接碰触透明光面，以防沾上油污或磨损，影响透光性。

2. 比色皿装样前，其内外都要用自来水冲洗 2~3 次，蒸馏水冲洗 2~3 次。为确保待测溶液浓度不变，还要用少量待测溶液润洗 2~3 次，方可注入待测溶液。溶液注入的高度不要超过比色皿高度的 2/3。比色皿外壁上的溶液先用滤纸轻轻吸干，然后再用镜头纸轻轻擦净透光表面，对着光观察确定外壁无附着的溶液后，才可放入分光光度计的暗盒中。

3. 测定结束后，将比色皿取出，用自来水冲洗 2~3 次，蒸馏水冲洗 2~3 次，并将外面的水擦干，倒置晾干后放入比色皿盒内。如果测定的样品是有机物，比色皿用水冲洗前，要用铬酸洗液浸泡 30min，然后用水冲洗。

【思考题】

1. 本实验测定配合物的组成及稳定常数的原理是什么？
2. 本实验为什么用 $HClO_4$ 溶液作空白溶液？
3. 本实验为什么选用 500nm 波长的光源来测定溶液的吸光度？

实验 33　硫酸铜的提纯和产品分析

【预习】

1. 学习氧化还原反应原理以及 H_2O_2 在碱性介质中的氧化性。
2. 查阅硫酸铜产品及其容量分析方法的国家标准。

【实验目的】

1. 学习粗硫酸铜的提纯方法，训练无机化合物提纯的综合实验能力。
2. 利用容量法测定产品中 $CuSO_4$ 的含量，并练习相关实验操作。

【实验原理】

1. 粗硫酸铜的提纯

硫酸铜是重要化工原料。粗硫酸铜中常含有不溶性杂质和可溶性杂质 $FeSO_4$ 和 $Fe_2(SO_4)_3$ 等。不溶性杂质可用过滤的方法除去。可溶性杂质 $FeSO_4$ 应选择适当的氧化剂（如 $KMnO_4$、$K_2Cr_2O_7$、Br_2、H_2O_2 等），将其氧化为 $Fe_2(SO_4)_3$，然后控制一定的 pH，使溶液中的 Fe^{3+} 以 $Fe(OH)_3$ 形式沉淀析出，同时让 Cu^{2+} 留在溶液中。过滤除去杂质，其滤液在检验无 Fe^{3+} 后，可蒸发结晶。

2. 五水硫酸铜的溶解度

五水硫酸铜 $CuSO_4 \cdot 5H_2O$ 是蓝色结晶，若将 $CuSO_4 \cdot 5H_2O$ 在空气中慢慢加热，则

其中的结晶水分段脱去。高于200℃时变为无水物,骤然加热至230℃以上时,则生成碱式盐,残留物变成灰色。在630℃以上时,分解为CuO和SO_3。

不同温度下,100g水中$CuSO_4·5H_2O$的溶解度如表8-3所示。

表8-3 $CuSO_4·5H_2O$在100g水中的溶解度

温度/℃	0	20	40	80	100
$CuSO_4·5H_2O$的溶解度/(g/100g 水)	14.3	20.7	28.5	55	75.4

3. 容量法测定产品中$CuSO_4·5H_2O$的含量

测定Cu^{2+}含量可确定产品中硫酸铜的含量,常用的方法主要有配位滴定法和碘量法。

(1) 配位滴定法 用EDTA滴定Cu^{2+}。滴定时,控制不同酸度,选择不同指示剂,见表8-4。

表8-4 EDTA滴定铜(Ⅱ)可选指示剂及其变色pH与缓冲溶液

溶液的酸度	缓冲溶液	指示剂	终点颜色的变化
pH=5	HAc-NH_4Ac	4-(2-吡啶偶氮)间苯二酚(PAR)	红→绿
pH=7~8	NH_3-NH_4Cl	紫尿酸胺	黄→红
pH=9.3	NH_3-NH_4Cl	邻苯二酚紫	蓝→红
pH=10	NH_3-NH_4Cl	1-(2-吡啶偶氮)-2-萘酚(PAN)	蓝→绿
pH=11	NH_3-NH_4Cl	4-(2-吡啶偶氮)间苯二酚(PAR)	紫红→绿

(2) 碘量法 在酸性溶液中(避免Cu^{2+}的水解和I^-被空气氧化),利用过量KI将Cu^{2+}定量还原为CuI沉淀,其反应为

$$2Cu^{2+} + 5I^- \longrightarrow 2CuI\downarrow + I_2 + I^- \longrightarrow 2CuI\downarrow + I_3^-$$

生成的I_2再用$Na_2S_2O_3$滴定,以淀粉为指示剂,反应为

$$I_2 + Na_2S_2O_3 \longrightarrow 2NaI + Na_2S_4O_6$$

【设计任务】

1. 利用氧化还原、水解反应等基本原理,自行设计粗硫酸铜提纯的实验方案。
2. 容量法测定产品中$CuSO_4$的含量,进行数据处理及误差分析。
3. 方案设计时可以参考以下相关知识和方案设计提示,以及查找有关文献资料。

【设计提示】

1. 将Fe^{2+}氧化为Fe^{3+}时,注意选择适当的氧化剂,尽量达到既不引入杂质,又能氧化Fe^{2+},而过量的氧化剂又容易除去的目的。
2. 根据硫酸铜的溶解度,确定溶解一定量的硫酸铜所需水的体积,及结晶时的温度。
3. 为有效地除去Fe^{3+},需计算确定$Fe(OH)_3$完全沉淀,而$Cu(OH)_2$不沉淀时溶液的pH。同时,也应考虑采取一定的方法使$Fe(OH)_3$沉淀在过滤时易于分离。
4. 母液在蒸发结晶前还应采取一定措施防止$CuSO_4$水解。
5. 根据硫酸铜的性质,确定产品干燥的方式,确保最后的产物是$CuSO_4·5H_2O$,而不是其脱水产物。
6. 产品质量的分析,通过查阅资料选择可行且易于操作方法。在测定$CuSO_4$含量时,

应除去 Fe^{3+} 的干扰（应如何消除？）。

【仪器、药品和材料】

仪器：分析天平、台秤、烧杯、量筒、布氏漏斗、吸滤瓶、蒸发皿、滴瓶、细口瓶（玻璃塞、胶塞，盛装配制溶液用）、容量瓶（100mL、250mL）、移液管（25mL）、滴定管（50mL）、锥形瓶（250mL）、碘量瓶。

药品：粗硫酸铜、H_2SO_4（$2mol \cdot L^{-1}$）、NaOH（$2mol \cdot L^{-1}$）、3% H_2O_2、KI（固）、$Na_2S_2O_3$（固）、0.5%淀粉溶液、$K_2Cr_2O_7$基准物质、浓 $NH_3 \cdot H_2O$、NH_4Cl（固）、ZnO基准物质（800℃灼烧衡重）、EDTA（固）、PAN指示剂（$3g \cdot L^{-1}$）等。

材料：pH试纸、滤纸。

【实验内容】

自行设计实验步骤，进行如下内容的实验。

① 配制所需的溶液。
② 除去粗硫酸铜中的主要杂质，然后蒸发、结晶、干燥、称量产品的质量。
③ 定量分析产品中 $CuSO_4 \cdot 5H_2O$ 的含量。

【数据记录及结果处理】

粗硫酸铜的质量_____g；提纯后 $CuSO_4 \cdot 5H_2O$ 产量_____g；产率_____。

若采用配位滴定法定量分析产品中 $CuSO_4 \cdot 5H_2O$ 的含量，相关数据记入表8-5中。

表8-5 提纯产品中 $CuSO_4 \cdot 5H_2O$ 含量测定与产品纯度分析[①]

实验序号	1	2	3
$m(CuSO_4 \cdot 5H_2O$ 产品$)/g$			
$c(EDTA)/ mol \cdot L^{-1}$			
$V(EDTA)/ mL$			
$x(CuSO_4 \cdot 5H_2O$ 质量分数$)/\%$			
$\bar{x}$(平均)/%			
相对平均偏差($\bar{d}$)/%			

① $CuSO_4 \cdot 5H_2O$ 产品纯度：分析纯(≥99.9%)、化学纯(≥99.0%)、工业纯(94%～99%)。

若采用碘量法定量分析产品中 $CuSO_4 \cdot 5H_2O$ 的含量，相关数据记入表8-6中。

表8-6 提纯产品中 $CuSO_4 \cdot 5H_2O$ 含量测定与产品纯度分析

实验序号	1	2	3
$m(CuSO_4 \cdot 5H_2O$ 产品$)/g$			
$c(Na_2S_2O_3)/ mol \cdot L^{-1}$			
$V(Na_2S_2O_3)/ mL$			
$x(CuSO_4 \cdot 5H_2O$ 质量分数$)/\%$			
$\bar{x}$(平均)/%			
相对平均偏差($\bar{d}$)/%			

由表 8-5 或表 8-6 给出的测定结果可以判断，提纯产品纯度可能属于_____纯。

【注意事项】

1. 碘量法测定铜时，由于 CuI 沉淀强烈地吸附 I^-，使结果偏低，所以通常在临近终点时加入硫氰酸盐（为什么?）将 CuI（$K_{sp}^\ominus = 1.1 \times 10^{-12}$）转化为 CuSCN（$K_{sp}^\ominus = 4.8 \times 10^{-15}$），把吸附的 I^- 释放出来，使反应趋于完全。

2. 如果要继续测定产品中主要杂质铁含量，可用原子吸收法测定。其中，火焰原子化法是使用较广泛的原子化技术。稀溶液中铁离子在一定火焰温度下变成原子气，光源辐射出的特征谱线被铁原子气吸收，其吸收强度与铁原子气浓度关系符合比耳定律，即在一定条件下

$$A = Kc$$

式中，A 为吸光度；K 为常数；c 为溶液中铁离子的浓度。根据标准曲线可求出待测液中铁的含量。以空气-乙炔为燃烧火焰，空心阴极灯为光源，铁的吸收线为 284.3nm，检测的灵敏度为 0.1，检出限量为 $0.005\mu g \cdot mL^{-1}$。

【思考题】

1. 在氧化除去 Fe^{2+} 时，溶液的 pH 是否发生变化？
2. 在碘量法测铜含量加入 KI 时，是否需要移液管量取 KI 溶液？为什么？
3. 在配位滴定法测铜含量时，铜溶液中除了加指示剂外，还要加入什么？

实验 34　混合离子的分离和鉴定

【预习】

1. 卤族、氧族、氮族元素性质及其阴离子鉴定方法。
2. 过渡元素阳离子性质及其阳离子鉴定方法。

【实验目的】

1. 总结并复习元素及其化合物的性质，利用这些知识进行有关离子的鉴别与鉴定。
2. 通过自行设计实验方案，提高灵活应用这些知识的能力。

【实验提要】

离子鉴定是依据所发生化学反应的现象来定性判断某种离子是否存在的过程。为简便、可靠地鉴定出离子，要求鉴定离子的反应具有明显外观特征（如颜色变化、沉淀生成或溶解、气体产生等）和灵敏与迅速的反应特性。例如，Pb^{2+} 与 K_2CrO_4 或稀 HCl 作用都产生沉淀。

$$Pb^{2+} + 2Cl^- \rightleftharpoons PbCl_2 \downarrow （白色） \quad K_{sp}^\ominus(PbCl_2) = 1.7 \times 10^{-5}$$

$$Pb^{2+} + CrO_4^{2-} \rightleftharpoons PbCrO_4 \downarrow （黄色） \quad K_{sp}^\ominus(PbCrO_4) = 2.8 \times 10^{-13}$$

$PbCl_2$ 和 $PbCrO_4$ 的溶解度（S）分别为

$$S(PbCl_2) = \sqrt[3]{\frac{K_{sp}^\ominus(PbCl_2)}{4}} = \sqrt[3]{\frac{1.7 \times 10^{-5}}{4}} = 1.6 \times 10^{-2} \text{ mol} \cdot L^{-1}$$

$$S(\text{PbCrO}_4) = \sqrt{K_{sp}^{\ominus}(\text{PbCrO}_4)} = \sqrt{2.8 \times 10^{-13}} = 5.3 \times 10^{-7} \text{ mol} \cdot \text{L}^{-1}$$

由于 $S(\text{PbCrO}_4) \ll S(\text{PbCl}_2)$，且 PbCrO_4 的黄色比 PbCl_2 的白色更鲜明，因此选生成 PbCrO_4 黄色沉淀鉴定 Pb^{2+}。

影响鉴定反应的因素一般有：溶液酸度、离子浓度、温度、共存物以及介质条件。如 CrO_4^{2-} 鉴定 Pb^{2+} 的反应，要求在中性或弱酸性的条件下进行。在碱性介质中会生成 Pb(OH)_2 沉淀，强碱性时还会有 $[\text{Pb(OH)}_4]^{2-}$ 生成。而在强酸性介质中，由于 CrO_4^{2-} 浓度降低，不易得到黄色的 PbCrO_4 沉淀，从而降低反应的灵敏度。通常溶液中被鉴定离子的浓度越大，加入试剂量越足，现象越明显。但也有例外，如用 NaBiO_3 鉴定 Mn^{2+} 的反应，Mn^{2+} 浓度不能太大，否则过量的 Mn^{2+} 与生成的 MnO_4^{-} 反应，产生棕褐色 MnO(OH)_2 沉淀，无法观察到 MnO_4^{-} 的紫红色。温度对许多鉴定反应有影响。加热有助于加快反应速率，所以在 $\text{S}_2\text{O}_8^{2-}$ 鉴定 Mn^{2+} 时，即使有 Ag^+ 催化，反应仍需要加热。加热还使胶状沉淀凝聚，便于沉淀分离，如分离 AgCl 沉淀时，通常需要水浴加热。但也有些鉴定反应，其生成的沉淀会随温度升高而溶解度增大，使实验现象不易观察，如 PbCl_2 能溶解在热水中，所以，用 HCl 沉淀 Pb^{2+} 时不宜加热。某些离子会干扰被鉴定离子的检出，如用 SCN^- 鉴定 Co^{2+}、Fe^{3+}，其与 SCN^- 反应生成血红色 $[\text{Fe(SCN)}_n]^{3-n}$ $(n=1\sim6)$ 掩盖 $[\text{Co(SCN)}_4]^{2-}$ 的蓝色，从而干扰鉴定。但有些共存物会提高鉴定反应的灵敏度，如以 $\text{Na}_3[\text{Co(NO}_2)_6]$ 鉴定 K^+ 时，极少量 Ag^+ 有利于 K^+ 的检出。介质不同，对鉴定反应也有影响。如上述 SCN^- 鉴定 Co^{2+} 时产生的蓝色 $[\text{Co(SCN)}_4]^{2-}$ 在水溶液中很不稳定，加入有机溶剂如丙酮或戊醇（被萃取）会增强其稳定性，因此鉴定时，会加入丙酮或戊醇以便观察。

有时一些鉴定用试剂可能与几种离子作用，如 K_2CrO_4 能与 Ba^{2+}、Pb^{2+}、Sr^{2+} 产生相似的黄色沉淀，鉴定反应的选择性较低。应尽可能采用选择性高的鉴定试剂，特别是那种仅对一种离子产生特征现象的试剂，这样的鉴定反应称为特效反应（或特征反应）。

待分析样品通常被制成溶液，所制溶液中往往会有多种离子共存，而多数鉴定反应是有一定选择性的。因此必须采取一定的措施提高鉴定反应的选择性，以消除干扰。常用的方法介绍如下。

(1) 控制溶液的酸度　如以 CrO_4^{2-} 检验 Ba^{2+} 时，Sr^{2+} 的干扰可通过降低酸度至中性或弱酸性来消除。SrCrO_4 的溶解度大于 BaCrO_4，降低酸度可降低 CrO_4^{2-} 浓度，进而提高选择性。

(2) 加入掩蔽剂　如用 SCN^- 鉴定 Co^{2+}，可加 F^- 使 Fe^{3+} 生成无色 $[\text{FeF}_6]^{3-}$ 加以掩蔽。

(3) 分离干扰离子　如用 $\text{C}_2\text{O}_4^{2-}$ 鉴定 Ca^{2+}，可加 CrO_4^{2-} 沉淀 Ba^{2+}，分离后消除干扰。

下面列出常见阳离子和常用试剂的反应。

1. 氯化物

$\left.\begin{array}{l}\text{Ag}^+ \\ \text{Pb}^{2+} \\ \text{Hg}_2^{2+}\end{array}\right\} \xrightarrow{2\text{mol}\cdot\text{L}^{-1}\text{HCl}} \left\{\begin{array}{l}\text{AgCl}\downarrow\text{（白色）溶于 NH}_3\cdot\text{H}_2\text{O，加 HNO}_3\text{ 又析出 AgCl 沉淀} \\ \text{AgCl 可溶于浓 HCl，生成 H}[\text{AgCl}_2] \\ \text{PbCl}_2\downarrow\text{（白色）溶于热水、NH}_4\text{Ac、浓 HCl} \\ \text{Hg}_2\text{Cl}_2\downarrow\text{（白色）在氨水中歧化} \\ \text{Hg}_2\text{Cl}_2 + 2\text{NH}_3 \longrightarrow \text{HgNH}_2\text{Cl}\downarrow\text{（白）} + \text{Hg}\downarrow\text{（黑）} + \text{NH}_4\text{Cl}\end{array}\right.$

2. 硫酸盐

$$\left.\begin{array}{l} Ag^+ \\ Pb^{2+} \\ Hg_2^{2+} \\ Ca^{2+} \\ Sr^{2+} \\ Ba^{2+} \end{array}\right\} \xrightarrow{2\,mol\cdot L^{-1}\,H_2SO_4} \begin{cases} Ag_2SO_4\downarrow\ (白色) \\ PbSO_4\downarrow\ (白色)\ 溶于\ NH_4Ac、NaOH \\ Hg_2SO_4\downarrow\ (白色) \\ CaSO_4\downarrow\ (白色)\ 在乙醇中溶解度降低,可溶于浓\,(NH_4)_2SO_4 \\ \left.\begin{array}{l} SrSO_4\downarrow\ (白色) \\ BaSO_4\downarrow\ (白色) \end{array}\right\} \xrightarrow[饱和]{Na_2CO_3} \begin{cases} SrCO_3\ 溶于\,HAc \\ BaCO_3\ 溶于\,HAc \end{cases} \end{cases}$$

3. 氢氧化物

Na^+、K^+、NH_4^+ 不生成氢氧化物沉淀。Ca^{2+} 一般情况下沉淀不明显,离子浓度较高时才有 $Ca(OH)_2$ 沉淀析出。生成两性氢氧化物沉淀,能溶于过量 NaOH 的有:

$$\left.\begin{array}{l} Al^{3+} \\ Cr^{3+} \\ Zn^{2+} \\ Pb^{2+} \\ Sb^{3+} \\ Sn^{2+} \\ Sn(\text{IV}) \\ Cu^{2+} \end{array}\right\} \xrightarrow[适量]{NaOH} \begin{cases} Al(OH)_3\downarrow\ (白色) \\ Cr(OH)_3\downarrow\ (灰绿色) \\ Zn(OH)_2\downarrow\ (白色) \\ Pb(OH)_2\downarrow\ (白色) \\ Sb(OH)_3\downarrow\ (白色) \\ Sn(OH)_2\downarrow\ (白色) \\ Sn(OH)_4\downarrow\ (白色)(或\,SnO_2\cdot H_2O) \\ Cu(OH)_2\downarrow\ (浅蓝色) \end{cases} \xrightarrow[过量]{NaOH} \begin{cases} [Al(OH)_4]^-\ (无色) \\ [Cr(OH)_4]^-\ (亮绿) \\ [Zn(OH)_4]^{2-}\ (无色) \\ [Pb(OH)_4]^{2-}\ (无色) \\ SbO_2^-\ (无色) \\ [Sn(OH)_4]^{2-}\ (无色) \\ [Sn(OH)_6]^{2-}\ (无色) \end{cases}$$

$Cu(OH)_2\downarrow\ (浅蓝色) \xrightarrow[\triangle]{浓\,NaOH}$ 部分溶解,生成 $[Cu(OH)_4]^{2-}$(蓝色)

$Al(OH)_3$ 如果放置时间较长,结构改变,将不溶于过量 NaOH。生成氢氧化物、氧化物或碱式盐沉淀,不溶于过量碱的有:

$$\left.\begin{array}{l} Mg^{2+} \\ Fe^{3+} \\ Fe^{2+} \\ Mn^{2+} \\ Cd^{2+} \\ Ag^+ \\ Hg^{2+} \\ Hg_2^{2+} \\ Co^{2+} \\ Ni^{2+} \end{array}\right\} \xrightarrow{NaOH} \begin{cases} Mg(OH)_2\downarrow\ (白色) \\ Fe(OH)_3\downarrow\ (红棕色) \xrightarrow{浓\,NaOH} 部分生成\,FeO_2^- \\ Fe(OH)_2\downarrow\ (白色) \xrightarrow{空气中\,O_2} Fe(OH)_3\downarrow\ (红棕色) \\ Mn(OH)_2\downarrow\ (白色) \xrightarrow{空气中\,O_2} MnO(OH)_2\downarrow\ (棕褐色) \\ Cd(OH)_2\downarrow\ (白色) \\ Ag_2O\downarrow\ (褐色) \\ HgO\downarrow\ (黄色) \\ HgO\downarrow\ (黄色)+Hg\downarrow\ (黑色) \\ 碱式盐\downarrow\ (蓝色) \\ 碱式盐\downarrow\ (浅绿色) \end{cases} \xrightarrow{浓\,NaOH} \begin{cases} Co(OH)_2\ (粉红色) \\ Ni(OH)_2\ (绿色) \end{cases}$$

4. 氨配合物

生成氢氧化物、氧化物或碱式盐沉淀,能溶于过量氨水,生成配合物的有:

$$\left.\begin{array}{l}Ag^+\\Cu^{2+}\\Cd^{2+}\\Zn^{2+}\\Co^{2+}\\Ni^{2+}\end{array}\right\}\xrightarrow[\text{适量}]{NH_3}\left\{\begin{array}{l}Ag_2O\downarrow(\text{褐色})\\\text{碱式盐}\downarrow(\text{浅蓝色})\\Cd(OH)_2\downarrow(\text{白色})\\Zn(OH)_2\downarrow(\text{白色})\\\text{碱式盐}\downarrow(\text{蓝色})\\\text{碱式盐}\downarrow(\text{浅绿色})\end{array}\right.\xrightarrow[\text{过量}]{NH_3}\left\{\begin{array}{l}[Ag(NH_3)_2]^+(\text{无色})\\[Cu(NH_3)_4]^{2+}(\text{深蓝色})\\[Cd(NH_3)_4]^{2+}(\text{无色})\\[Zn(NH_3)_4]^{2+}(\text{无色})\\[Co(NH_3)_6]^{2+}(\text{土黄色})\xrightarrow{\text{空气中}}[Co(NH_3)_6]^{3+}(\text{红褐色})\\[Ni(NH_3)_6]^{2+}(\text{蓝紫色})\end{array}\right.$$

生成氢氧化物或碱式盐沉淀，不溶于过量 NH_3 水的有：

$$\left.\begin{array}{l}Al^{3+}\\Cr^{3+}\\Fe^{3+}\\Fe^{2+}\\Mn^{2+}\\Sn^{2+}\\Sn(\text{IV})\\Pb^{2+}\\Mg^{2+}\\Hg^{2+}\\Hg_2^{2+}\end{array}\right\}\xrightarrow{NH_3}\left\{\begin{array}{l}Al(OH)_3\downarrow(\text{白色})\\Cr(OH)_3\downarrow(\text{灰绿色})\\Fe(OH)_3\downarrow(\text{红棕色})\\Fe(OH)_2\downarrow(\text{白色})\xrightarrow{\text{空气中}O_2}Fe(OH)_3\downarrow(\text{红棕色})\\Mn(OH)_2\downarrow(\text{白色})\xrightarrow{\text{空气中}O_2}MnO(OH)_2\downarrow(\text{棕褐色})\\Sn(OH)_2\downarrow(\text{白色})\\Sn(OH)_4\downarrow(\text{白色})\\\text{碱式盐}\downarrow(\text{白色})\\Mg(OH)_2\downarrow(\text{白色})\\HgNH_2Cl\downarrow(\text{白色})\\HgNH_2Cl\downarrow(\text{白色})+Hg\downarrow(\text{黑色})\end{array}\right.$$

在 NH_3-NH_4Cl 溶液中，部分 Cr^{3+} 生成 $[Cr(NH_3)_6]^{3+}$，溶液加热后生成 $Cr(OH)_3$ 沉淀。

$Mg(OH)_2$ 的溶解度稍大，只有当氨水的浓度较高，即溶液中的 OH^- 浓度较高时才有 $Mg(OH)_2$ 沉淀，如果溶液中有大量 NH_4Cl 存在，由于 NH_4^+ 水解产生的 H^+ 降低了 OH^- 浓度，因此没有 $Mg(OH)_2$ 沉淀生成。

5. 碳酸盐

$$\left.\begin{array}{l}Mg^{2+}\\Ag^+\\Ca^{2+}\\Sr^{2+}\\Ba^{2+}\\Fe^{2+}\\Mn^{2+}\\Hg_2^{2+}\end{array}\right\}\xrightarrow{CO_3^{2-}}\left\{\begin{array}{l}Mg_2(OH)_2CO_3\\Ag_2CO_3\\CaCO_3\\SrCO_3\\BaCO_3\\FeCO_3\\MnCO_3\\Hg_2CO_3\downarrow(\text{淡黄色})\xrightarrow{\text{迅速}}HgO\downarrow(\text{黄色})+Hg\downarrow(\text{黑色})\end{array}\right.\text{均溶于酸中}$$

K^+、Na^+、NH_4^+ 不生成碳酸盐沉淀。Pb^{2+}、Zn^{2+}、Co^{2+}、Ni^{2+}、Cu^{2+}、Cd^{2+}、Bi^{3+}、Mg^{2+} 生成碱式盐，其中 Zn^{2+}、Co^{2+}、Ni^{2+} 的碱式盐溶于过量的 $(NH_4)_2CO_3$ 溶液。Al^{3+}、Cr^{3+}、Fe^{3+}、Sn^{2+}、$Sn(\text{IV})$、Sb^{3+} 与 $(NH_4)_2CO_3$ 反应生成氢氧化物沉淀。

6. 硫化物

K^+、Na^+、NH_4^+ 的硫化物溶于水。能在碱性条件下生成硫化物或氢氧化物沉淀，不溶于水，但可溶于 HCl 的硫化物有：

$$\left.\begin{array}{l}Fe^{2+}\\Mn^{2+}\\Zn^{2+}\\Co^{2+}\\Ni^{2+}\\Al^{3+}\\Cr^{3+}\end{array}\right\}\xrightarrow{(NH_4)_2S}\left\{\begin{array}{l}FeS\downarrow(黑色)\\MnS\downarrow(肉色)\\ZnS\downarrow(白色)\\CoS\downarrow(黑色)\\NiS\downarrow(黑色)\\Al(OH)_3\downarrow(白色)\\Cr(OH)_3\downarrow(灰绿色)\end{array}\right.$$

溶于稀 HCl；放置或加热 $\left\{\begin{array}{l}\beta\text{-CoS}\\\beta\text{-NiS}\end{array}\right.$ 不溶于稀 HCl，溶于 HNO_3

不溶于稀酸，可在酸性条件下（$0.2\sim0.6\,mol\cdot L^{-1}$ H^+）沉淀的离子众多。As_2S_3、Sb_2S_3、SnS_2、As_2S_5、Sb_2S_5 和 HgS 还可溶解在 Na_2S 中，生成相应的可溶性的硫代酸盐和 $Na_2[HgS_2]$。此溶液酸化后，又重新析出硫化物沉淀并放出 H_2S 气体。另外这几种硫化物中除 HgS 外，都可溶于多硫化铵 $(NH_4)_2S_x$ 中，生成相应的硫代酸盐（As_2S_3、Sb_2S_3 分别生成 AsS_4^{3-}、SbS_4^{3-}）。可在酸性条件下沉淀的离子有：

$$\left.\begin{array}{l}Ag^+\\Pb^{2+}\\Cu^{2+}\\Cd^{2+}\\Bi^{3+}\\Hg^{2+}\\Hg_2^{2+}\\As(V)\\As^{3+}\\Sb(V)\\Sb^{3+}\\Sn(IV)\\Sn^{2+}\end{array}\right\}\xrightarrow{H_2S}\left\{\begin{array}{l}Ag_2S\downarrow(黑色)\\PbS\downarrow(黑色)\\CuS\downarrow(黑色)\\CdS\downarrow(黄色)\\Bi_2S_3\downarrow(黑色)\\HgS\downarrow(黑色)\\HgS\downarrow+Hg\downarrow(黑色)\\As_2S_5\downarrow(黄色)\\As_2S_3\downarrow(黄色)\\Sb_2S_5\downarrow(橙红色)\\Sb_2S_3\downarrow(橙色)\\SnS_2\downarrow(黄色)\\SnS\downarrow(褐色)\end{array}\right.$$

溶于热 HNO_3；溶于王水；不溶于浓 HCl，溶于 NaOH；溶于浓 HCl，也溶于 NaOH；溶于浓 HCl，不溶于 NaOH

SnS 不溶于 Na_2S，但可被 $(NH_4)_2S_x$ 氧化为 SnS_2 溶解在多硫化物中，形成 SnS_3^{2-}。

一般构成阴离子的元素较少，且许多阴离子共存的机会也较少。除少数几种阴离子外，大多数情况下阴离子鉴定时相互并不干扰。

【设计任务】

1. 自行设计实验方案，分别鉴别出给定编号但未知名称的阳离子组和阴离子组溶液。
2. 自行设计实验方案，分别鉴定给定混合阳离子溶液和混合阴离子溶液。

【设计提示】

1. Cr^{3+} 可通过生成黄色 $PbCrO_4$ 沉淀或蓝色 CrO_5 来鉴定。具体过程为：在试样中加入过量 NaOH 和 H_2O_2，充分搅拌，加热煮沸溶液变黄，使过量 H_2O_2 分解。取 2 滴此溶液，用 $6\,mol\cdot L^{-1}$ HAc 酸化，加 2 滴 $Pb(Ac)_2$ 生成黄色沉淀，表示有 Cr^{3+}。注意，$PbCrO_4$ 黄色沉淀析出的条件是中性或弱酸性。或酸化被氧化成的黄色溶液，加戊醇后再加 H_2O_2，观察戊醇层变蓝。

2. 若采用 AgCl 沉淀分离 Ag^+，加入 Cl^-（如 HCl）的量要适当，以刚好沉淀完全为限，否则 AgCl 会进一步生成 $[AgCl_2]^-$ 而部分溶解。另外，生成的沉淀应用热水浴使 AgCl 胶体凝聚便于分离。

3. Hg_2^{2+} 可用 Cl^- 结合氨水进行鉴定。在 2 滴试样中加入 1 滴 $2mol·L^{-1}$ HCl，生成白色沉淀，再加入几滴 $2mol·L^{-1}$ NH_3，生成灰黑色沉淀，说明是 Hg_2^{2+}。

4. Fe^{3+} 可分别用 KSCN 或 $K_4[Fe(CN)_6]$ 溶液进行鉴定，前者生成血红色溶液，后者生成蓝色沉淀。

5. Ni^{2+} 可用丁二酮肟鉴定。具体为在试样中滴加 $2mol·L^{-1}$ $NH_3·H_2O$ 到沉淀刚好溶解为 $[Ni(NH_3)_6]^{2+}$，然后加入 1% 丁二酮肟生成鲜红色沉淀。

6. Cd^{2+} 与 S^{2-} 生成黄色 CdS 沉淀，该沉淀不溶于 $2mol·L^{-1}$ HCl。

7. NO_3^- 可用棕色环实验进行鉴定。另外，NO_3^- 在 40% NaOH 热溶液中，用铝片还原为 NH_3，后者用 pH 试纸或奈斯勒试剂鉴定。

8. Br^- 和 I^- 被氧化后形成的单质在 CCl_4 中显示特征颜色。紫红色 I_2 会掩盖红棕色的 Br_2，I_2 需要进一步被氧化为 IO_3^- 后 Br_2 的颜色才能被观察到。

9. 常见阳离子和阴离子的鉴定方法可参见附录 11、12。

【仪器、药品和材料】

仪器：离心机、离心试管、试管。

药品：常用酸碱。浓度均为 $0.1mol·L^{-1}$ 的 KI、$K_3[Fe(CN)_6]$、$MnSO_4$、NH_4Cl、$FeSO_4$、$ZnSO_4$、KCl、Na_2CO_3、$NaNO_2$、Na_3PO_4、Na_2SO_3、Na_2SO_4、$Na_2S_2O_3$、$AgNO_3$、$Fe(NO_3)_3$、$Cr(NO_3)_3$、$Ni(NO_3)_2$、$Cd(NO_3)_2$、KSCN、$K_4[Fe(CN)_6]$、$Pb(NO_3)_2$、$BaCl_2$ 溶液、KSCN（饱和）、Na_2S（$2mol·L^{-1}$）、H_2S（饱和）、Cl_2 水、H_2O_2（3%）、戊醇、丁二酮肟（1%）、二苯硫脲溶液、CCl_4、$FeSO_4·7H_2O$（固）、$NaBiO_3$（固）、铝片。

材料：pH 试纸、冰块。

【实验内容】

(1) 自行设计方案，鉴别下列六瓶未知无色阳离子溶液。
Mn^{2+}、Pb^{2+}、NH_4^+、Fe^{3+}、Cd^{2+} 和 K^+。

(2) 自行设计方案，鉴别下列六瓶未知无色阴离子溶液。
CO_3^{2-}、NO_2^-、PO_4^{3-}、SO_3^{2-}、SO_4^{2-} 和 $S_2O_3^{2-}$。

(3) 自行设计方案，鉴定混合阳离子溶液中的 Ag^+、Fe^{3+}、Cr^{3+}、Ni^{2+} 和 Zn^{2+}。

(4) 自行设计方案，鉴定混合阴离子溶液中的 Cl^-、Br^-、I^- 和 NO_3^-。

【现象记录与结果处理】

1. 根据所设计实验方案进行鉴别并记录现象。鉴别出以下编号的无色阳离子溶液分别是：
① _____，② _____，③ _____，④ _____，⑤ _____，⑥ _____。

2. 根据所设计实验方案进行鉴别并记录现象。鉴别出以下编号的无色阴离子溶液分别是：
① _____，② _____，③ _____，④ _____，⑤ _____，⑥ _____。

3. 根据所设计实验方案进行鉴定并记录现象。在混合阳离子溶液中，能检出的阳离子有：_____，未检出的离子有：_____。根据实验结果，说明所设计方案的可行性和需要改进之处。

4. 根据所设计实验方案进行鉴定并记录现象。在混合阴离子溶液中，能检出的阴离子有：_____，未检出的离子有：_____。根据实验结果，说明所设计方案的可行性和需要改进之处。

【注意事项】

1. Cr^{3+} 可部分溶解在 NH_3-NH_4Cl 缓冲溶液中。另外，要注意镍沉淀的状态对分离的影响。

2. 鉴定时，如果共存离子不干扰，无需完全分离。

【思考题】

1. 能否用过量 NaOH 溶液分离 Ni^{2+} 和 Zn^{2+}？为什么？
2. 在 Br^-、I^- 和 NO_3^- 混合溶液中，能否用棕色环实验鉴定 NO_3^-？为什么？

实验 35　针状水合草酸配铜（Ⅱ）酸钾的控制合成及其组成的测定

【预习】

1. 配位化合物的一般特性。
2. 电导率仪的使用方法。

【实验目的】

1. 学习无机配位化合物晶体结构的可控制备和分离纯化方法。
2. 通过分析配合物中 Cu（Ⅱ）、$C_2O_4^{2-}$ 含量和配离子电荷，确定其化学式中结晶水个数 n。
3. 考察学生运用所掌握实验技能和相关化学知识，设计并完成复杂实验的综合能力。

【实验原理】

配合物中结晶水含量常与合成（包括溶液中溶质浓度、结晶或干燥温度）与保存条件（湿度和温度）有关。相同金属离子和配体，由于反应物比例不同，可以形成组成或晶体结构不同的配合物。草酸为多齿配体，通过 O 与 Cu^{2+} 配位，能形成三种晶体结构类型的蓝色稳定化合物{$[Cu(C_2O_4)]$、$K_2[Cu(C_2O_4)_2] \cdot nH_2O$ 和 $K_2[Cu(C_2O_4)_2] \cdot (n-2)H_2O$}。合成时，当 $C_2O_4^{2-}$ 与 Cu^{2+} 的物质的量之比大于 2.5∶1 时，在接近回流条件下反应一定时间后，容易生成后面两种配合物。在水合草酸铜（Ⅱ）酸钾（$K_2[Cu(C_2O_4)_2] \cdot nH_2O$）中，$Cu^{2+}$ 为四配位，而 K^+ 通过 $C_2O_4^{2-}$ 中未参与 Cu^{2+} 配位的 O 原子和不同个数的 H_2O 结合，与配位的 Cu^{2+} 在三维空间形成配合物。研究表明，$K_2[Cu(C_2O_4)_2]$ 在相对较稀的溶液（6.0g/100mL 水）和较低温度下，容易以针状 $K_2[Cu(C_2O_4)_2] \cdot nH_2O$ 晶体析出；而在浓度较大的溶液中（热/冷）结晶时，倾向形成片状 $K_2[Cu(C_2O_4)_2] \cdot (n-2)H_2O$ 化合物。另外，即使在相对较稀的溶液和较低温度下，$K_2[Cu(C_2O_4)_2]$ 也容易因搅拌、震动或长时间放置，形成片状 $K_2[Cu(C_2O_4)_2] \cdot (n-2)H_2O$ 化合物。

当 $C_2O_4^{2-}$ 与 Cu^{2+} 的物质的量比 <2 : 1 时：
$$CuSO_4 \cdot 5H_2O + K_2C_2O_4 \longrightarrow [Cu(C_2O_4)]\downarrow$$

当 $C_2O_4^{2-}$ 与 Cu^{2+} 的物质的量比 >2.5 : 1 时：
$$CuSO_4 \cdot 5H_2O + K_2C_2O_4 \longrightarrow K_2[Cu(C_2O_4)_2] \cdot nH_2O（稀溶液和低温下）$$
$$CuSO_4 \cdot 5H_2O + K_2C_2O_4 \longrightarrow K_2[Cu(C_2O_4)_2] \cdot (n-2)H_2O（较浓溶液和低温/高温下）$$
$$[Cu(C_2O_4)] + K_2C_2O_4 \longrightarrow K_2[Cu(C_2O_4)_2] \cdot nH_2O \text{ 或 } K_2[Cu(C_2O_4)_2] \cdot (n-2)H_2O$$

或者在酸性条件下：
$$K_2[Cu(C_2O_4)_2] \cdot nH_2O \longrightarrow [Cu(C_2O_4)]\downarrow$$

本实验以 $CuSO_4$、草酸和碳酸钾为原料，通过先制备中间产物 $K_2C_2O_4$ 溶液，再通过 Cu^{2+} 与 $K_2C_2O_4$ 配位，制备针状 $K_2[Cu(C_2O_4)_2] \cdot nH_2O$。因为该配合物在水溶液中溶解度不大，容易从溶液中析出，同时，该配合物在乙醇中的溶解度很低，可以通过乙醇洗涤并在常温下通风放置一定时间，得到干燥的纯样品。所合成的 $K_2[Cu(C_2O_4)_2] \cdot nH_2O$ 样品，其草酸根含量通过氧化还原滴定法测定，Cu^{2+} 可用容量法测定，配合物离子类型（电荷）可通过电导率法确定，最后可推算出配合物中水分子的个数 n。

【设计任务】

1. 配合物 $K_2[Cu(C_2O_4)_2] \cdot nH_2O$ 中 Cu^{2+} 含量的测定方案。
2. 配合物 $K_2[Cu(C_2O_4)_2] \cdot nH_2O$ 离子类型（电荷）的测定方案。
3. 配合物 $K_2[Cu(C_2O_4)_2] \cdot nH_2O$ 中，结晶水个数 n 的计算方法。

【设计提示】

1. 设计"Cu^{2+} 含量测定"实验方案时，可查阅实验 9 和实验 33，可查阅有关硫酸铜的国家标准。但应充分考虑与前一个"$C_2O_4^{2-}$ 含量测定"步骤的衔接。另外，应考虑前一个步骤生成的 Mn^{2+} 对 Cu^{2+} 测定的干扰。
2. 设计"配合物离子类型测定"的实验方案时，可参考实验 27 相关内容。

【仪器、药品和材料】

仪器：圆底烧瓶（200mL）、冷凝管、量筒、烧杯、试剂瓶、锥形瓶、碘量瓶、容量瓶、移液管、酸式滴定管（50mL）、称量瓶（$\phi 2.5cm \times 4.0cm$）、磁力搅拌恒温水浴锅、台秤、分析天平、吸滤瓶、布氏漏斗、循环水泵、光学显微镜、电热板等。

药品：$H_2C_2O_4 \cdot 2H_2O$（固体）、K_2CO_3（固体）、$CuSO_4 \cdot 5H_2O$（固体）、$KMnO_4$（$0.2mol \cdot L^{-1}$）、H_2SO_4（$2mol \cdot L^{-1}$）、$Na_2C_2O_4$ 基准物、EDTA（固）、PAN 指示剂（$3g \cdot L^{-1}$）、NH_4Cl（固）、浓 $NH_3 \cdot H_2O$、ZnO 基准物质、KI（10%）、淀粉溶液（0.5%）、$Na_2S_2O_3$（固体）、$K_2Cr_2O_7$ 基准物质等。

材料：称量纸、滤纸、标签纸、pH 试纸、胶管。

【实验内容】

1. 针状 $K_2[Cu(C_2O_4)_2] \cdot nH_2O$ 配合物的制备

（1）草酸钾溶液的制备 将 200mL 圆底烧瓶置入磁力搅拌恒温水浴锅中，烧瓶内加入 60mL 去离子水和 6.7g $H_2C_2O_4 \cdot 2H_2O$ 搅拌溶解，并在搅拌情况下，缓慢加入 7.3g 无水碳酸钾，加完后继续搅拌 10min，得到澄清溶液待用。

(2) 针状水合草酸配铜（Ⅱ）酸钾的制备 称取 3.3g $CuSO_4 \cdot 5H_2O$ 于 100mL 烧杯中，加 20mL 去离子水使其溶解。将得到的 $CuSO_4$ 溶液缓慢加入步骤（1）制备的草酸钾溶液中，装上冷凝管，调节加热旋钮控制温度约 85℃ 回流约 75min。结束后，将圆底烧瓶中的混合溶液用自来水冷却，待蓝色针状晶体析出后，减压过滤并用无水乙醇淋洗，然后转移至表面皿上晾干。

(3) 晶体形貌的显微观察 在样品晾干的同时，随机取几粒晶体于载玻片上，在光学显微镜下观察晶体外观形貌，确认针状晶体的形成。观察完毕后，称量样品，记录质量，计算产率。然后将晶体转入已编号的称量瓶中，将称量瓶放入干燥器中备用。

2. 针状 $K_2[Cu(C_2O_4)_2] \cdot nH_2O$ 配合物中结晶水个数 n 的确定

(1) $0.02mol \cdot L^{-1}$ $KMnO_4$ 标准溶液的配制和标定 量取一定量的 $0.2mol \cdot L^{-1}$ $KMnO_4$ 溶液于 500mL 棕色试剂瓶中，稀释至一定体积，摇匀备用（请自行计算取用量和稀释后体积）。用增量法准确称取一定量基准物质 $Na_2C_2O_4$（请自行计算取用量），加水溶解后定量转移至 250mL 容量瓶中定容，摇匀。用 25mL 移液管移取草酸钠溶液到 250mL 锥形瓶中，加 20mL $2mol \cdot L^{-1}$ H_2SO_4，加热到 70～80℃；趁热用高锰酸钾溶液滴定到溶液呈现微红色且 30s 内不褪色即终点，结果记入表 8-7。根据 $Na_2C_2O_4$ 的质量和消耗 $KMnO_4$ 溶液的体积计算 $KMnO_4$ 浓度。

(2) $C_2O_4^{2-}$ 含量测定 用减量法称取约 1.0g 所合成的 $K_2[Cu(C_2O_4)_2] \cdot nH_2O$ 三份，分别置于三个已编号的 250mL 锥形瓶中，加 30mL 水溶解，加入 20mL $2mol \cdot L^{-1}$ H_2SO_4，加热到 70～80℃ 趁热用 $KMnO_4$ 标准溶液滴定至溶液呈微红色且 30s 内不褪色，结果记入表 8-9。

(3) Cu^{2+} 含量测定（设计性实验） 写出接续步骤（2）进行容量法测定 Cu^{2+} 含量的实验步骤，配制所需溶液，标定所需标准溶液，将标定用溶液的化学式和主要试剂的浓度、用量以及所得数据记入表 8-8 中。然后，根据所设计的实验步骤，测定步骤（2）滴定后释放出的 Cu^{2+} 含量，将结果记入表 8-9 中。

(4) 配合物离子类型的测定（设计性实验） 根据所设计的配合物离子类型测定步骤，测定 $K_2[Cu(C_2O_4)_2]$ 溶液的电导率 κ，计算摩尔电导率 Λ_{1024}，对比表 7-1 确定配合物的离子类型（配离子电荷），进而确定配合物中 K^+ 个数。

(5) 配合物中结晶水个数的确定 根据配合物中 $C_2O_4^{2-}$ 和 Cu^{2+} 含量、配合物离子类型、K^+ 个数，以及配合物的化学式 $K_2[Cu(C_2O_4)_2] \cdot nH_2O$，计算结晶水个数 n。

【数据记录与结果处理】

室温 _____ ℃； $K_2[Cu(C_2O_4)_2] \cdot nH_2O$ 的颜色和形貌呈 _____ 状。
$K_2[Cu(C_2O_4)_2] \cdot nH_2O$ 的理论产量 _____ g；
$K_2[Cu(C_2O_4)_2] \cdot nH_2O$ 的实际产量 _____ g；产率 _____ 。

表 8-7 $KMnO_4$ 标准溶液的标定

项目	Ⅰ	Ⅱ	Ⅲ
$m(Na_2C_2O_4 \text{基准})/g$			
$c(Na_2C_2O_4)/mol \cdot L^{-1}$			

续表

项目		I	II	III
$V(Na_2C_2O_4)$/mL		25.00	25.00	25.00
$V_1(KMnO_4)$/mL				
$c(KMnO_4)$ /mol·L^{-1}	测定值			
	平均值			
	相对平均偏差($\bar{d}$)/ %			

注：标准溶液长时间放置后，浓度可能会发生变化，使用时需新配。

表 8-8　测定 Cu^{2+} 含量用标准溶液的标定①

项目		I	II	III
$m($　　基准$)$/g				
$c($　　$)$/mol·L^{-1}				
$V($　　$)$/mL				
$V_1($　　$)$/mL				
$c($　　$)$ /mol·L^{-1}	测定值			
	平均值			
	相对平均偏差($\bar{d}$)/ %			

注：标准溶液长时间放置后，浓度也可能会发生变化，使用时需新配。

表 8-9　配合物中 $C_2O_4^{2-}$ 和 Cu^{2+} 含量的测定

项目		I	II	III
$m(K_2[Cu(C_2O_4)_2]\cdot nH_2O)$/g				
$c(KMnO_4)$/mol·L^{-1}				
$V(KMnO_4)$/mL				
质量分数 $w(C_2O_4^{2-})$/%	测定值			
	平均值			
	相对平均偏差($\bar{d}$)/ %			
$c($　　$)$/mol·L^{-1}				
$V($　　$)$/mL				
质量分数 $w(Cu^{2+})$/%	测定值			
	平均值			
	相对平均偏差($\bar{d}$)/%			

电导电极常数值_____cm^{-1}；配合物极稀溶液的电导率 $\kappa =$ _____ S·m^{-1}；
配合物溶液的摩尔电导率 $\Lambda_{1024} =$ _____ S·m^2·mol^{-1}；
配合物离子类型_____；配合物中 K^+ 个数_____。
根据表 8-7，最终确定的 $KMnO_4$ 标准溶液浓度为_____mol·L^{-1}。
根据表 8-8，最终确定的_____标准溶液浓度为_____mol·L^{-1}。
根据表 8-9，所得 $C_2O_4^{2-}$ 含量为_____，Cu^{2+} 含量为_____，结合配合物离子类型测定结果，最终确定配合物 $K_2[Cu(C_2O_4)_2]\cdot nH_2O$ 中结晶水个数 n 为_____个。

【注意事项】

1. 本实验需 3 次 12 学时完成。第一次进行制备；第二次进行配合物离子类型测定以及 $C_2O_4^{2-}$ 和 Cu^{2+} 测定用溶液的配制与标定练习；第三次进行 $C_2O_4^{2-}$ 和 Cu^{2+} 含量的联合测定。

2. 制备草酸钾溶液时，碳酸钾加入要慢，防止因放出 CO_2 使溶液溢出。

3. 所得的水合草酸配铜（Ⅱ）酸钾样品质量应大于 2.0 g，否则无法完成后续测量。

4. $KMnO_4$ 滴定 $C_2O_4^{2-}$ 时溶液的温度应为 70~80℃，但不能超过 90℃，否则，部分 $H_2C_2O_4$ 会分解：

$$H_2C_2O_4 \longrightarrow CO_2\uparrow + CO\uparrow + H_2O$$

滴定初期，$KMnO_4$ 加入速度应很慢，第一滴加入后，要摇匀溶液，当紫红色褪去后再滴入第二滴；随着生成的 Mn^{2+} 增多，催化能力增强，滴定速度可略快。但不能太快，否则加入的 $KMnO_4$ 溶液来不及与 $C_2O_4^{2-}$ 反应，在热的酸性溶液中会发生分解：

$$4MnO_4^- + 12H^+ \longrightarrow 4Mn^{2+} + 5O_2\uparrow + 6H_2O$$

5. 接近终点时，紫红色褪去很慢，应减慢滴定速度，同时充分振荡，以防超过终点。

【思考题】

1. 制备草酸钾溶液时，为什么要在草酸溶液中缓慢加入碳酸钾？

2. 根据实验原理推测，制备水合草酸配铜（Ⅱ）酸钾的过程中，将硫酸铜溶液加入草酸钾溶液的目的是什么？改变添加顺序，是否对合成水合草酸配铜（Ⅱ）酸钾有重要影响？为什么？草酸根离子与铜离子的物质的量比控制在什么比例较合理？

3. 制备水合草酸配铜（Ⅱ）酸钾的过程中，最后采用乙醇洗涤的作用是什么？

4. 采用高锰酸钾法测定草酸根时，加稀硫酸和加热的目的分别是什么？

5. 合成的配合物溶于去离子水时，长时间放置或酸化后会产生沉淀，请分析产生沉淀的原因。试讨论沉淀是否影响结晶水个数的测定，若不影响，请解释原因；若有影响，该如何消除？

实验 36　阳极氧化法制备 Al_2O_3 有序纳米孔阵列

【预习】

1. 铝单质及其化合物的性质。
2. 常见金属表面处理方法。

【实验目的】

1. 学习阳极氧化法制备有序氧化铝多孔膜的方法和形成机理。
2. 初步学习科研方法，培养团队协作精神。

【实验原理】

Al_2O_3 有序纳米孔阵列的制备是在铝合金阳极氧化表面处理技术基础上发展起来的一种纳米制备技术。通过对高纯铝进行退火和电化学抛光等技术预处理，再进行阳极氧化，就可以得到六方有序排列的孔阵列，阵列中的每个孔都垂直于基底，孔的底部呈试管状（图 8-2）。

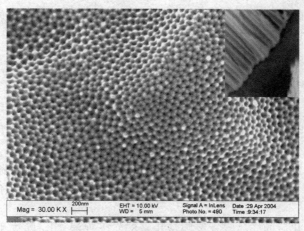

图 8-2　Al_2O_3 有序纳米孔阵列的 SEM 图

阳极氧化时，以铅或纯度不高的铝为阴极，以退火并抛光处理后的高纯铝片为阳极，以硫酸（磷酸或草酸）为电解液，在一定电压下进行阳极氧化，其反应为

阴极　　　　　　　　　$2H^+ + 2e^- \longrightarrow H_2 \uparrow$

阳极　　　　　　　　　$Al \longrightarrow Al^{3+} + 3e^-$

$$2Al^{3+} + 6OH^- \longrightarrow Al_2O_3 + 3H_2O$$

其中 OH^- 来源于水的解离，在电场的作用下迁移到阳极与生成的 Al^{3+} 结合形成 Al_2O_3，同时电场作用把 H^+ 驱离阳极降低 Al_2O_3 的溶解速度。由于 Al_2O_3 在酸中溶解，其生成速度必须大于溶解速度，才能制得 Al_2O_3 膜，选择合适酸且降低电解液温度，可延缓 Al_2O_3 的溶解，与之匹配的氧化电位可使 Al_2O_3 的生成快于溶解。因此，控制电位和电解液温度，可控制 Al_2O_3 膜的生成和孔径。

孔径大小与电解液种类、氧化电位有关，还可以通过化学腐蚀进行扩孔。常用的阳极氧化电解液为硫酸，也可用草酸和磷酸等。调节电位和电解液，可控制孔径在 4～50nm 范围；调节阳极氧化时间，可控制 Al_2O_3 膜厚在 0.1～300μm 之内。得到的 Al_2O_3 纳米孔阵列，经过扩孔处理后可用作模板，用于气相或电化学沉积制备纳米线和纳米管，例如银纳米线和碳纳米管。

【研究任务】

1. 研究在 0.3mol·L^{-1} 草酸介质中，温度对 Al_2O_3 膜孔形成的影响。
2. 研究氧化电位在 15～40V 之间，对 Al_2O_3 膜孔径以及孔间距的影响。
3. 研究一次氧化和多次氧化对孔排列有序度的影响。

【研究任务分配】

1. 教学班分为若干研究小组，每组 4～5 人。研究组长组织讨论，明确组员各自实验条件，整合全组实验结果进行比较，找出最佳制备条件。
2. 组员完成个人实验报告，研究组长组织完成研究组报告。

【仪器、药品和材料】

仪器：烧杯、直流稳压电源（额定电压 0～40V，额定电流 0～2A）、扫描电子显微镜（SEM）。

药品：$H_2C_2O_4$（0.3mol·L^{-1}）、电化学抛光液（乙醇：浓高氯酸＝9∶1）、溶膜液

(6%磷酸∶1.5%铬酸=1∶1)、丙酮、无水乙醇、高纯铝片(99.998%、厚度0.4mm、350℃退火1.5h)、铝片(95%)。

材料：冰块。

【实验内容】

(1) 取 2 片退火后的高纯铝片，用丙酮去脂，再用乙醇清洗，烘干。

(2) 用95%的铝片做阴极，高纯铝片做阳极，在电化学抛光液中，冰水浴下，电压为40V、电流密度为300mA·cm^{-2}进行电化学抛光。

(3) 第1次阳极氧化。用95%的铝片做阴极，抛光后的高纯铝片做阳极，在0.3mol·L^{-1} $H_2C_2O_4$溶液中，0~25℃，电压为15~40V氧化2~4h。保留一份样品备用，另一份样品继续下列实验。

(4) 把第一次氧化后的样品浸入溶膜液中，85℃下保温1h，除去生成的Al_2O_3膜。用蒸馏水冲洗样品，此时，铝表面上将会留下六方有序排列的凹坑阵列。

(5) 第2次阳极氧化。以步骤4除去Al_2O_3膜的铝样品做阳极，重复步骤3再次氧化。膜的厚度随时间增长而增大。

(6) 对不同样品进行 SEM 观察。分析所得 SEM 照片，得出温度、电压和是否进行二次氧化对孔的形成、孔径和孔间距以及有序度的影响。

【数据记录与结果处理】

阳极氧化的温度____℃，氧化电位_____V，氧化时间____h，孔_____(有，或没有)形成；

第1次氧化，Al_2O_3膜孔的有序性_____，孔径_____nm，孔间距_____nm；

第2次氧化，Al_2O_3膜孔的有序性_____，孔径_____nm，孔间距_____nm。

分析实验结果，探讨控制Al_2O_3有序介孔膜的关键影响因素。

【注意事项】

1. 氧化过程需控制温度，否则金属铝可能被溶穿。
2. 该实验可通过设计特殊的电解池实现单面氧化。

【思考题】

1. 在酸性溶液中进行阳极氧化，Al_2O_3膜为什么没有被酸溶掉？
2. 第1次阳极氧化形成的Al_2O_3膜被溶膜液除去后，为什么会留下有序凹坑？

实验37　偏钨酸盐基可逆光致变色材料的制备与性能研究

【预习】

1. 查阅文献，了解钨酸根、仲钨酸根、偏钨酸根结构特征与还原特性。
2. 聚乙烯吡咯烷酮、聚乙烯醇和聚环氧乙烷-聚环氧丙烷-聚环氧乙烷的分子结构式。

【实验目的】

1. 学习光致变色原理，加深对多酸结构与化学性质的认识。

2. 学习固体粉末的紫外-可见吸收光谱的测量原理与操作方法。

【实验原理】

变色材料是一类受激发后能改变颜色的材料，其变色与电子跃迁有关。受热激发为热致变色，受电激发为电致变色，受光激发为光致变色。变色材料分无机和有机材料。无机变色材料热稳定性好、强度高和易于宏观成型。钨化合物是研究比较广泛的无机变色材料，其电致变色材料已应用于波音787客机舷窗，利用其通电变为深蓝色阻挡强光的特性取代普通遮光板。

可逆光致变色是指物质受光激发变色撤除光照又复原的现象。实验发现，将钨酸钠与聚乙烯吡咯烷酮（PVP）溶液混合并酸化到pH≈3，溶液具有可逆光致变色特性。文献指出，酸化简单钨酸盐溶液时，WO_4^{2-} 会缩合形成不同的多酸根离子：pH=6~7时，生成仲钨酸根$[(W_6O_{19})^{2-}$ 或 $(W_{12}O_{41})^{10-}$ 或 $(H_2W_{12}O_{42})^{10-}]$；pH=3.3时，生成偏钨酸根$[(H_3W_6O_{21})^{3-}$ 或 $(H_2W_{12}O_{40})^{6-}]$。偏钨酸根$(H_2W_{12}O_{40})^{6-}$的结构见图8-3。可见，上述变色现象实际上由偏钨酸根与PVP复合后产生。

本实验利用紫外-可见光谱仪，研究PVP-偏钨酸盐复合物的可逆光致变色原理，以及制备条件对变色的影响和诱导变色的激发光谱特征。

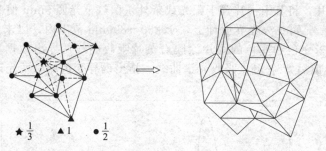

图8-3 偏钨酸根$[H_2W_{12}O_{40}]^{6-}$结构的示意图

【研究任务】

1. 光致变色薄膜的制备及其变色光谱特性。
2. 光致变色溶液的激发光谱特性及影响因素。
3. 光致变色材料的表征。

【研究任务分配】

1. 教学班分为若干研究小组，每组4~5人。组内成员合作完成实验内容1和2，组内成员整合数据作图，分析结果得出结论。
2. 每个小组选择实验内容3中的一个模块进行研究，实验报告时整合各组数据。
3. 实验报告按组完成，包括个人完成内容报告和小组统一处理完整报告，装订一起成为小组报告。课代表组织各小组长统一整理数据，完成教学班完整书面研究报告。

【仪器、药品和材料】

仪器：烧杯、电热磁力搅拌器、量筒、吸量管（2mL）、容量瓶、比色管（25mL）、表面皿、干燥器、电子天平、潜水紫外杀菌灯、均胶机、紫外-可见分光光度计、傅里叶变换红外光谱仪（FT-IR）、X-射线衍射仪（XRD）、扫描电子显微镜（SEM）。

药品：Na$_2$WO$_4$·2H$_2$O（固、AR）、聚乙烯吡咯烷酮（PVP、K30、固）、PEO$_{20}$-PPO$_{70}$-PEO$_{20}$（P123、固）、聚乙烯醇（PVA-124、固）、HNO$_3$（5mol·L^{-1}）。

材料：蒸馏水，石英片。

【实验内容】

1. 光致变色薄膜的制备及其变色光谱特性研究

在 50mL 烧杯中加入 7.2g 钨酸钠和 30mL 蒸馏水，磁力搅拌使之完全溶解得钨酸钠溶液 A。称取 5.2g 聚乙烯吡咯烷酮（简称 PVP）于另一 50mL 烧杯中，加入 30mL 蒸馏水，搅拌溶解成透明 PVP 溶液 C。取 15mL PVP 溶液 C 于第三个 50mL 烧杯中，把 15mL 溶液 A 在搅拌下加入溶液 C 中，得到 30mL 透明混合溶液 D［PVP：钨酸钠，按 m(PVP)：m(WO)$_3$ 计为 0.5：0.5］。

取 10mL 混合溶液 D 在不断搅拌下，用 5mol·L^{-1} HNO$_3$ 溶液调节 pH≈3，得浅黄色 PVP-偏钨酸钠混合溶液 E。将溶液 E 置于阳光或紫外杀菌灯下光照 5min，观察溶液变色情况；若有变色则将其置于暗处，观察是否褪色；若褪色，则该溶液是可逆光致变色溶液。鼓励用变色溶液作画，视频记录有趣的光致变色现象。

选择三片在紫外-可见光范围内吸光度相近的石英片，取其中两片在均胶机上用溶液 E 旋涂制膜。晾干膜片，将其中一片置于阳光或紫外杀菌灯下光照 5min 使其变色。

在 U-3010 型紫外-可见分光光度计上，于 200～800nm 范围内，以未涂膜石英片扫描基线，然后分别测试未变色和变色的两片涂膜石英片吸收曲线，导出数据并作图，结果见图 8-4。对比薄膜变色前后紫外-可见吸收光谱曲线，指出诱导变色的激发光谱的波长。

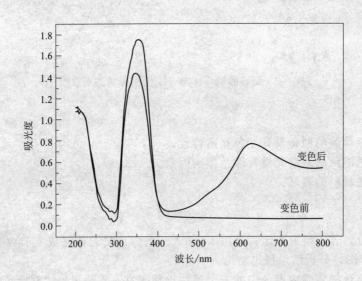

图 8-4　0.5PVP-0.5 偏钨酸钠薄膜变色前后的紫外-可见吸收光谱

2. 溶液光致变色原理研究

取 5mL 钨酸钠溶液 A，用 5mol·L^{-1} HNO$_3$ 调 pH≈3，得黄色偏钨酸钠溶液 B。将实验内容 1 中剩余钨酸钠溶液 A、PVP 溶液 C、未酸化混合溶液 D、PVP-偏钨酸钠混合溶液 E，以及偏钨酸钠溶液 B，一起置于阳光下或紫外杀菌灯下光照 5min，观察是否变色，然后遮光观察是否褪色，将观察到的现象记入表 8-10。

分别移取 1.00mL 上述 A、B、C、D 和 E 溶液于 100mL 容量瓶中（组员每人做一项），用水稀释到刻度，其中控制 B 和 E 溶液 pH≈3。在 U-3900 型的紫外-可见分光光度计上，于 200～800nm 范围内，各自测试 A、B、C、D 和 E 溶液的紫外-可见吸收光谱，导出数据，整合组员数据作图，并与表 8-10 比较，小组讨论，指出诱导变色的激发光谱的波长范围。

3. 制备条件对溶液光致变色特性影响的研究

（1）酸度的影响　将实验内容 1 中剩余约 20mL 未酸化的钨酸钠与 PVP 混合溶液 D，用 5mol·L^{-1} HNO$_3$ 溶液调 pH≈7，光照，观察现象并记入表 8-10。然后取 1.00mL pH≈7 的溶液稀释至 100mL 备用。再分别调混合溶液 D 至 pH 分别为 6、5、4、3，重复光照与稀释步骤，记录现象于表 8-10。测试不同酸度下混合液的紫外-可见吸收光谱并作图，结合表 8-10 记录的现象，小组讨论，指出酸度对溶液紫外-可见吸收光谱以及溶液光致变色特性的影响。

（2）PVP：Na$_2$WO$_4$ 相对含量的影响　控制溶液 pH≈3，改变 PVP 与 Na$_2$WO$_4$ 投料比例按 m(PVP)：m(WO$_3$) 计分别为 0.25：0.75、0.75：0.25 时，光照，观察现象并记入表 8-11。然后取 1.00mL 溶液控制 pH≈3 稀释至 100mL，测量混合溶液的紫外-可见吸收光谱，整合实验内容 2 已测得 0.5：0.5 的溶液 E 的吸收光谱数据作图，结合表 8-11 记录的现象，小组讨论，指出 PVP 与 Na$_2$WO$_4$ 比例对溶液光致变色特性的影响。

（3）高分子官能团的影响　控制 m(有机物)：m(WO$_3$) 为 0.5：0.5 且溶液 pH≈3，分别用 P123 和 PVA 代替 PVP 重复实验，光照，观察现象并记入表 8-11。然后取 1.00mL 溶液控制 pH≈3 稀释至 100mL，测量混合溶液的紫外-可见吸收光谱，整合实验内容 2 已测得 0.5：0.5 的溶液 E 的吸收光谱数据作图，结合表 8-11 记录的现象，小组讨论，指出高分子官能团对溶液光致变色特性的影响。

（4）数据处理与开放性研究　整合各组实验数据，研究光致变色溶液的最佳制备条件和影响机理。鼓励从偏钨酸根结构，特别是其中 5d 空轨道与 PVP 官能团占电子轨道相互作用角度，探讨光激发电子跃迁的可能性。鼓励选择其他可变价无机盐（例如，钼酸盐等）和高分子进行替代性延伸研究。

4. 光致变色材料的表征（选做）

为保证研究的完整性，作为实验的拓展部分，对原料 PVP 粉末和 Na$_2$WO$_4$ 加入 HNO$_3$ 调 pH=3 蒸发后得到的偏钨酸钠固体及所制可逆光致变色溶液蒸发后获得复合固体，进行表征。具体，首先对制备的物质进行处理，方法如下：将 Na$_2$WO$_4$ 加入 HNO$_3$ 调 pH≈3 得偏钨酸钠溶液 B、所制 m(PVP)：m(WO$_3$) 比例为 0.5：0.5 的 PVP-偏钨酸钠混合溶液 E，分别置于培养皿中常温下干燥。利用其与 NaNO$_3$ 溶解速度差异，快速洗涤除去其中生成的 NaNO$_3$ 杂质并常温干燥得到固体粉末。由 Na$_2$WO$_4$ 加入 HNO$_3$ 调溶液 pH≈3 得到的粉末为偏钨酸钠（b）；由酸性混合溶液制得的粉末为 PVP-偏钨酸盐复合物（e）。对偏钨酸盐（b）、PVP(c)、PVP-偏钨酸盐复合物（e）三种粉末进行 XRD、SEM-EDX 和红外光谱表征并进行分析。

【数据记录与结果处理】

旋涂膜片光照前、后的颜色与状态_____、_____。

膜片光照前、后最大吸收光谱 λ_{max}_____ nm、_____ nm。

表 8-10　溶液光致变色原理研究与酸度对光致变色性能的影响

样　品	着色/褪色情况		调溶液 D 的 pH 为	着色/褪色情况	
	光照	遮光		光照	遮光
钨酸钠溶液 A			pH＝7		
偏钨酸钠溶液 B			pH＝6		
PVP 溶液 C			pH＝5		
PVP-钨酸钠溶液 D			pH＝4		
PVP-偏钨酸钠溶液 E			pH＝3		

根据表 8-10 并结合吸收光谱曲线可知，导致变色的原因是_____溶液吸收_____nm 波段的_____光，发生了_____与_____之间的电子跃迁，从而产生光致变色现象。

表 8-11　PVP/偏钨酸钠比例与高分子种类对光致变色性能的影响

PVP/偏钨酸钠 [按 $m(PVP):m(WO_3)$ 计]	着色/褪色情况		高分子种类	着色/褪色情况	
	光照	遮光		光照	遮光
0.25∶0.75			PVP		
0.5∶0.5			PVA		
0.75∶0.25			P123		

根据表 8-11 并结合吸收光谱曲线可知，随着混合溶液中 PVP 含量的增加，溶液在_____ nm 波段的吸光度逐渐_____（增强或减弱），溶液光照后颜色逐渐_____，说明_____与_____之间的电子跃迁的概率_____（增大或减小），因此 PVP-偏钨酸钠的最佳比例按 $m(PVP):m(WO_3)$ 计为_____。
在所选的三种高分子化合物中，_____使溶液的着色/褪色效果最佳。

【注意事项】

1. 本实验需 2 次 8 学时完成。用 4 学时制备膜片并配制溶液，用 4 学时测吸收光谱。
2. 本实验进行变色光谱特性研究时，由于薄膜在非光照时褪色较快，建议在紫外吸收光谱仪旁边进行光照处理，光照变色后快速进行光谱扫描，且从 800nm 向 200nm 扫描。
3. 旋涂法制备薄膜时，如果一次成膜较薄。可以重复涂膜。另外，由于溶液具有黏性，所制样品不要叠放，防止粘连。
4. 用 P123、PVA 制备混合溶液时，由于 P123、PVA 难溶于水，需要加热使其溶解，PVA 溶解时溶液温度在 95℃以上。

【思考题】

1. 为什么偏钨酸钠与 PVP 复合后，才具有光致变色特性？
2. 诱导样品光致变色的激发光谱波长是多少？对应的能量是多少 eV？
3. 与 PVP 相比，偏钨酸钠与 P123 或 PVA 复合物的变色性能如何？为什么？请从高分子化合物中官能团的差异来说明。

实验 38　邻菲罗啉铜（Ⅱ）的制备及其化学核酸酶活性研究

【预习】

1. 配合物邻菲罗啉铜（Ⅱ）的合成与表征方法。

2. 琼脂糖凝胶电泳分离与检测 DNA 的原理和技术。
3. 凝胶成像分析系统使用方法。

【实验目的】

1. 掌握邻菲罗啉等多吡啶类配体金属配合物的合成与表征方法，进一步熟悉红外光谱、紫外-可见光谱仪等的使用方法。
2. 了解邻菲罗啉铜（Ⅱ）配合物剪切 DNA 分子的作用原理及化学核酸酶活性的评价方法。
3. 了解琼脂糖凝胶电泳分离与检测 DNA 的原理，学习和掌握基本技术。
4. 了解凝胶成像系统分析 DNA 断裂情况的原理，学习基本操作。

【实验原理】

在基因编辑和癌症治疗方面，小分子切割 DNA 的作用十分重要。邻菲罗啉铜（Ⅱ）配合物（Phen-Cu）是第一个确定结构的高效切割 DNA 的小分子化学核酸酶，广泛应用于蛋白质与 DNA 印迹、双螺旋结构小沟构象识别、复制起始位点识别和化学治疗试剂等。

邻菲罗啉铜（Ⅱ）配合物，可通过 $CuCl_2$ 水溶液与邻菲罗啉乙醇溶液混合经配位反应生成，

$$CuCl_2 + 2C_{12}H_8N_2 \longrightarrow [Cu(C_{12}H_8N_2)_2]Cl_2$$

生成的配合物在乙醇水混合溶剂中溶解度较小，可通过减压过滤进行分离得到。

邻菲罗啉铜（Ⅱ）切割 DNA 是在还原剂（抗坏血酸或巯基丙酸）和 H_2O_2 共同作用下完成。目前认为，邻菲罗啉铜（Ⅱ）在还原剂作用下，形成四面体结构的活性物质 $(Phen)_2Cu^+$（结构见图 8-5），然后分两步对 DNA 进行断裂。

（1）四面体构型的活性物质 $(Phen)_2Cu^+$ 与 DNA 结合形成非共价中间体，结合部位位于 DNA 双螺旋的小沟（图 8-6）。

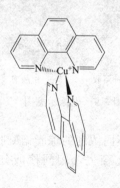

图 8-5 活性物质 $(Phen)_2Cu^+$ 的分子结构示意图

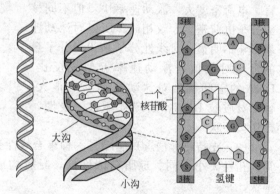

图 8-6 （左）DNA 双螺旋链；（中）互补的碱基对（GC 和 AT）（右）梯式结构

（2）与 DNA 结合的 $(Phen)_2Cu^+$ 被 H_2O_2 氧化，生成含铜-氧结构的活性中间物，后者攻击 DNA 链，引起 DNA 链的断裂。其反应机理如图 8-7 所示。

$$(Phen)_2Cu^+ + DNA \underset{\text{小沟结合}}{\xrightarrow{\text{第一步}}} (Phen)_2Cu^+\text{---}DNA$$

$$\text{断裂产物} \longleftarrow (Phen)_2Cu^{2+}\cdot OH\text{---}DNA \xleftarrow{\text{第二步} \mid H_2O_2}$$

图 8-7 邻菲罗啉铜（Ⅱ）断裂 DNA 的反应机理示意图

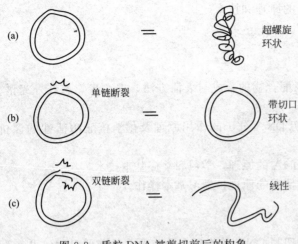

图 8-8 质粒 DNA 被剪切前后的构象
(a) 超螺旋环状；(b) 带切口环状；(c) 线性

邻菲罗啉铜（Ⅱ）配合物切割质粒 DNA 分子时，会产生三种不同构型的产物（图 8-8）：超螺旋环状（Ⅰ型）、带切口环状（Ⅱ型）及线性（Ⅲ型）。它们在凝胶中的电泳迁移速率不同，因而可通过电泳进行分离，分离后形成 3 条带。因此，琼脂糖凝胶电泳实验可验证邻菲罗啉铜（Ⅱ）对 DNA 的切割作用。

琼脂糖凝胶电泳是常用的分离、鉴定 DNA 及 RNA 分子混合物的方法。这种方法以琼脂糖作为支持物，利用 DNA 分子在其中泳动时电荷效应和分子筛效应，达到分离混合物的目的。电荷效应是指生物大分子所带电量不同，在电场中所受引力不同，经过一段时间的电泳，各种生物大分子就以一定顺序排成一条条区带。分子筛效应是指，由于凝胶孔径较小，分子量大小或分子形状不同的生物大分子通过凝胶时，所受阻滞程度不同，从而迁移速率不同而被分离。DNA 分子在高于其等电点的溶液中带负电，可在电场驱动下向正极移动（图 8-9）。

影响 DNA 分子迁移速率的因素主要有以下几个方面。

(1) 样品的物理性状 即分子大小、电荷数、颗粒形状和空间构型。一般而言，电荷密度大，泳动速率快。但不同核酸分子电荷密度大致相同，所以对泳动速率影响不明显。对线性分子来说，分子量的常用对数值与泳动速率近似成反比。DNA 的空间构型对泳动速率影响很大，譬如对质粒 DNA：超螺旋环状＞线性＞带切口环状。

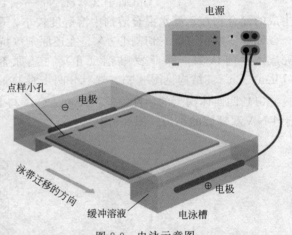

图 8-9 电泳示意图

(2) 支持物介质 琼脂糖是一种聚合线性分子，含有不同浓度的琼脂糖凝胶构成的分子筛的孔径大小不同。琼脂糖浓度低，凝胶构成的分子筛孔径大，相同核酸分子的泳动速率快。

(3) 电场强度 电场强度大，带电颗粒的泳动速度快，但凝胶的有效分离作用随电压增大而减小，所以电泳时一般采用低电压，不超过 $5 V \cdot cm^{-1}$。

电泳后，核酸需经染色显示出带型。Goldview 是目前比较安全、使用较多、灵敏度较高的核酸染料。在紫外光下，使双链 DNA 呈现绿色荧光。

凝胶成像分析系统（包括成像系统和图像分析软件）主要应用于现代生物医学及医药领域，为科研人员提供分析凝胶图像及其他生物学条带的途径，可对蛋白质、核酸、多肽、多聚氨基酸等生物分子的分离纯化结果作定性分析。凝胶成像分析系统具有以下特性：完全光密闭暗箱、多种光源、配置 ChemHR 摄像机，可做化学发光、荧光、比色样品等多种实验分析。

样品在电泳凝胶或者其他载体上迁移速率不同，用标准样品相比较，就会对未知样品作定性分析。根据未知样品在图谱中的位置，可以确定它的成分和性质，因此是图像分析系统的基础。

本实验研究邻菲罗啉铜（Ⅱ）对 pBR322DNA 的切割作用，具体研究任务如下。

【研究任务】

1. 制备用作化学核酸酶的配合物邻菲罗啉铜（Ⅱ），对所制配合物进行表征。
2. 研究邻菲罗啉铜（Ⅱ）的加入量对 pBR322DNA 切割作用的影响。

【研究任务分配】

1. 教学班分组，每组 4～5 人。组长组织小组讨论、分配研究任务。
2. 组内成员合作进行配合物制备与表征。部分表征送测试机构进行，学生需学会分析结果。
3. 组内成员协作进行溶液预配制和电泳实验的准备任务。
4. 组内成员对实验内容 3 中获得的数据进行协作整理分析，实验报告时整合组员数据。
5. 组内成员每人做实验内容 4 中一个加入量，合作完成 DNA 切割、电泳与成像分析实验。
6. 整合上述 DNA 切割实验数据，按组完成实验报告，包括个人和小组报告。

【仪器、药品和材料】

仪器：磁力搅拌恒温水浴锅、电泳仪和电泳槽、移液枪、红外分光光度计、紫外-可见分光光度计、元素分析仪、恒温培养箱、微波炉、红外灯、酸度计、凝胶成像系统等。

药品：$CuCl_2 \cdot 2H_2O$（固、AR）、邻菲罗啉（固、AR）、乙醇（AR）、H_2O_2（30%、AR）、抗坏血酸（H_2A、固、AR）、NaCl（固、AR）、三羟甲基氨基甲烷（Tris、AR）、pBR322DNA［生物试剂（BR）］、琼脂糖（固、高强度 DNA 级）、溴酚蓝（固、AR）、蔗糖（固、AR）、H_3BO_3（固、AR）、EDTA（固、AR）、Goldview 染料（进口分装）。

材料：移液枪枪头、塑料离心管、胶模、梳子等。

【实验内容】

1. 邻菲罗啉铜（Ⅱ）配合物的制备

将 2mmol 邻菲罗啉溶于 10mL 乙醇得溶液 A；将 1mmol $CuCl_2 \cdot 2H_2O$ 溶于 10mL 蒸馏水中得溶液 B。将溶液 A 逐滴加入溶液 B 中，磁力搅拌下 48℃ 恒温水浴反应 1h，停止反应后抽滤，乙醇洗涤后收集固体，在红外灯下干燥备用。

2. 溶液预配制

（1）溶液一　50mmol·L^{-1} Tris 与 18mmol·L^{-1} NaCl 混合，用 HCl 调节酸度到 pH=7.2，形成 Tris-HCl 缓冲液。此缓冲液只用于 DNA 切割反应液的配制。

（2）溶液二　电泳缓冲液的配制：将 54g Tris、27.5g H_3BO_3 和 4.5g EDTA 溶解于 1000mL 水中，配成 5×TBE 溶液，TBE 为 Tris-H_3BO_3-EDTA 溶液。使用时稀释 5 倍成 1×TBE 溶液，使其终浓度为 89mmol·L^{-1}Tris、89mmol·$L^{-1}$$H_3BO_3$ 和 2mmol·L^{-1} EDTA（pH=8.3）。

（3）溶液三　6×凝胶加样缓冲液（溴酚蓝 0.25%，40% 蔗糖），使用时稀释 6 倍。

（4）溶液四　蒸馏水配制 10mg·mL^{-1} Goldview 染料贮存液，室温保存在棕色瓶或用铝箔包裹的瓶中，放入暗处，使用时稀释到浓度为 0.5μg·mL^{-1}。

(5) 其他溶液配制 30%H_2O_2 稀释成 3%H_2O_2 溶液。邻菲罗啉铜（Ⅱ）、H_2A 和 pBR322DNA 分别配制成 $200\mu mol \cdot L^{-1}$、$2mmol \cdot L^{-1}$ 和 $0.25\mu g \cdot \mu L^{-1}$ 的水溶液。

3. 配合物的表征

采用元素分析仪测定配合物的 C、H、N 元素含量。以水为溶剂及参比，在 200～800nm 范围内，测定配体及配合物的紫外-可见吸收光谱。以 KBr 压片法，测定配合物及配体在 400～4000cm^{-1} 的红外光谱，结果见图 8-10。

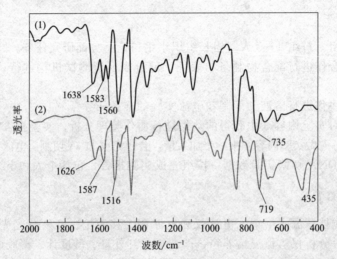

图 8-10 邻菲罗啉（1）与配合物 $Cu(Phen)_2Cl_2$（2）的红外光谱

4. 配合物切割 DNA 反应的研究

控制其他反应条件相同，改变邻菲罗啉铜（Ⅱ）的量，研究其加入量对 pBR322DNA 切割作用的影响。平行试验可通过在塑料离心管中配制 5 份反应溶液进行。

① pBR322DNA
② pBR322DNA＋3%H_2O_2＋$2mmol \cdot L^{-1} H_2A$
③ pBR322DNA＋3%H_2O_2＋$2mmol \cdot L^{-1} H_2A$＋0.02mmol 邻菲罗啉铜（Ⅱ）
④ pBR322DNA＋3%H_2O_2＋$2mmol \cdot L^{-1} H_2A$＋0.04mmol 邻菲罗啉铜（Ⅱ）
⑤ pBR322DNA＋3%H_2O_2＋$2mmol \cdot L^{-1} H_2A$＋0.06mmol 邻菲罗啉铜（Ⅱ）

其中，加样量分别为：$0.25\mu g \cdot \mu L^{-1}$ pBR322DNA 溶液均为 $1\mu L$；3%H_2O_2 均为 $1\mu L$；$2mmol \cdot L^{-1} H_2A$ 均为 $2\mu L$；$200\mu mol \cdot L^{-1}$ 邻菲罗啉铜（Ⅱ）溶液分别为 $1\mu L$、$2\mu L$、$3\mu L$。用 pH 为 7.2 的 Tris-HCl 缓冲溶液（溶液一）稀释至总体积为 $10\mu L$，然后 37℃ 恒温培养箱中反应 1h。

5. 电泳

(1) 制胶 称取 0.3g 琼脂糖，放入锥形瓶中，加入 30mL 电泳缓冲液 1×TBE（溶液二稀释 5 倍），放入微波炉中加热至完全溶解，取出摇匀，得到 1% 琼脂糖溶胶液，待冷却到 60℃ 左右匀速倒入预先放置好梳子的胶模中，制成厚度为 3～5mm 的溶胶，不要有气泡。梳子距离底板 0.5～1.0mm 以形成加样孔（图 8-11）。室温下静置约 0.5h，待凝胶完全凝固后，小心移去梳子，将凝胶放入电泳槽中。

(2) 点样 在电泳槽中加入恰好超过胶面约 1mm 深度足量的电泳缓冲液 1×TBE。

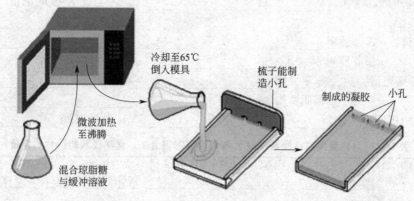

图 8-11 制胶示意图

待实验内容 4 中的 5 份样品恒温反应 1h 后，向每份样品中加入 2μL 含溴酚蓝的 1×凝胶加样缓冲液（溶液三稀释 6 倍），混合均匀后用移液枪将 5 份样品溶液加入加样孔，见图 8-12（左）。点样顺序和点样量，记入表 8-12。

（3）电泳 接通电泳槽与电泳仪的电源，采用 $3\sim5V\cdot cm^{-1}$ 的电压降（根据电泳槽两极的距离算）。通电几分钟后，可观察溴酚蓝的蓝色从加样孔中迁移到凝胶中，当蓝色移动到距离凝胶前沿 1~2cm 处时，终止电泳。电泳时间持续约 2h [图 8-12（中）和（右）所示，电泳时间长短与核酸样品迁移速率有关]。小心取出胶块，用作照相分析。

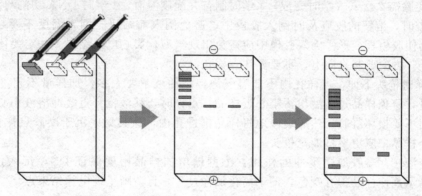

图 8-12 （左）进样，（中）电泳 0.5h，（右）电泳 2h

6. 照相和分析

将电泳处理后的凝胶浸泡在 Goldview 染料溶液（溶液四稀释至 $0.5\mu g\cdot mL^{-1}$）中 0.5h。取出，放置在凝胶成像系统的暗箱内指定位置（事先铺好保鲜膜，以防污染），关好暗箱门。打开电脑软件，按照相关路径操作，调节镜头对焦光圈至预览图中样品最清晰，点击 capture 拍照，关闭光源，保存文档。对比空白样和其他条带（图 8-13），分析邻菲罗啉铜（Ⅱ）切割 DNA 后产生的不同物种，评价邻菲罗啉铜（Ⅱ）的化学核酸酶活性。

图 8-13 凝胶成像系统拍摄出琼脂糖凝胶电泳条带图

【数据记录与结果处理】

邻菲罗啉铜（Ⅱ）配合物产品外观：_____。

元素分析的结果：C_____、H_____、N_____，与配合物理论值_____（匹配或不匹配）。

红外光谱：ν 邻菲罗啉_____ cm^{-1}。
　　　　　ν 邻菲罗啉铜（Ⅱ）_____ cm^{-1}。
紫外-可见光谱：λ_{max} 邻菲罗啉_____ nm。
　　　　　　　λ_{max} 邻菲罗啉铜（Ⅱ）_____ nm。
电泳槽两极间距离：_____ cm；电压_____ V；电泳时间_____ h。

表 8-12　点样顺序和点样量（μL）与邻菲罗啉铜（Ⅱ）化学核酸酶活性的评价

序号	pBR322DNA /0.25μg·μL^{-1}	3% H$_2$O$_2$	H$_2$A /2mmol·L^{-1}	邻菲罗啉铜(Ⅱ) /200μmol·L^{-1}	加样缓冲溶液 /溴酚蓝和蔗糖溶液	DNA 切割后形成物种的构型
1						
2						
3						
4						
5						

根据表 8-12 可知，邻菲罗啉铜（Ⅱ）化学核酸酶在切割 pBR322DNA 后，形成的物种的构型有_____，该化学核酸酶_____ 活性。

【注意事项】

1. 本实验需 2 次共 8 学时完成。4 学时制备并配制溶液，4 学时 DNA 切割与活性评价。

2. 制胶时，溶解的胶应及时倒入胶模中，避免倒入前结块。倒入温度不要超过 65℃，温度太高会使胶模板变形。倒入胶模中应避免出现气泡，影响电泳结果。一定要待溶胶凝固才能拔梳子，方向要竖直向上，不要弄坏点样孔。

3. 点样时枪头下伸，点样孔内不能有气泡，缓冲液不要太多；加样量不超过点样孔的最大容纳量，避免样品过多溢出污染邻近样品；点样时，移液枪穿过缓冲溶液小心插入点样孔底部，但不要损坏凝胶，然后缓慢地将样品推进孔内，让其集中沉于凝胶点样孔的底部；每加完一个样品，应更换移液枪枪头。

4. "溶液三"凝胶加样缓冲的作用：① 蔗糖增加样品密度保证 DNA 沉入加样孔内；② 溴酚蓝指示剂使样品带有颜色，便于简化加样过程，且清晰呈现电泳结束点。

【思考题】

1. 为什么琼脂糖凝胶电泳技术可以分离 DNA？为什么电泳时采用 pH 为 8.3 的 TBE 缓冲溶液？

2. 溴酚蓝和 Goldview 染料的作用分别是什么？若电泳条带出现无带、缺失、扭曲、模糊、拖尾或不齐整等现象，请分析其可能原因。

实验 39　氮掺杂多孔碳材料的合成、表征及其比电容的测定

【预习】

1. 电容器储存电能的工作原理。
2. 多孔碳材料的结构特征。

【实验目的】

1. 了解超级电容器储能的基本原理及常用电极材料类型。
2. 掌握氮掺杂多孔碳材料的制备方法。学会管式炉和电化学工作站的使用方法。
3. 学习材料比表面积的测量方法并理解材料比表面积与比电容之间的关联。
4. 学会利用循环伏安（cyclic voltammetry，CV）和恒电流充放电（galvanostatic charge-discharge，GC）等测量技术测定材料比电容的方法。

【实验原理】

超级电容器，又称为电化学电容器，是一种新型储能装置，具有功率密度高、循环寿命长、充放电速率快、工作温域宽、安全性好、抗过充放能力强等特点。提高超级电容器能量密度是研究的主要方向，其方法主要包括：①提高比电容；②提高工作电压。可通过调节电极材料的组成、微结构（表面结构和孔结构）和电子导电性来提高其比电容；再通过选择合适的电解液（有机电解液或离子液体）以及构建非对称结构来提高其工作电压。

用作超级电容器的电极材料需要满足以下三个条件：①大的比表面积（大于 $1000m^2 \cdot g^{-1}$），可提高电荷积累量；②适中的孔径，可满足电解质传输和离子在内表面吸附的需求；③良好的电子电导率，可降低内阻。氮原子掺杂能有效调控碳材料的表面润湿性和导电性，并且可在碳材料表面引入具有电化学活性的基团，使碳材料在电化学过程中发生快速氧化还原反应呈现赝电容行为，从而增大碳材料的比电容。因此，氮掺杂碳材料是当今超级电容器电极材料研究与应用的热点领域之一。

1. 氮掺杂碳材料的制备

生物质固体，例如木材和草本植物的茎等，主要由纤维素通过特殊空间结构建构而成，其内部的养分输运通道在植物失活和干燥后得以保留。因此，热裂解生物质固体原料可以制备多孔道碳材料。在制备过程中进行氮掺杂，可实现氮掺杂碳材料的制备。

以生物质固体废弃物（蔗渣、椰壳等）为原料制备碳材料，可使固体废弃物资源化。热裂解制备过程包括以下几个步骤：（1）对原料进行破碎、过筛，除去原料中过大的块；（2）对原料进行活化；（3）将活化后的产物进行洗涤和干燥。其中活化的方法主要有三种：①物理活化法。此方法一般分为两步：先在惰性气氛中热裂解炭化，再用气体（CO_2 和水蒸气等）对已炭化的材料进一步造孔与刻蚀使之活化。②化学活化法。使用化学活化剂 KOH、K_2CO_3、$CaCl_2$、$ZnCl_2$ 和 H_3PO_4 等，与原料混合后直接在惰性气氛中热裂解炭化，获得活性炭材料。③共同活化法。在使用化学活化剂活化原料之后，再通过气体进行进一步的扩孔与刻蚀使之活化。其中化学活化过程与炭化过程同步进行，可实现一步法完成制备。活化剂的催化作用能有效降低材料的炭化温度并提升材料的炭化程度。另外，由于活化剂渗透于原料内部，活化剂可在原料内部直接对原料进行活化，使得化学活化法所制备的材料通常具有更大的比表面积，也更容易对孔结构进行控制与调节。如果在加入活化剂的同时再引入作为掺杂氮源的试剂，即可实现化学活化和氮掺杂与炭化三者同步进行，实现一步法氮掺杂碳基材料的制备。

值得指出的是，活化和掺杂过程中，活化剂、含氮试剂与原料的比例、活化温度与时间以及活化剂与含氮试剂的种类等制备条件，都对最终制备的碳基电极材料的组成、结构和储电性能具有很大的影响。因此，探索合适的制备条件，是本实验的主要研究内容。

2. 非法拉第模式的电容

双电层结构最早于 1853 年由德国的 Helmholtz 提出。双电层为电极表面吸附部分带电离子后，会在电极表面附近的溶液中形成一个带电荷的离子层，为了维持电中性，带有与电极表面离子层电荷相反的离子便会聚集在电极附近的溶液，形成与电极表面电荷量相同的电子层。非法拉第模式就是在充电时利用外加电场进行诱导，使电解质中的阴、阳离子分别向正、负电极迁移，在电极表面附近的溶液中形成与电极所带电荷数量相同、所带电荷相反的界面层以此完成电荷的储存。而放电时电荷通过外电路从电极表面流失，电极表面不带电，离子从电极表面扩散到溶液中。图 8-14 列出了非法拉第模式电容器储存电荷的示意图。

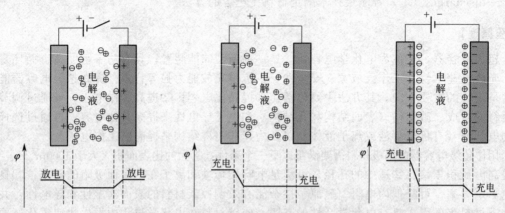

图 8-14　非法拉第模式电容器充电过程示意图

在图 8-14 中，假设双电层充放电过程用 C_1 和 C_2 分别代表正和负极材料表面，存在于电解液中的 A^- 为阴离子，C^+ 为阳离子，$\|$ 表示电极材料和电解质界面，充放电过程如下。

正极

充电过程：　　　　　　$C_1 + A^- \longrightarrow C_1^+ \| A^- + e^-$

放电过程：　　　　　　$C_1^+ \| A^- + e^- \longrightarrow C_1 + A^-$

负极

充电过程：　　　　　　$C_2 + C^+ + e^- \longrightarrow C_2^- \| C^+$

放电过程：　　　　　　$C_2^- \| C^+ \longrightarrow C_2 + C^+ + e^-$

整体充放电过程如下。

充电：　　　$C_1 + A^- + C_2 + C^+ \longrightarrow C_1^+ \| A^- + C_2^- \| C^+$

放电：　　　$C_1^+ \| A^- + C_2^- \| C^+ \longrightarrow C_1 + A^- + C_2 + C^+$

一般采用平板电容器的电容计算方法，估算双电层电容器的电容，公式如下。

$$C = \frac{\varepsilon_r \varepsilon_0 A}{d}$$

式中，C 为双电层电容，F；ε_r 为电解质的相对介电常数；ε_0 为真空介电常数，F·m^{-1}；d 为双电层的有效厚度，m；A 为电极内部可被电解质中离子利用的表面积（亦称为有效表面积），m^2。可见，在不改变电解质的条件下，材料的比容量直接受到有效比表面积 A 的影响。

3. 法拉第模式的电容

法拉第电容则是通过电极表面快速氧化还原反应来进行能量储存。当在电极上施加正电压时，电极中电子的能级会被降低，当电子的能级足够低时，电子从溶液转移到电极中，产生溶液到电极的氧化电流，使得电极可以存储额外的电子。而当施加一个负电位时，电子能级上升，当能级达到足够高时，电子从电极转移到溶液中，产生从电极到溶液的还原电流，电极将额外的电子释放出来。根据 Faraday 定理，电荷转移必然导致活性材料的化学状态变化。因此法拉第模式的电容通常产生于以多价态金属氧化物和导电聚合物作为电极材料的超级电容器中。

【研究任务】

1. 制备氮掺杂多孔碳材料并表征。
2. 通过电化学方法，研究氮掺杂量对材料比电容的影响。

【研究任务分配】

1. 教学班分组，每组 4~5 人。研究组长组织讨论，确定各组员实验时的氮掺杂量。
2. 每位组员独立完成内容，组长组织组员整合数据作图，小组讨论，按组完成实验报告。

【仪器、药品和材料】

仪器：烧杯、量筒、磁力搅拌恒温水浴锅、高温管式炉（约 1200℃）、瓷舟、玛瑙研钵、布氏漏斗、抽滤瓶、循环水真空泵、表面皿、塑料试管（5mL）、电热真空干燥箱、比表面仪样品管、填充棒、杜瓦瓶、比表面积测试仪、分析天平、容量瓶、带塞试管（ϕ12mm×75mm）、超声清洗仪、移液枪、三电极电解池、玻碳电极、铂片电极、Hg/HgO 参比电极、电化学工作站、毛刷、发光二极管（约 2V、0.06W）、电池鳄鱼夹。

药品：无水 $CaCl_2$（AR）、$CO(NH_2)_2$（固、AR）、乙醇、盐酸（$0.5mol \cdot L^{-1}$）、草酸（$0.1mol \cdot L^{-1}$）、KOH（固、AR）、Nafion 溶液（0.5%）、Li_2SO_4（$1.5mol \cdot L^{-1}$）、N-甲基吡咯烷酮、聚偏氟乙烯（PVDF）乙炔黑、草酸等。

材料：蔗渣、pH 试纸、擦镜纸、锡箔纸、麂皮、Al_2O_3 抛光粉、乙炔黑、Whatman 滤纸（用于制作隔膜）、铝箔（约 0.15mm 厚）、液氮、高纯 N_2（>99.999%）。

【实验内容】

1. 氮掺杂多孔碳材料的制备

（1）分别称取 2.00g 无水 $CaCl_2$、2.00g 尿素 $CO(NH_2)_2$ 于 100mL 烧杯中，加入 15mL 蒸馏水，以 $150r \cdot min^{-1}$ 的转速下搅拌 5min，使 $CaCl_2$ 和尿素完全溶解。然后加入 1.00g 蔗渣，用锡箔纸将烧杯封口，置于 60℃ 水浴中（通风橱内）持续搅拌 1h 后将锡箔纸打开，使温度升至 80℃ 左右，继续搅拌让烧杯中水蒸发，待混合物干燥后停止加热，获得混合前驱体。

（2）将干燥后的混合前驱体转入瓷舟，将瓷舟推入管式炉的炉管中，密封炉管抽真空后缓慢通入氮气，控制氮气流速为 $50mL \cdot min^{-1}$，以 $5℃ \cdot min^{-1}$ 的升温速率程序升温至 800℃ 保温 2h。待管式炉降到室温，将产物取出并用玛瑙研钵研磨成粉，转入含 70mL $0.5mol \cdot L^{-1}$ HCl 的烧杯中，再磁力搅拌 2h。

（3）将搅拌后的料液减压抽滤，分离得到产物。将产物用蒸馏水反复洗涤至洗液的 pH=7，再用乙醇洗涤一次。将洗涤后的材料移入表面皿，于真空干燥箱中 80℃ 真空干燥 12h。将干燥好的材料再次研磨成细粉（值得指出的是，为了保证材料的均一性，可采用球磨机以 $150r \cdot min^{-1}$ 研磨 1h，来将材料磨细），称重后装入塑料试管中贴好标签备用。

2. 材料比表面积的测定

（1）先称量比表面仪样品管和填充棒的总质量，记录为 $M_{管}$。然后向样品管中加入约 100.0mg 所制氮掺杂碳材料，准确称量样品管、填充棒与材料的总质量，记录为 M_1。取下比表面仪上脱气口的柱塞,将样品管的填充棒取出并将其安装于脱气口处,然后将加热套套于样品管底部。在 200℃下脱气 1h,称量脱气后的样品管、填充棒与材料的总质量,记录为 M_2(若 M_2 大于 M_1,则表示样品管含有大量水分未干燥或是脱气之前称量不准确,需要重新进行称量与脱气保证其准确)。$M_2-M_管$ 即为材料脱气后的质量 M_C。

(2)将脱气后的样品管安装于氮气吸附比表面仪的测试口上。向杜瓦瓶中加入液氮并将杜瓦瓶安装于测试口的底托上。在氮气吸附比表面仪测试程序中输入材料脱气后的质量 M_C,并选择比表面积模式并设置分压点。保存设置,点击开始,比表面仪将开始自动测试材料的比表面积并最终生成测试报告。

3. 材料的元素分析

将所制材料送至学校测试中心或学院测试平台,测试材料中碳、氢和氮的含量。

4. 材料的比电容测定

(1)配制 $6mol \cdot L^{-1}$ 的 KOH 电解液 用分析天平准确称取 33.6600g 的 KOH(精确到 0.0001g),将其缓慢加入有 30mL 蒸馏水的烧杯中搅拌溶解,待冷却后转移至 100mL 容量瓶中定容,待用。

(2)玻碳电极的修饰 用分析天平准确称取 10.00mg 所制待测材料(氮掺杂多孔碳或多孔碳)置于带塞试管中,用移液枪取 $100\mu L$ Nafion 溶液滴入该试管中。轻微摇晃试管初步分散,然后塞好塞子置于超声仪中在<40℃下超声 30min。期间,用麂皮和 Al_2O_3 浆液打磨玻碳电极至表面如镜面,用蒸馏水洗净表面并用擦镜纸擦干。待超声结束后,将玻碳镜面保持水平,用移液枪取 $16\mu L$ 含有待测材料的浆液,使移液枪头倾斜至与玻碳镜面呈 30°~60°角(图 8-15)缓慢挤出部分浆液,将挤出的液滴与玻碳镜面接触使其附于玻碳电极黑色镜面上,待其部分干燥后再滴加一滴,分三次滴加完枪中浆液后使其自然干燥成膜。

(3)比电容的测定 向电解池中(图 8-16)加入 40mL 配制好的 $6mol \cdot L^{-1}$ KOH 电解液,将铂片电极、Hg/HgO 参比电极以及所制玻碳电极安装于电解池中。分别将电化学工作站的工作电极(通常绿色电极夹)与玻碳电极、参比电极(通常是白色电极夹)与 Hg/HgO 参比电极以及对电极(通常红色电极夹)与铂片电极相连接。待连接好后,打开电化学工作站测试程序,选择 CP-Chronopotentiometry 测试方法。在参数设置界面,设置好电压范围为 $-0.971\sim 0.229V$,充电电流和放电电流均为 0.0016A(电流密度为 $1A \cdot g^{-1}$),进行先放电后充电测试,结果见图 8-17。

图 8-15 玻碳电极修饰(电极制备)示意图

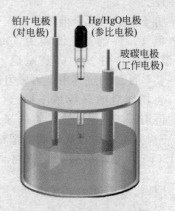

图 8-16 三电极组装示意图

测试结束后,保存好数据并进行数据处理与作图,通过以下公式计算材料的比电容。

$$C = \frac{It}{\Delta V}$$

式中，C 为材料比电容，$F \cdot g^{-1}$；I 为电流密度，$A \cdot g^{-1}$；ΔV 为电压窗口的大小，V；t 为恒电流充放电测试时的放电时间，s。

（4）循环伏安曲线的测定 在电化学工作站测试程序，选择 CV（cyclic voltammetry）测试方法。在参数设置界面，设置输入电压为 -0.971V，电压范围为 $-0.971 \sim 0.229$V，扫速为 $5\text{mV} \cdot \text{s}^{-1}$，扫描三圈，再进行循环伏安测试，取最后一圈的数据，导出数据并作图。比较两个材料的循环伏安图，可以获得氮掺杂导致多孔碳材料产生赝电容的证据。

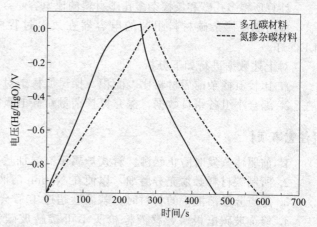

图 8-17　氮掺杂多孔碳与多孔碳材料的充放电曲线的对比

5. 电容器组装及材料充放电可视化测试

（1）集流体预处理 取两片 3cm×1cm 铝片，依次用 0.1mol·L^{-1} KOH、水、0.1mol·L^{-1} 草酸各超声清洗 10min。冲洗后再用蒸馏水超声清洗三次（换水），每次 5min，最后用乙醇超声清洗 5min。取出铝片分开晾干并称其质量，以备用作电容器的集流体。

（2）电极浆料的制备 分别称取球磨后的所制氮掺杂碳（或碳）活性材料 40.0mg、乙炔黑 5.0mg 和聚偏氟乙烯（PVDF）5.0mg 于玛瑙研钵中，加 6 滴 N-甲基吡咯烷酮，混合研磨至无明显颗粒的膏状浆料。用毛刷将浆料均匀涂到已称量好质量的两片铝片上（留出 5mm 长作导线），并移入真空干燥箱中 80℃ 真空干燥 1~2h 制成电极，称量电极质量并减去集流体的质量，控制每片集流体上的活性物质约 5.0mg。

（3）电容器的组装 取一片浸渍有 Li$_2$SO$_4$ 电解液的隔膜，使其长宽两边都略大于集流体，以防电容器短路。将隔膜置于干燥好的两电极之间，用电池鳄鱼夹夹紧，组装成单片电容器。

（4）电容器充电 将组装好的电容器两极与电化学工作站连接，设置充电程序，对电容器进行充电（充电电压设置为 1.6~1.8V）。在连续充放电 2~3 次后，给电容器充满电。

（5）LED 灯可视化测试 将充满电的电容器正负极分别与发光二极管的正负极连接，观察电容器放电过程中二极管是否点亮。

【数据记录与结果处理】

多孔碳材料的产量 $M =$ ＿＿＿＿g；氮掺杂多孔碳材料的产量 $M_n =$ ＿＿＿＿g。
比表面仪样品管和填充棒的总质量 $M_\text{管} =$ ＿＿＿＿g。
比表面仪样品管、填充棒和未脱气样品的总质量 $M_1 =$ ＿＿＿＿g。
比表面仪样品管、填充棒和脱气后样品的总质量 $M_2 =$ ＿＿＿＿g。
脱气后样品的质量 $M_C = M_2 - M_\text{管} =$ ＿＿＿＿g。
多孔碳的比表面积：＿＿＿＿m$^2 \cdot$g^{-1}；氮掺杂多孔碳的比表面积：＿＿＿＿m$^2 \cdot$g^{-1}。
多孔碳材料中 N、C 和 H 含量：＿＿＿＿、＿＿＿＿、＿＿＿＿。
氮掺杂多孔碳材料中 N、C 和 H 含量：＿＿＿＿、＿＿＿＿、＿＿＿＿。

计算所得多孔碳和氮掺杂多孔碳材料的比电容 $C=$ _____ $F\cdot g^{-1}$ 和 _____ $F\cdot g^{-1}$。
由所制氮掺杂碳材料组装的电容器在放电过程中 _____（可以或不能）点亮 LED 灯。

对上述数据进行如下分析。
1. 比较氮掺杂前后材料比表面积，探讨氮掺杂对材料比表面积和比电容的影响。
2. 综合小组各组员数据，探究氮掺杂量对碳电极材料比表面积和比电容的影响。

【注意事项】
1. 前驱体蒸发时防止暴沸。管式炉属于高温加热设备，注意使用安全。
2. 所制碳材料必须充分磨细，以便在 Nafion 溶液进行分散，从而进行玻碳电极修饰。
3. 超声分散溶液中的材料时，若温度超过 40℃ 会导致 Nafion 溶液变性。
4. 修饰玻碳电极时，移液枪枪头不可接触玻碳镜面，也不要将溶液滴在聚四氟乙烯部分。
5. 修饰玻碳电极时，每次滴加的量如果过大会导致溶液从玻碳部分溢出至聚四氟乙烯部分，影响电流密度 I 测量的准确性，进而影响比电容计算的准确性。
6. 修饰玻碳电极时，不能等上次滴加的浆液完全干燥后再加下一滴。

【思考题】
1. 根据本实验结果并查阅相关文献，探讨材料的比表面积与比电容之间的关联。
2. 根据本实验结果并查阅相关文献，探讨氮掺杂对于多孔碳材料的比电容有哪些影响。
3. 查阅相关文献，谈谈超级电容器的应用前景和发展方向。

实验 40　质子导体陶瓷材料的制备及其在纯化氢气中的应用

【预习】
1. 氢气的来源与提纯方法。
2. 反应焓变、熵变、吉布斯自由能的计算及其意义。
3. 气相色谱仪的结构及使用方法。

【实验目的】
1. 了解无机质子导体陶瓷材料分离氢气的方法和基本原理。
2. 巩固反应焓变、熵变、吉布斯自由能的计算并加深理解其意义。
3. 学习马弗炉、质量流量计、气相色谱仪的使用。
4. 了解无机质子导体陶瓷膜反应器的类型和基本原理。

【实验原理】
在 H_2 化学势梯度下，H_2 通过致密质子电子导电陶瓷膜原理如图 8-18 所示。
在膜两侧，H_2 从高分压侧（含富 H_2 气体的进料侧）移到低分压侧（吹扫侧）。总的来说，这个过程包括三个步骤。
(1) 进料侧表面交换（高氢化学势）　H_2 在膜吸附、解离，然后与电子或电子空穴成 H^+。可以用 Kroger-Vink 缺陷表示法描述：

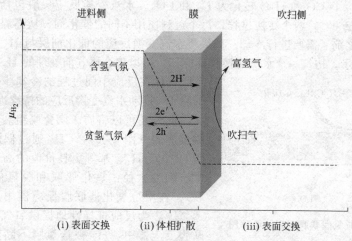

图 8-18　气体在致密陶瓷膜中分离过程的示意图

$$H_2(g) + 2h^· \longrightarrow 2H^·$$
$$H_2(g) \longrightarrow 2e' + 2H^·$$

式中，$H_2(g)$、$H^·$、e' 和 $h^·$ 分别是气态氢气、质子、电子和电子空穴。原料气不仅可以是含 H_2 气体，还可以是天然气与水蒸气重整所制合成气或非氧化甲烷脱氢芳构化（MDA）等产生的 H_2。利用透氢膜反应器，将反应生成的 H_2 连续去除，不仅可以打破反应平衡，提高产率，还可以得到纯 H_2。

（2）质子和电子或电子空穴在氢化学势梯度下同时在膜中发生体相扩散　H 从高氢化学势侧传导到低氢化学势侧，同时通过电子或电子空穴移动的平衡保持总体电荷中性。

（3）吹扫侧表面交换（低氢化学势）　H 结合成 H_2 并在膜表面脱附。这是一个氢释放过程：

$$2H^· \longrightarrow H_2(g) + 2h^·$$
$$2e' + 2H^· \longrightarrow H_2(g)$$

通常用惰性气体（Ar）作为吹扫气，但 Ar 不能提供足够低的氢化学势。可以在膜的吹扫侧耦合一些消耗 H_2 的反应，例如一些氧化性温室气体 NO、NO_2、N_2O 与 H_2 的反应，生成环境友好的氮气和水。利用混合导体的氢分离性能，与化合物的加氢或脱氢反应耦合，可构筑将反应单元与分离单元集于一体的陶瓷透氢膜反应器，可在反应进行的同时实现 H_2 的实时供给或移除。另外由于高温操作的优势，混合导体材料在涉氢的工业过程中有广阔的应用前景，极具经济价值，相关研究也日益受到人们的关注。

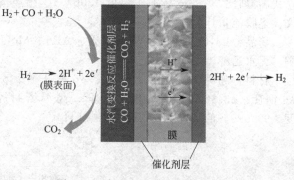

图 8-19　水汽变换膜反应器原理图

如水汽变换膜反应器（图 8-19）：工业上，煤气化反应炉或天然气重整装置所排出的尾气中，除了 H_2 以外，还含有大量的 CO、CO_2、CH_4 和水蒸气，以及少量的固体微粒、硫化合物等，因此在去除固体杂质后，通常将该尾气通过水汽变换反应（$CO + H_2O \Longleftrightarrow CO_2 +$

H_2)的催化床层,将 CO 和 H_2O 转化为 H_2 和 CO_2。水汽变换反应一般包括高温段(550℃)和低温段(200~250℃)两个转换过程,每个过程使用不同的催化剂,从高温区出来的气体在进入低温反应器之前,需要进行冷却。如果将水汽变换反应的催化剂层与 H_2 分离膜整合在一起,如图 8-19 所示,构筑一个水汽变换膜反应器,可以整合尾气前处理的 H_2 分离步骤,同时免除气体在反应中间过程的冷却步骤,并通过连续移除 H_2 推动水汽变换反应的持续进行。

此外还可以将质子陶瓷膜组装为甲烷脱氢偶联膜反应器(图 8-20):CH_4 通过偶联反应转化为如 C_2H_6、C_2H_4、苯等更具价值的高碳氢化合物。通常有两种途径:氧化偶联和脱氢偶联(非氧化偶联)。在甲烷氧化偶联膜反应器中,通常采用的是透氧膜,为反应选择性地提供氧气;在甲烷脱氢偶联膜反应器中,H_2 被透氢膜不断除去,而目标产

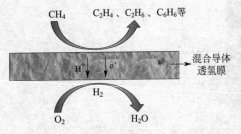

图 8-20 甲烷脱氢偶联膜反应器原理图

物在膜的进料侧不断生成。本实验研究质子导体膜的制备及其透氢性能。

【研究任务】

1. 无机质子导体膜的制备与表征。
2. 研究制膜用前驱 $La_{5.5}W_{0.6}Mo_{0.4}O_{11.25-\delta}F_x$ 粉体中,F 含量对质子导体膜 H_2 分离性能的影响。
3. 研究 H_2 进气浓度和温度对质子导体膜分离氢气性能的影响。

【研究任务分配】

1. 教学班分组,每组 4~5 人。组长组织小组讨论,确定组员所制质子导体膜的 F 含量。
2. 组员通过改变 H_2 进气浓度和分离温度,研究所制膜分离 H_2 的性能。
3. 组长与组员对实验数据进行整合,按组完成实验报告,包括个人报告和小组报告。

【仪器、药品和材料】

仪器:电子天平、行星式球磨机、电热真空干燥箱、玛瑙研体(80mm)、刚玉坩埚(50mm)、粉末压片机(附带 ϕ16mm 不锈钢磨具)、高温马弗炉(最高工作温度 1800℃)、立式高温管式炉(最高工作温度 1300℃)、超声清洗仪、气体质量流量控制器、气相色谱仪、皂膜流量计。

药品:La_2O_3(固)、WO_3(固、AR)、MoO_3(固、AR)、LaF_3(固、99.99%)、丙酮、无水乙醇。

材料:超纯去离子水、砂纸、ϕ6 刚玉管、ϕ16 刚玉管、ϕ25 石英玻璃管、ϕ3 钢管、ϕ6 钢管、ϕ3-ϕ6 转接头、扳手两套、高温密封胶(回天 767)、热电偶、干燥空气及纯度>99.999%的高纯 N_2、Ar、He 和 H_2。

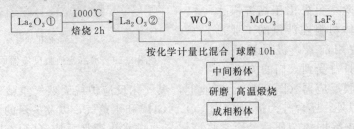

图 8-21 固相反应法合成 $LWMF_x$ 粉体流程图

【实验内容】

1. 无机质子导体膜的制备

（1）前驱粉体的制备 采用传统的固相反应法，合成系列粉体 $La_{5.5}W_{0.6}Mo_{0.4}O_{11.25-\delta}F_x$（$LWMF_x$，$x=0$、0.025、0.05、0.10、0.20、0.50），制备流程如图 8-21 所示。首先将 La_2O_3 置于 1000℃高温下加热处理 2h，脱除 La_2O_3 可能吸收的二氧化碳和水分，然后按化学计量比分别称取 La_2O_3、WO_3、MoO_3 和 LaF_3，并加入适量丙酮进行球磨 10h。取出后置于真空干燥箱进行干燥，得到中间粉体。将得到的中间粉体置于马弗炉中 900℃下煅烧 10h，煅烧结束后再稍加研磨，即得所需 $LWMF_x$ 质子导体膜的前驱粉体。

（2）膜片的制作 采用单轴压制成型法，制备 $LWMF_x$ 混合导体透氢膜片。将适量 $LWMF_x$ 前驱粉体研磨均匀后，转入内径 16mm 的模具中，在 20MPa 压力下压制 10min 成型，退片可得所需 $LWMF_x$ 膜生坯片。

将 $LWMF_x$ 生坯片置于刚玉坩埚，生坯片下面垫一层对应的 $LWMF_x$ 前驱粉体，防止高温下膜片与坩埚发生反应生成杂相。然后将盛有生坯片的坩埚放入高温马弗炉中，1500℃下烧结 10h，程序升温和降温速率均为 $2℃\cdot min^{-1}$。

将烧制的致密 $LWMF_x$ 膜片依次用 400 目、800 目和 1200 目的 SiC 砂纸打磨、抛光，直至膜片达到所需厚度（0.5mm），打磨过程中膜片厚度用游标卡尺测量校准，以保证与目标厚度一致。最后将打磨好的膜片先后用超纯去离子水、无水乙醇超声清洗后备用。

2. 膜反应器的组装与测试

（1）测试装置的组装 将超声清洗后的待测膜片用高温密封胶密封于 $\phi16$ 刚玉管的一端，并套在用于通吹扫气的 $\phi6$ 刚玉管外面，再将一根 $\phi25$ 石英玻璃管套在 $\phi16$ 刚玉管的外面，透氢性能测试装置（也称为膜反应器）如图 8-22 所示。将装置拧紧密封并固定于立式高温管式炉中，升温前通入惰性气体检验装置的气密性。

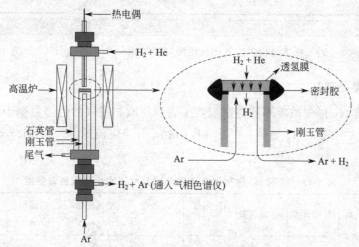

图 8-22 无机陶瓷膜反应器实验装置示意图

（2）透氢性能的测试 管式高温炉升温程序均设定为：先由室温以 $1.5℃\cdot min^{-1}$ 的速率升温至测试温度（800～1000℃），在所需的测试温度保温进行透氢性能测试，测试结束后再以 $1℃\cdot min^{-1}$ 的速率降温。透氢性能测试所用气体的流速用质量流量控制器精确控制。进料侧，通入 H_2/He 混合气，H_2 浓度为 10%～80%，总流速为 $80mL\cdot min^{-1}$；吹扫侧，通入 Ar 吹扫，控制流速 $30mL\cdot min^{-1}$。吹扫尾气导入气相色谱仪进行 H_2 含量分析，尾气流速用皂膜流量计进行校准。

由于高温下膜片与刚玉管之间高温密封胶的密封不能实现完全不漏气,测试过程中难免有少量 H_2、He 从进料侧泄漏到吹扫侧,当泄漏到吹扫侧的 H_2 浓度小于吹扫尾气中 H_2 总浓度的 5% 时,可视为密封效果良好,可以继续进行后续透氢性能测试。

通过气相色谱仪,检测吹扫尾气中的 H_2、He 含量(图 8-23),进而计算膜片的透氢量。

由克努森扩散公式计算泄漏到吹扫侧的 H_2 浓度为

$$c'_{H_2} = \sqrt{\frac{M_{He}}{M_{H_2}}} \times \frac{F_{H_2}}{F_{He}} \times c'_{He} = \frac{\sqrt{2} F_{H_2}}{F_{He}} c'_{He}$$

则膜片的透氢量为

$$J_{H_2} = \frac{F}{S} \times (c_{H_2} - c'_{H_2}) = \frac{F}{S} \times \left(c_{H_2} - \frac{\sqrt{2} F_{H_2}}{F_{He}} c'_{He} \right)$$

式中,c'_{H_2}、c'_{He} 分别为泄漏到吹扫侧的 H_2、He 浓度,%;M_{H_2}、M_{He} 分别为 H_2、He 的摩尔质量,$g \cdot mol^{-1}$;F_{H_2}、F_{He} 分别为进料侧的 H_2、He 流速,$mL \cdot min^{-1}$;J_{H_2} 为膜片的透氢量,$mL \cdot min^{-1} \cdot cm^{-2}$;$F$ 为吹扫尾气的流速,$mL \cdot min^{-1}$;S 为膜片的有效透氢面积,cm^2;c_{H_2} 为吹扫尾气中的 H_2 总浓度,%。

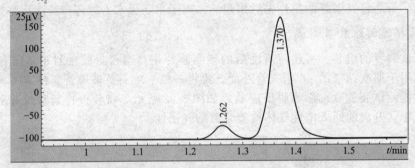

图 8-23 透氢测试过程中的气相色谱图(1.262min 为 He,1.370min 为 H_2)

【数据记录与结果处理】

1. 记录相同 H_2 进气浓度不同测试温度下,所得吹扫尾气的色谱数据于表 8-13。

测试温度:____℃;H_2 流速:____$mL \cdot min^{-1}$;He 流速:____$mL \cdot min^{-1}$;
Ar 流速:____$mL \cdot min^{-1}$。

表 8-13 相同 H_2 进气浓度不同测试温度下吹扫尾气色谱数据

测试温度/℃	进样次数	H_2 峰面积	He 峰面积	H_2 浓度 /%	He 浓度 /%	尾气流速 /$mL \cdot min^{-1}$	膜面积 /cm^2	透氢量 /$mL \cdot min^{-1} \cdot cm^{-2}$
	1							
	2							
	3							
	1							
	2							
	3							
	1							
	2							
	3							

2. 记录相同测试温度不同 H_2 进气浓度下,所得吹扫尾气的色谱数据于表 8-14。

测试温度:_____℃;H_2 流速:_____mL·min^{-1};He 流速:_____mL·min^{-1};
Ar 流速:_____mL·min^{-1}。

表 8-14 相同测试温度不同 H_2 进气浓度下吹扫尾气色谱数据

氢气浓度 /mL·min^{-1}	进样次数	H_2峰面积	He峰面积	H_2浓度/%	He浓度/%	尾气流速 /mL·min^{-1}	膜面积 /cm^2	透氢量 /mL·min^{-1}·cm^{-2}
	1							
	2							
	3							
	1							
	2							
	3							
	1							
	2							
	3							

3. 讨论温度和 H_2 浓度对透氢量的影响。

【注意事项】

1. 粉体制备和膜片制备过程中,戴好口罩,注意颗粒物防护。高温实验时,注意防止烫伤。
2. H_2 爆炸极限宽(4.0%~75.6%),测试前做好膜反应器的检漏工作,保证空气中 H_2 最高含量不超过 1%(体积分数)。

【思考题】

1. 为什么质子导体膜可以分离 H_2?质子导体膜反应器的应用前景如何?
2. 膜分离过程中泄漏的 H_2 浓度如何计算,为什么?

实验 41 四乙氧基羰基卟啉(TECP)及其锌配合物(ZnTECP)的合成及纯化

【预习】

1. 减压蒸馏的基本原理。
2. 薄层色谱和硅胶柱色谱的基本原理、应用及操作步骤。
3. 荧光的产生条件及原理。

【实验目的】

1. 以 TECP 合成为例,了解卟啉大环化合物及其金属配合物的基本合成方法。
2. 学习与巩固减压蒸馏的基本操作并深入理解其原理。
3. 学习使用薄层色谱法来监测反应过程、分离混合物中的化合物并鉴别化合物的纯度。
4. 学习利用硅胶柱色谱法分离提纯化合物。

【实验原理】

卟啉(porphyrin),自然界中广泛存在的一类有机杂环化合物,是由四个吡咯类亚基的

α-碳原子通过亚甲基桥互连而形成的芳香大环化合物。近年来，卟啉化合物及其金属配合物的研究取得了很大成就，然而乙氧基羰基卟啉及其配合物的研究相对较少。

1. A4-型卟啉分子及其金属配合物的常规合成方法

A4-型卟啉分子的合成方法一般有两种。

（1）将相同物质的量的吡咯和醛加入到丙酸溶液中回流，可以得到收率较高的四取代基完全相同的 A4-型卟啉，这种方法一般适用于对称的苯基卟啉的合成。

（2）在室温下将相同物质的量的吡咯和醛加入到二氯甲烷（DCM）溶液中，以微量的三氟化硼（乙醚溶液）作为路易斯酸催化剂，反应适当时间后，用三乙胺猝灭。然后加入适量 2,3-二氯-5,6-二氰基-1,4-苯醌（DDQ）作为氧化剂，可以得到收率为 10% 左右的 A4-型卟啉。本次实验采用第二种合成方法合成 TECP。

卟啉金属配合物的合成方法一般是将纯的卟啉化合物与过量的金属盐在 N,N-二甲基甲酰胺（DMF）或者吡啶溶剂中回流，用薄层色谱（TLC）监测反应的完成情况。反应结束后得到的粗产物混合物，进一步通过硅胶柱色谱法分离获得目标产物。

2. 薄层色谱（TLC）

色谱法是利用不同物质在不同相态中的选择性分配，以流动相对固定相中混合物进行洗脱，混合物中不同的物质会以不同的速度沿固定相移动，最终达到分离的效果。

薄层色谱是色谱法中的一种，是一种对混合样品进行快速分离、鉴定和定量的技术，属固-液吸附色谱，又叫薄层层析，用 TLC 表示。固定相（也叫吸附剂）是涂于载板上的支持物，流动相（又称为展开剂）为选择的溶剂。薄层色谱是利用各成分在同一吸附剂上吸附能力的不同，使其在流动相流过固定相的过程中，连续吸附、解吸、再吸附、再解吸，从而达到各成分相互分离的目的。

利用薄层色谱，可快速鉴别混合样品中的成分、样品的纯度、监测反应的完成情况，为柱色谱分离提供预实验，还可以用来分离少量的样品。其缺点是分离样品的量有限、不能准确判断混合物的成分。操作是否标准也直接影响分析结果的准确性。

薄层色谱的操作步骤包括：划线、点样（点样直径<5mm）、干燥（将点在板上的溶剂吹干）、展开剂展开（根据样品极性大小选择合适的展开剂）、显色与定位（利用显色剂或紫外灯）、收集样品（用来分离时将显色条从板上刮下，收集样品）。

薄层色谱的参数是比移值：即原点到组分斑点中心的距离与原点到溶剂前沿距离之比，用 R_f 表示。$R_f=0.2\sim0.8$ 最常用，$R_f=0.3\sim0.5$ 为最佳，见图 8-24。

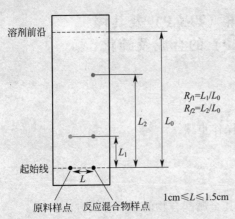

图 8-24 薄层色谱示意图

3. 硅胶柱色谱法

硅胶柱色谱法是根据物质在硅胶上的吸附能力不同对物质进行分离的方法。一般情况下极性较大的物质易被硅胶吸附，极性较小的物质不易被硅胶吸附，整个层析过程即是吸附、解吸、再吸附、再解吸过程。比起薄层色谱法，硅胶柱色谱可以用来分离纯化更大量的反应混合样。

操作步骤分为：装柱、加样、洗脱。

（1）装柱 装柱通常分为干法装柱和湿法装柱。干法装柱是将吸附剂（硅胶）缓慢加入到柱子里，用木板或洗耳球轻轻敲打柱身将其压实，然后打开柱子下边的活塞，用选用的洗脱剂进行缓慢洗脱，赶尽色谱柱中的气泡即可。湿法装柱是将吸附剂和极性小于洗脱剂的溶剂混合均匀，沿着色谱柱内壁缓慢加入到色谱柱中，打开色谱柱下边的活塞，溶剂缓缓流下，使得硅胶自然沉降填实，再加入适量上述溶剂，再次压实色谱柱，在接近硅胶表面处留1～2cm液体。本次实验中，我们采用湿法装柱。

(2) 加样　加样也分为干法和湿法加样。干法加样是将样品和吸附剂（硅胶）以一定的比例混合均匀缓缓加入到已经装好的色谱柱里，注意不要扰动柱床表面。湿法加样是将样品用尽可能少的洗脱剂溶解（洗脱剂溶解不了的可以用稍大极性的溶剂溶解），然后沿着色谱柱内壁缓缓加入到装好的色谱柱里，注意不要破坏柱床表面。要求溶解的样品体积小、浓度高，这样才能使得样品层尽可能薄，样品带尽可能窄，分离效果更好。

(3) 洗脱　加样结束，开始用合适的洗脱剂不断冲洗，分段定量收集洗脱液，同时不断进行薄层色谱检测，根据结果合并组分相同的流分。其中，最重要的就是要选择合适的洗脱溶剂。几种常用的单一溶剂的极性顺序为：石油醚＜正己烷＜二氯甲烷＜氯仿＜乙酸乙酯＜正丁醇＜乙醇＜甲醇＜乙酸＜水。如果以单一溶剂为洗脱剂，组成简单、分离重现性好，但是分离效果不佳，所以实际中通常采用两种或者三种溶剂混合作为洗脱剂进行洗脱，在柱色谱分离前可以利用薄层色谱确定洗脱剂。

【研究任务】

1. 四乙氧基羰基卟啉（TECP）的合成。
2. 四乙氧基羰基卟啉锌配合物（ZnTECP）的合成。

【研究任务分配】

1. 该实验 2 人合作完成。共同搭建装置，分工管控反应装置和准备分离纯化实验。
2. 合作进行产品表征和分析讨论实验数据。共同完成实验报告。

【仪器、药品和材料】

仪器：电子天平、油浴锅、铁架台、恒温磁力搅拌器、量筒、量杯、圆底烧瓶、冷凝管、尾接管、锥形瓶、分液漏斗、色谱管（柱体长 300mm，内径 20mm）、旋转蒸发仪、手提式紫外灯、超声清洗仪、移液枪、紫外-可见分光光度计。

药品：乙醛酸乙酯的甲苯溶液（50%）、吡咯（98%）、三氟化硼乙醚溶液（$BF_3 \cdot Et_2O$，47%）、三氟乙酸（TFA，99%）、2,3-二氯-5,6-二氰基-1,4-苯醌（DDQ，AR）、三乙胺（NEt_3，AR）、二氯甲烷（DCM，AR）、正己烷（HEX，AR）、醋酸锌（AR）、NaCl（AR）、N,N-二甲基甲酰胺（DMF，AR）、硅胶（100～200 目、300～400 目，AR）、Na_2SO_4（无水）。

材料：脱脂棉、纸、磁铁。

【实验内容】

1. 四乙氧基羰基卟啉（TECP）的合成

(1) 实验预处理　纯吡咯为无色至浅黄色油状透明液体，但吡咯在光和空气中容易变质，变质后形成的聚合物呈现棕黑色。因此，每次合成前需对粗吡咯进行减压蒸馏除杂预处理，以提高卟啉的合成产率（装置见图 8-25）。采用油浴加热，将蒸馏温度设置为 130℃，并注意用脱脂棉保温以及控制冷凝水的流量。弃去刚开始收集到的较为浑浊的低沸点馏分，待馏分变得澄清透明时，换另一干净的 250mL 锥形瓶收集馏分，直至尾接管处不再有液体滴下，结束减压蒸馏，保存新蒸吡咯备用。在操作前需检查装置的气密性并注意防止倒吸。

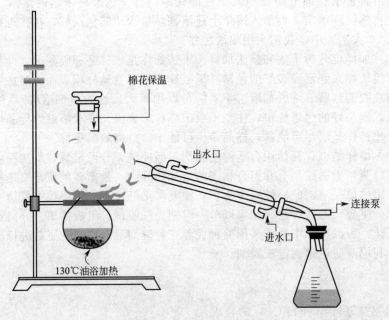

图 8-25 减压蒸馏装置示意图

（2）反应步骤　用移液枪分别移取 1.33mL 的乙醛酸乙酯甲苯溶液（50%，6.5mmol）和 0.468mL 的新蒸吡咯于 1000mL 的圆底烧瓶中，加入 500mL 的 DCM 溶解，磁力搅拌 5min 使其混合均匀。用移液枪移取 0.2mL 的 $BF_3·Et_2O$（47%，1.6mmol）于反应烧瓶中，在锡箔纸避光条件下室温反应 100min。待反应结束后，加入 NEt_3（0.5mL）中和 $BF_3·Et_2O$，此时烧瓶中会产生大量白烟。待烟完全消散后，加入 1.48g（6.5mmol）DDQ 氧化关环，继续搅拌反应 1h 结束反应。反应方程如图 8-26 所示。

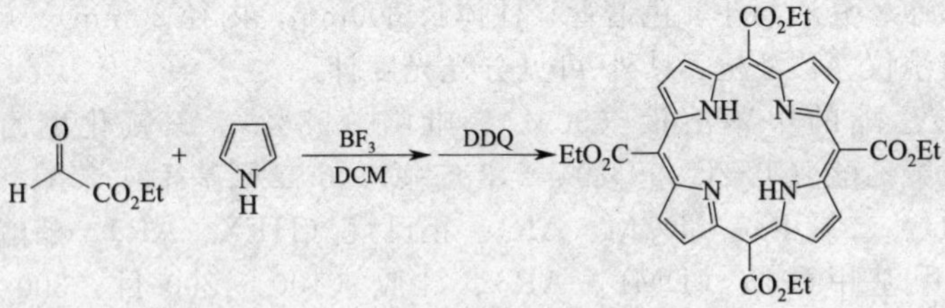

图 8-26　TECP 的合成路线

（3）样品的纯化　反应结束后，利用柱色谱及重结晶法对样品进行分离纯化。

① 除去 DDQ　用正己烷和 100~200 目的硅胶装柱，反应液经此硅胶柱分离，以 DCM 为洗脱剂，收集在 365nm 波长紫外灯下呈红色荧光的溶液，将其用旋转蒸发仪旋干得到粗产品。

② 粗产品的提纯　用正己烷和 300~400 目的硅胶装柱，用少量 DCM 将粗产品溶解，经此硅胶柱分离，以 DCM/HEX=1/1~4/1 为洗脱剂，收集在 365nm 波长的紫外灯下呈红色荧光带的溶液，分离过程可用 TLC 板检测收集到的产物的纯度，如还有杂质，可重复用柱色谱法分离得到纯的化合物，用紫外-可见光谱检测产物是否为目标产物，将收集到的溶液旋转蒸干后得到紫色固体。

③ 将上述固体在 DCM 和 HEX 混合溶液中进行重结晶,最终可得到紫色 TECP 晶体,产率约为 10%。

2. 四乙氧基羰基卟啉锌配合物(ZnTECP)的合成

在 100mL 的圆底烧瓶中加入 60mg 的 TECP 和 20 倍物质的量的醋酸锌,再加入 20mL 的 DMF 作为溶剂,搅拌回流 1h,用 TLC 板监测直至反应完全,冷却至室温。将反应液转移到 500mL 的分液漏斗中,分别加入 200mL 的 DCM 和饱和食盐水洗涤,除去多余的醋酸锌和 DMF,重复 7~8 次,收集有机相,用无水 Na_2SO_4 干燥,过滤,旋干有机液得到粗产品,用 100~200 目的硅胶柱分离纯化,以 DCM 为洗脱剂,最终得到紫红色固体。在 DCM 和 HEX 的混合溶液中重结晶,得到紫红色晶体,产率约为 95%。反应方程如图 8-27 所示。

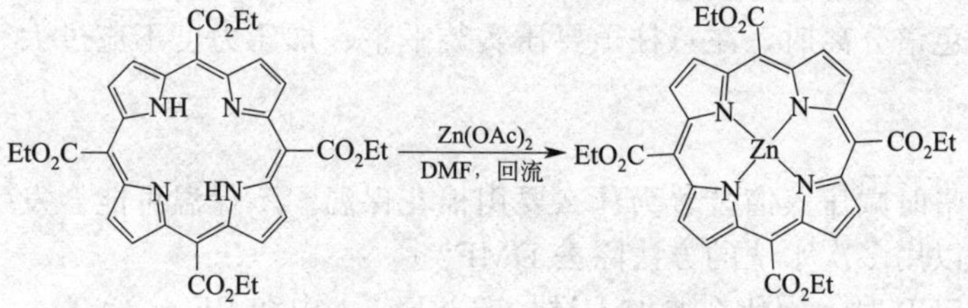

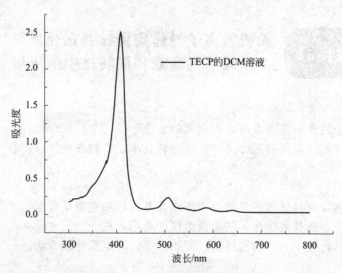

图 8-27 ZnTECP 的合成路线

3. 反应产物的鉴别及表征

利用 TLC 板初步鉴别化合物的纯度。在纯度达到要求的情况下,再利用紫外-可见光谱、红外光谱、核磁共振氢谱、核磁共振碳谱、高分辨质谱等分析手段对 TECP 和 ZnTECP 进行分析表征。TECP 的紫外-可见吸收光谱如图 8-28 所示。

图 8-28 TECP 的紫外-可见吸收光谱图

【数据记录与结果处理】

TECP 产品外观:_____,质量_____g,产率_____。

ZnTECP 产品外观:_____,质量_____g,产率_____。

红外光谱：ν(TECP) _____ cm^{-1}。
　　　　　ν(ZnTECP) _____ cm^{-1}。
紫外可见光谱：λ$_{max}$(TECP) _____ nm。
　　　　　　　λ$_{max}$(ZnTECP) _____ nm。

【注意事项】

1. 在减压蒸馏装置中，连接泵的位置需要连接缓冲瓶，防止倒吸。
2. 为防止倒吸，减压蒸馏时，先开泵，再连接管子；减压蒸馏结束时，先拔管子，再关泵。
3. 正确使用移液枪，否则很容易导致吸取的液体体积不准确。
4. 取用重蒸的纯吡咯后，应及时密封并放入冰箱，防止变质。
5. 反应过程可以随时用薄层色谱法对反应进行监测。
6. 在利用柱色谱分离时，注意柱子要压实装平整、加压力度不应过大、样品量要合适。

【思考题】

1. 在重蒸吡咯时减压蒸馏装置为什么要用棉花保温？不保温可能会发生什么情况？
2. 为什么可以用多次水洗的方法除去 DMF？
3. 在合成 TECP 时，为什么要加入过量的 NEt$_3$ 去中和 BF$_3$·Et$_2$O？
4. 为什么要等到烟消散后才能加 DDQ，如果在加 NEt$_3$ 时同时加入 DDQ 会发生什么情况？
5. 在柱色谱的装柱过程中，待硅胶液自然沉降后，再次加入适量溶解硅胶的溶剂并压实的目的是什么？
6. 实验过程中影响 TECP 及 ZnTECP 合成产率的主要因素有哪些？

实验 42　无机氧离子导体陶瓷材料在分离氧气及天然气高效利用转化中的应用

【预习】

1. 将混合物中的产品或者杂质分离出来的方法。
2. 气相色谱仪的结构及使用方法。反应物转化率、产物选择性、产物产率的计算方法。

【实验目的】

1. 了解无机陶瓷材料分离氧气的基本原理及其无机陶瓷膜反应器的类型。
2. 学习马弗炉、质量流量计、气相色谱仪的使用方法。
3. 掌握反应物转化率、产物选择性、产物产率的测定及计算方法。

【实验原理】

无机陶瓷混合导体透氧膜的氧离子导电性，源于晶体点阵的基本离子运动（固有离子电导/本征电导），这种离子自身随着热振动离开晶格形成热缺陷（肖脱基缺陷、弗兰克尔缺陷）。这种热缺陷无论是离子或者空位都带电荷，都可作为离子导电载流子。一般来说，混合导体透氧膜能够传导氧离子主要是由氧离子扩散运动引起，分为空位扩散和间隙扩散。

在化学势梯度或电势梯度的作用下，离子通过间隙或空位发生迁移。

无机陶瓷透氧膜的透氧过程是一个复杂的物理化学过程，大致分为以下几个步骤，如图 8-29 所示。

(1) 氧在高氧分压侧的表面交换；

(2) 氧离子和电子/电子空穴在体相中同时相反方向扩散；

(3) 氧在低氧分压侧的表面交换。

对于致密透氧陶瓷膜，简单地说，是 O_2 在膜表面吸附解离产生的氧离子，在氧化学势梯度作用下经过膜体相迁移至另一侧表面，然后再结合成 O_2 而脱附。其中 (1) 和 (3) 是表面交换过程，(2) 则是体相扩散过

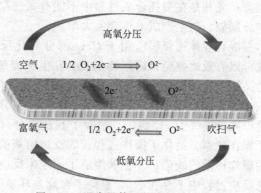

图 8-29　混合导体透氧膜氧传递机理

程。在第 (1) 步中主要包括在高氧分压侧，O_2 从气相扩散到透氧膜表面并吸附形成吸附 O_2，然后吸附 O_2 在膜表面解离，产生化学吸附氧，最后化学吸附氧进入透氧膜表面层氧空位形成晶格氧，这个过程主要是氧的吸附解离过程。第 (2) 步中包括由于膜两侧的氧浓度梯度不同而产生的化学势或者膜两侧存在的电势差推动氧离子从高氧分压侧扩散至低氧分压侧和由氧气在膜表面电离出的电子/电子空穴向相反方向定向传输以维持整个体系的电中性，整个过程是一个体相扩散过程。第 (3) 步中主要包括在低氧分压侧，晶格氧物种与膜表面的电子空穴重新结合成化学吸附氧，然后 O_2 在膜表面上脱附并从透氧膜表面扩散到气相中，这个过程主要是一个氧的结合脱附过程。整个透氧过程由速率较慢的步骤控制，在大多数情况下，透氧过程受表面交换动力学过程与体相扩散过程共同控制。对于相同的材料，影响透氧速率的因素主要有氧浓度梯度的大小、温度、膜片厚度以及表面形貌。

近年来，随着人们对石油资源消费的日益扩大，石油资源日渐枯竭，已探明石油的剩余可开采量以目前的消费速度到 2050 年左右就基本无法满足需求。而且由于石油资源问题引起的国际争端逐渐增加，许多国家将面临国家能源战略安全的严重问题。因此，各国研究人员都在积极探寻新的可替代能源。随着天然气探明储量的不断增加和可燃冰（主要成分为甲烷）的发现，天然气的长距离运输和综合高效利用逐渐得到人们的普遍关注。而其中最有效的方法便是高效转化天然气为高附加值产品。甲烷可以直接被氧化偶联制乙烯或者选择性氧化制备甲醇或甲醛，但是该过程中的目标产物在反应中很容易被深度氧化，产率很低。目前研究较广的是甲烷间接转化制合成气（H_2 和 CO 的混合气），再由合成气通过费托合成（Fischer-Tropsch-Synthesis）来制备高级碳氢化合物。

目前，工业制取合成气的主要方法是 CH_4/CO_2 重整、$CH_4/$水蒸气重整和 CH_4 部分氧化。CH_4/CO_2 重整制合成气 [$CH_4+CO_2 \Longrightarrow 2CO+2H_2$，$\Delta H_m^{\ominus}(25℃)=247.3 kJ\cdot mol^{-1}$] 是一个强吸热反应，耗能高，易积碳，对设备要求高。$CH_4/$水蒸气重整制合成气 [$CH_4+H_2O \Longrightarrow CO+3H_2$，$\Delta H_m^{\ominus}(25℃)=206.2 kJ\cdot mol^{-1}$] 也是一个强吸热反应，需要在高温下进行，为了防止积碳需要在高水碳比条件下操作，该过程能耗高，投资大。而且上述两种过程制备的合成气的物质的量化 $H_2/CO\neq 2$，不能直接用于后续费托合成等重要转化过程。甲烷部分氧化制合成气 [$2CH_4+O_2 \Longrightarrow 2CO+4H_2$，$\Delta H_m^{\ominus}(25℃)=-35.7 kJ\cdot mol^{-1}$] 是弱放热反应，且反应速率较快，生成的合成气 $H_2/CO\approx 2$，是理想的费托合成的原料比。但

是该反应过程也存在着一定的问题，如在普通固定床反应器中容易飞温失控，有一定的安全隐患；尤其是在费托合成过程中不能有氮气存在，故该反应需要消耗纯氧，如果采用传统的空分制氧，则生产成本将会大大增加。

混合导体透氧膜应用于 CH_4 部分氧化反应中，将作为反应物的 O_2 通过膜控制输入，就可以有效地避免目标产物与 O_2 发生深度氧化反应，从而达到提高目标产物选择性的目的。对于选择性氧化反应，还可以避免 O_2 与可燃反应物直接大量混合而导致的爆炸风险。该过程与固定床相比具有以下优点：①反应分离一体化，大大缩小了反应器尺寸；②可以直接以廉价空气为 O_2 源，且消除了其他组分（如 N_2）对反应与产品的影响，从而显著降低了操作成本，简化了操作过程；③反应由氧的扩散过程控制，从而克服了固定床反应器存在的爆炸极限的缺陷；④显著缓解了固定床反应器进行 CH_4 部分氧化反应所产生的飞温问题；⑤反应过程中不存在 N_2，避免了在高温环境下形成 NO_x 污染物。

【研究任务】

1. 无机氧离子导体陶瓷膜的制备。
2. 陶瓷膜的透氧性能的研究，探讨吹扫气流速对透氧量的影响。
3. 陶瓷膜上 CH_4 高效转化为 $H_2/CO≈2$ 合成气的研究。

【研究任务分配】

1. 该实验 3 人合作完成。每人各自制备无机氧离子导体陶瓷膜，合作完成膜反应器的组装。
2. 每人选定一个吹扫气流速，测量膜的透氧量，研究膜的透氧性能。
3. 每人进样 2 次，研究膜的 CH_4 部分氧化性能。
4. 整合实验数据，合作完成实验报告。

【仪器、药品和材料】

仪器：烧杯、量筒、电加热磁力搅拌器、电子天平、电阻丝炉（YZ-20CE）、高温马弗炉（室温~1800℃）、玛瑙研钵（80mm）、刚玉坩埚粉末压片机、电热真空干燥箱、立式高温管式炉（室温~1300℃）、超声清洗仪、气体质量流量控制器、气相色谱仪、皂膜流量计。

药品：$Ba(NO_3)_2$（固、AR）、$Sr(NO_3)_2$（固、AR）、$Co(NO_3)_2 \cdot 6H_2O$（固、AR）、$Fe(NO_3)_3 \cdot 9H_2O$（固、AR）、柠檬酸（$C_6H_8O_7 \cdot H_2O$，AR）、$NH_3 \cdot H_2O$（6mol·L^{-1}）、乙醇、EDTA（固、AR）。

材料：超纯去离子水、砂纸、$\phi6$ 刚玉管、$\phi16$ 刚玉管、$\phi25$ 石英玻璃管、$\phi3$ 钢管、$\phi6$ 钢管、$\phi3$-$\phi6$ 转接头、扳手两套、高温密封胶（回天 767）、热电偶、高纯 N_2（>99.999%）、高纯 He（>99.999%）、甲烷（>99.999%）、干燥空气。

【实验内容】

1. 无机氧离子导体陶瓷膜材料的制备

致密陶瓷透氧膜材料的制备一般包括粉料制备、塑型和烧结三个步骤。粉料制备是透氧膜组件制备的重要环节，粉体的制备方法对材料的组成、晶粒尺寸及形状等有很大影响，进而影响透氧膜的成型、烧结、机械强度和透氧性能。为此，我们选择可以实现原料在离子层级均匀混合的 EDTA-柠檬酸联合配位法来制备高稳定性、高透氧性能的材料 $Ba_{0.5}Sr_{0.5}Co_{0.8}Fe_{0.2}O_{3-\delta}$。该粉体由溶胶-凝胶法采用 EDTA-柠檬酸联合配位后，按图 8-30 所示工艺流程制备。

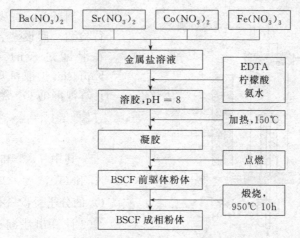

图 8-30 溶胶凝胶法制备 BSCF 粉体流程示意图

先将 $Ba(NO_3)_2$、$Sr(NO_3)_2$、$Co(NO_3)_2$、$Fe(NO_3)_3$ 四种原料溶于高纯水中分别配成 $Ba(NO_3)_2$、$Sr(NO_3)_2$、$Co(NO_3)_3$、$Fe(NO_3)_3$ 的溶液,根据比例量取 $Ba(NO_3)_2$、$Sr(NO_3)_2$、$Co(NO_3)_3$、$Fe(NO_3)_3$ 溶液置入 3000mL 大烧杯搅拌 30min,然后加入 EDTA 搅拌 30min,再加入柠檬酸搅拌 30min,其中金属总离子:EDTA:柠檬酸物质的量比是 1:1:2。最后加入 $NH_3 \cdot H_2O$ 调节溶液 pH 至 EDTA、柠檬酸完全溶解,溶液澄清,此时溶液 pH≈8,在 150℃下加热蒸发溶液至凝胶,最后将此凝胶转入坩埚,在通风橱内电阻丝炉上点燃。将燃烧后生成的非晶态 BSCF 前驱体粉末置于马弗炉中,950℃下煅烧 10h。得到的粉体用 XRD 表征,确认其晶体结构,结果见图 8-31。

将制备好的晶态 BSCF 粉体在玛瑙研钵中研磨,再置于直径为 16mm 的不锈钢模具中,在 20MPa 下加压 10min 制成生胚体后取出。在刚玉坩埚底部加入一定量原粉体,

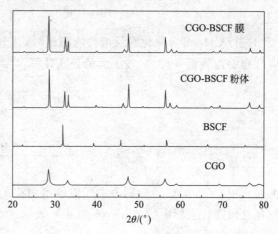

图 8-31 合成的 BSCF 等材料的 XRD 谱图

再将生胚体置于坩埚底部粉体之上,于马弗炉中以 $2℃ \cdot min^{-1}$ 的升温速率升至 1100℃保温 10h 烧结,再以 $2℃ \cdot min^{-1}$ 的速率降至室温,得到烧结膜片。

烧结好的膜片依次用 240 目、500 目、800 目、1500 目、2000 目的 SiC 砂纸打磨抛光至所需厚度,在超声清洗仪中用乙醇超声清洗 10min。

2. 膜反应器的组装与测试

将超声清洗后的膜片用高温陶瓷密封胶固定并密封在刚玉管上 ($\phi = 16mm$)。等待 24h 高温陶瓷密封胶干燥完全后,在膜片的外面套以一根石英玻璃管 ($\phi = 25mm$) 用于进料,然后将其固定在等温区域有 80mm 的垂直放置的立式管式炉上,让膜片处于管式炉加热中心区域以 $1.5℃ \cdot min^{-1}$ 升温,准备测试。透氧实验装置如图 8-32 所示。

空气或者氮气氧气的混合气体从管外壳输入来提供氧源,氦气从管内壳吹扫来收集透过的氧气,气体流量由质量流量控制器控制并用皂膜流量计校准。吹扫尾气导入气相色谱仪中进行氧含量分析,尾气流速用皂膜流量计在线检测。

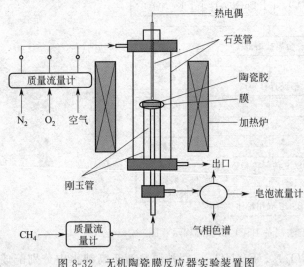

图 8-32 无机陶瓷膜反应器实验装置图

测试前,首先要对装置密封性进行检测。假设装置中由于密封问题存在泄漏过来的 N_2 和 O_2,均符合 Knudsen 扩散机理,可以根据下式来计算泄漏的 O_2 含量:

$$J_{N_2}^{泄漏} : J_{O_2}^{泄漏} = \sqrt{32/28} \times 0.79 : 0.21 = 4.02$$

其中 $J_{N_2}^{泄漏}$ 和 $J_{O_2}^{泄漏}$ 分别为泄漏的 N_2 和 O_2 浓度,28 和 32 分别是 N_2 和 O_2 的分子量,只有当按 $J_{N_2}^{泄漏} : J_{O_2}^{泄漏} = 4.02$ 计算出泄漏过来的 O_2 的浓度小于吹扫尾气中 O_2 总浓度的 5% 时,才可以继续后续透氧性能测试。

膜片的透氧量可以由以下公式计算:

$$J_{O_2}(\text{mL} \cdot \text{min}^{-1} \cdot \text{cm}^{-2}) = \left(C_{O_2} - \frac{C_{N_2}}{4.02}\right)\frac{F}{S}$$

进行 CH_4 部分氧化膜反应性能测试时,CH_4 转化率(X_{CH_4})、CO 选择性(S_{CO})和反应过程中透氧量(J_{O_2})按下面的公式计算:

$$X_{CH_4} = \frac{F_{CH_4}^{in} - F_{CH_4}^{out}}{F_{CH_4}^{in}}, \quad S_{CO} = \frac{F_{CO}}{F_{CO} + F_{CO_2}}$$

$$J_{O_2} = \frac{F_{CO} + 2F_{CO_2} + F_{H_2O} + 2F_{O_2}(未反应的)}{2S}$$

上述式中,C_{O_2},C_{N_2} 分别为由气相色谱测得的 O_2 和 N_2 浓度,F 为皂膜流量计测得的吹扫尾气流速,上标中的"in"和"out"表示进气和出气,S 为膜片的有效透氧面积。

【数据记录与结果处理】

1. 记录不同吹扫气流速下所得吹扫尾气的色谱数据于表 8-15。

测试温度:_____℃,空气流速:_____ $\text{mL} \cdot \text{min}^{-1}$。

表 8-15 一定测试温度和空气流速下,不同吹扫气流速时的色谱数据

吹扫气流速 /mL·min^{-1}	进样次数	O_2 峰面积	N_2 峰面积	O_2 浓度 /%	N_2 浓度 /%	尾气流速 /mL·min^{-1}	膜面积 /cm^2	透氧量 /mL·min^{-1}·cm^{-2}
	1							
	2							
	3							
	1							
	2							
	3							
	1							
	2							
	3							

2. 记录相同吹扫气流速和一定温度下，CH_4 部分氧化后所得吹扫气的色谱数据于表 8-16。
测试温度：_____℃，空气流速：_____ $mL \cdot min^{-1}$，甲烷流速：_____ $mL \cdot min^{-1}$。

表 8-16　在一定测试条件下，甲烷部分氧化反应时的色谱数据

进样次数	CH_4峰面积	N_2峰面积	CO峰面积	CO_2峰面积	O_2峰面积	H_2峰面积	CH_4浓度/%	N_2浓度/%	CO浓度/%	CO_2浓度/%	O_2浓度/%	H_2浓度/%	尾气流速/$mL \cdot min^{-1}$
1													
2													
3													
4													
5													
6													

3. 根据测量数据所得计算结果
CH_4 转化率：_____%；CO 选择性：_____%；
H_2/CO：_____；J_{O_2}：_____ $mL \cdot min^{-1} \cdot cm^{-2}$。

【注意事项】

1. 粉体制备和膜片制备过程中，戴好口罩，注意颗粒物防护。高温实验时，防止烫伤。
2. CH_4 部分氧化反应过程中，有易爆气体存在（CH_4、H_2、CO），且生成的 CO 会对人体产生危害，测试前应做好膜反应器的检漏以及尾气的处理工作。

【思考题】

1. 为什么致密陶瓷膜可以分离 O_2？致密陶瓷膜分离 O_2 的过程是物理筛分还是化学筛分？为什么其对 O_2 的选择性是 100%？
2. 致密陶瓷混合导体透氧膜反应器在天然气的转化过程中有什么优势？

实验 43　有序介孔氧化硅 KIT-6 负载氧化铜催化剂的合成、表征及其催化苯乙烯环氧化反应的研究

【预习】

1. 使用苯乙烯和叔丁基过氧化氢时有哪些注意事项？反应物转化率如何计算？
2. 色谱工作站的设置、数据采集、数据处理和打印数据谱图报告的方法。

【实验目的】

1. 掌握制备 KIT-6 和浸渍法制备 KIT-6 负载氧化铜催化剂的方法
2. 掌握苯乙烯环氧化反应及其气相色谱法检测反应体系组成的原理和方法。

【实验原理】

环氧苯乙烷是香料、制药和涂料工业生产中重要的中间体，主要由苯乙烯环氧化合成。传统的卤醇合成法存在工艺流程复杂、含氯废水排放量大、设备腐蚀严重、产率低等问题。催化氧化工艺可有效解决上述问题，高选择性高活性低成本非贵金属催化剂的研制是关键。负载型过渡金属氧化物催化剂研制是重要的研究方向，其载体的比表面积、孔径、孔道排列

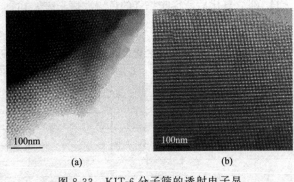

图 8-33 KIT-6 分子筛的透射电子显微图 (a) 沿 [1 1 1]，(b) 沿 [5 3 1]

方式和有序性，对催化剂的分散度和限域内粒径控制与反应物的孔内扩散都有重要影响。KIT-6 介孔 SiO_2 分子筛拥有完美而独特的三维立方交联孔道结构（图 8-33），兼备传统介孔材料的比表面积巨大、孔体系有序规整等优点。可使活性物种（催化剂）在载体表面高度分散的同时，让反应物和产物在孔道内迅速迁移免于一般孔道结构造成的阻塞。

非贵金属铜的氧化物对苯乙烯和丙烯等小分子烯烃环氧化均表现出一定催化活性。研究表明，采用溶胶-凝胶一步法制备的六方介孔 SiO_2 材料负载铜基催化剂中，在 Si/Cu 原子数比为 40 时，可获得高达 99% 的苯乙烯转化率和 84% 的环氧化物选择性。

为此，本实验考察以 KIT-6 立方介孔 SiO_2 为载体负载铜基催化剂对苯乙烯环氧化的催化活性。

1. KIT-6 载体的合成原理

实验以低温水热法制备 KIT-6 载体。采用名为 P123 的聚环氧乙烷-聚环氧丙烷-聚环氧乙烷三嵌段共聚物作为模板剂，添加正丁醇调节体系中胶团亲水-疏水作用，加入适当硅源后，在 35℃ 下，制备孔径为 4nm 的分子筛。不合适的硅源与正丁醇添加量可能会得到层状或者无定型的二氧化硅。反应温度升高，KIT-6 比表面积先增后减，而孔容、孔径逐步增加，孔道内部交联度随之提高。

KIT-6 的形成可归为两方面：① 正丁醇在硅氧基团-P123-水-盐酸体系内相的控制，即热力学控制；② 硅氧基团聚合水解中的胶束折叠效应，由动力学控制。由于反应体系中作为催化剂的酸浓度较低，该反应更倾向于热力学控制。作为共溶剂的正丁醇可在亲水-疏水界面作用，它的加入将改变胶束的亲水区域体积比，降低胶束曲率，有利于新生成刚性较小的 SiO_2 重组变形，由二维层状向三维立方结构转化。

2. CuO/KIT-6 催化剂的制备原理

本实验通过浸渍法将活性组分 CuO 引入 KIT-6 孔道内，形成负载型催化剂。载体主要用于支持活性组分，使催化剂具有特定的物理形状，载体本身一般不具有催化活性。

浸渍法是活性组分以盐溶液形式浸渍到多孔载体上并渗透到内表面，从而形成高效催化剂。通常将载体放入含有活性物质的液体中浸渍，活性组分依靠毛细管压力进入载体内表面，同时活性组分也会逐渐吸附于载体表面，当活性组分在载体表面吸附达到平衡后，将剩余的液体蒸发除去，再进行干燥，使溶剂蒸发逸出，而活性组分的盐类遗留在载体的内表面上并均匀分布在载体的细孔中。经加热分解及活化后，得到高度分散的催化剂。

在制备负载型金属氧化物催化剂时，通常选用金属硝酸盐的水溶液来充满载体的孔道，经浸渍、蒸发、空气气氛中充分焙烧，获得氧化物负载型催化剂。

浸渍法具有如下优点。

（1）负载组分大多数情况下仅分布在载体表面上，利用率高、负载量少、成本低，这对铂、铑、钯、铱等贵金属型催化剂具有特别意义，可节省大量贵金属用量。

（2）可以用市售、已成型、规格化的载体材料，省去催化剂成型步骤。

(3) 可通过选择适当的载体，为催化剂提供所需物质结构特性，如：比表面积、孔径、机械强度、热导率等。因此，浸渍法是一种简单易行而经济的方法。

3. 催化剂的结构表征

催化剂结构表征主要采用 X-射线多晶粉末衍射仪（XRD）。XRD 是最基本、最重要的一种结构测试手段，它可以分析物相、测定结晶度和测定点阵参数等。当单色 X 射线照射晶体中的原子时，原子周围电子受 X 射线周期变化的电场作用而发生振动，从而使每个电子都变成发射球面电磁波的次生波源。这些球面电磁波的频率与入射的 X 射线相一致。基于晶体结构的周期性，晶体中各个原子的散射波可相互干涉而叠加，发生衍射现象。X 射线在晶体中的衍射现象，实质上是大量原子散射波相互干涉的结果，每种晶体所产生的衍射花样反映出晶体内部的原子排列规律。

有序介孔氧化硅 KIT-6 在小角 $2\theta=0.6°\sim3°$ 有特征衍射峰，氧化铜在广角 $2\theta=20°\sim80°$ 范围内有特征衍射峰，通过 XRD 对所合成的催化剂进行表征并与标准 XRD 谱图对比，可以考察所合成催化剂是否为 CuO/KIT-6 纯相。

4. 苯乙烯的环氧化反应

烯烃的环氧化反应的氧源有很多种，如：过氧酸、H_2O_2、O_2 和 NaClO 等，都可以把碳-碳双键环氧化。叔丁基过氧化氢（简称 TBHP）是一种常用的烷基过氧化氢氧化剂，与 O_2 和 H_2O_2 相比，其解离产生活性氧的能力较高且与苯乙烯互溶，有利于提高苯乙烯的转化率。本实验选用 70% TBHP 的水溶液作为氧化剂。反应方程式如下。

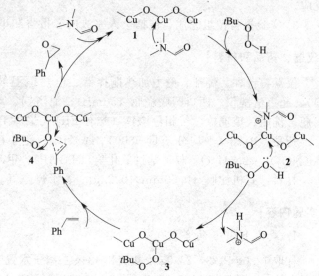

图 8-34 苯乙烯与 TBHP 的反应机理

由于 70% TBHP 的亲水性和苯乙烯的亲油性，不同相态能否有效接触是关键。一般需加入既亲水又亲油的第三溶剂（如：乙腈）提高反应物之间的互溶性。

苯乙烯环氧化的反应机理目前属于小众的研究。由于无法在实验中原位捕捉确切的反应中间体，其反应机理仅凭借经典有机化学知识推断，少数研究者借助验证性实验，旁敲侧击地推断反应机理，难以得到一锤定音的理论成果。文献初步提出的苯乙烯环氧化反应机理见图 8-34。溶剂乙腈中的氮原子与催化剂中的 Cu^{2+} 物种配位生成稳定物种 **1**，随后，TBHP 中的过氧基团与 **1** 发生配体交换反应，进而活化末端 O 原子生成较为稳定的氧化性物种 **3**，随之进攻苯乙烯并生成环氧化物 **4**。

苯乙烯在 TBHP 存在下环氧化主要产物为环氧苯乙烷和苯甲醛，其他产物如苯醛、苯甲酸、聚苯乙烯通常选择性低于 2%，可忽略不计。苯乙烯转化率和产物选择性按以下公式计算：

$$苯乙烯转化率/\% = \frac{苯乙烯投料量-苯乙烯反应后剩余量}{苯乙烯投料量} \times 100$$

$$产物选择性/\% = \frac{产物生成量}{苯乙烯投料量 - 苯乙烯反应后剩余量} \times 100$$

式中的苯乙烯反应后剩余量和产物生成量均通过气相色谱仪进行定量。

【研究任务】

1. 制备 KIT-6 立方介孔 SiO_2 负载 CuO 催化剂 CuO/KIT-6。
2. 研究 CuO 负载量对 CuO/KIT-6 催化剂催化苯乙烯环氧化反应性能的影响。

【研究任务分配】

1. 教学班分为若干研究小组，每组 4 人。组员合作制备 KIT-6 立方介孔 SiO_2 催化剂载体。
2. 每位组员选择一个 CuO 负载量制备 CuO/KIT-6O 催化剂并表征，然后进行催化反应。
3. 实验报告按组完成，包括个人完成内容报告和小组统一处理数据完成完整报告。

【仪器、药品和材料】

仪器：台秤、烧杯、磁力加热搅拌器、电热恒温鼓风干燥箱、坩埚、马弗炉（程序控温）、超声清洗仪、两口圆底烧瓶（50mL）、油浴锅、球形冷凝管、温度计、布氏漏斗、抽滤瓶、洗瓶、玻璃棒、气相色谱仪（配有 FID 火焰离子化检测仪）、X-射线粉末衍射仪。

药品：P123（平均分子量 5800）、浓 HCl、正丁醇、正硅酸乙酯（TEOS）、苯乙烯、$Cu(NO_3)_2 \cdot 2.5H_2O$、叔丁基过氧化氢（TBHP）、甲苯、乙腈、二甲基硅油。

材料：有机滤膜（$0.50mm \times 0.22\mu m$）、干燥空气、纯度 $>99.999\%$ 的高纯 H_2 和 N_2。

【实验内容】

1. 载体 KIT-6 的合成

称取 12.0g P123，23.6g 浓盐酸和 434g 去离子水置于 1L 大烧杯中，在 35℃ 下加热搅拌使其混合均匀，随后加入 12.0g 正丁醇，维持 35℃ 搅拌 1h。再逐滴滴入 25.8g TEOS，保持温度不变继续搅拌 24h。然后在 35℃ 的烘箱中水热晶化 24h。冷却至室温，经抽滤、洗涤至产物为中性后，将所得白色晶体置于烘箱中 100℃ 干燥 6h。最后，在马弗炉中以 $1℃ \cdot min^{-1}$ 的升温速率程序升温至 550℃，焙烧 6h 去除模板剂，得到 KIT-6 立方介孔 SiO_2 载体。

2. KIT-6 负载 CuO 催化剂的合成

合成 CuO 负载量为 $x=10\%$、15% 和 20% 的三个 CuO/KIT-6 催化剂。准确称取所需质量的 $Cu(NO_3)_2 \cdot 2.5H_2O$，置于 50mL 小烧杯中，加入适量去离子水使之溶解。再加入 1g KIT-6，静置浸渍 30min。将烧杯置于 65℃ 的超声仪中进行超声干燥除去多余溶剂。所得固体在 100℃ 的烘箱中干燥 12h 后，转移至坩埚中，在马弗炉中以 $1℃ \cdot min^{-1}$ 的升温速率程序升温至 350℃ 焙烧 6h，得到催化剂 xCuO/KIT-6。

3. 催化剂的表征

采用 Bruker 公司的 D8 ADVANCE X-射线衍射仪，以 Cu $K\alpha$（0.1542nm）作光源，在 40kV 管电压和 40mA 管电流条件下，以 $0.02°$ 扫描步长和 $0.2s/$步的扫描速度采集 $0.6°\sim 3°$ 的小角数据；用 $0.02°$ 的扫描步长和 $0.1s/$步的扫描速度采集 $20°\sim 70°$ 的广角数据。用

Origin Pro 8.5 分别绘制 KIT-6 载体和 CuO/KIT-6 催化剂的小角和广角 XRD 谱图。

4. 催化剂在苯乙烯环氧化反应中的活性测试

常压条件下，在 50mL 两口圆底烧瓶中依次加入 10mmol 苯乙烯、10mmol TBHP、10mL 乙腈溶剂和 0.05g 催化剂。随后将圆底烧瓶置于油浴中，并安装球形冷凝管和温度计，反应体系在 70℃油浴下，磁力搅拌加热回流 6h。

反应终止后，待烧瓶冷却至室温。将一定量甲苯（作为内标）加入到混合物中，随后，用有机滤膜分离反应液和固体催化剂。所得液体成分用气相色谱仪进行定量分析，计算苯乙烯的转化率及其选择性，结果记入表 8-17。

【数据记录与结果处理】

所得载体 KIT-6 的质量 $M_1 = $ _____ g。

若取 1g KIT-6 载体，合成 10% CuO/KIT-6、15% CuO/KIT-6 和 20% CuO/KIT-6 时，所需 $Cu(NO_3)_2 \cdot 2.5H_2O$ 的质量分别为 $M_2 = $ _____ g；$M_3 = $ _____ g；$M_4 = $ _____ g。

KIT-6 和 CuO/KIT-6 的小角 XRD $2\theta = $ _____、_____。

20% CuO/KIT-6 的广角 XRD $2\theta = $ _____。

表 8-17 CuO 负载量对催化苯乙烯环氧化反应性能的影响

催化剂	苯乙烯的转化率	主要产物	其选择性
KIT-6	$Y_1 =$		$S_1 =$
10% CuO/KIT-6	$Y_2 =$		$S_2 =$
15% CuO/KIT-6	$Y_3 =$		$S_3 =$
20% CuO/KIT-6	$Y_4 =$		$S_4 =$

由表 8-17 可知，随着催化剂中 CuO 负载量增加，苯乙烯转化率 _____；其选择性 _____。

【注意事项】

1. 滴加正硅酸乙酯时速度要缓慢，同时要加以搅拌，防止其迅速水解。
2. 有序 P123 胶束是介孔 SiO_2 合成的关键，控制温度 35~40℃可确保 P123 胶束的形成。
3. 活性测试时，要注意反应温度的控制。

【思考题】

1. 对于上述实验，提高苯乙烯的转化率可以通过调节哪些反应参数实现？
2. 还可以通过哪些方式将金属盐负载在载体上？如果采用简单的物理混合法是否会获得同样的催化苯乙烯的实验结果？还可以通过哪些方法测定催化剂中铜的含量？

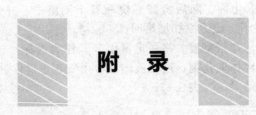

附 录

附录1 常用元素的原子量(2013)

元素符号	名称	原子量	元素符号	名称	原子量
Ag	银	107.868	In	铟	114.818
Al	铝	26.9815	K	钾	39.098
Ar	氩	39.948	Kr	氪	83.798
As	砷	74.9216	Li	锂	6.938
Au	金	196.967	Mg	镁	24.305
B	硼	10.806	Mn	锰	54.938
Ba	钡	137.328	N	氮	14.007
Be	铍	9.01218	Na	钠	22.9898
Bi	铋	208.98	Ne	氖	20.1797
Br	溴	79.904	Ni	镍	58.6934
C	碳	12.011	O	氧	15.999
Ca	钙	40.078	P	磷	30.9738
Cd	镉	112.414	Pb	铅	207.2
Cl	氯	35.446	Pd	钯	106.42
Co	钴	58.933	Pt	铂	195.085
Cr	铬	51.996	S	硫	32.059
Cu	铜	63.546	Sb	锑	121.76
F	氟	18.998	Se	硒	78.972
Fe	铁	55.845	Si	硅	28.084
Ga	镓	69.723	Sn	锡	118.711
Ge	锗	72.631	Sr	锶	87.62
H	氢	1.0078	Ti	钛	47.867
He	氦	4.0026	V	钒	50.9415
Hg	汞	200.592	Xe	氙	131.293
I	碘	126.904	Zn	锌	65.38

附录2 常用酸、碱溶液的近似浓度

试剂名称	化学式	质量分数/%	密度/g·cm^{-3}	物质的量浓度/mol·L^{-1}
盐酸	HCl	37	1.19	12(浓)
		20	1.10	6
		7	1.03	2
硝酸	HNO$_3$	70	1.42	16(浓)
		32	1.20	6
		12	1.07	2
硫酸	H$_2$SO$_4$	96	1.84	18(浓)
		44	1.34	6
		18	1.13	2
高氯酸	HClO$_4$	70	1.67	12
磷酸	H$_3$PO$_4$	85	1.69	15(浓)
冰醋酸	CH$_3$COOH	99	1.05	17
氨水	NH$_3$·H$_2$O	28	0.90	15(浓)
		11	0.95	6
		3.5	0.98	2
氢氧化钠	NaOH	40	1.43	14(浓)
		20	1.22	6
		7.5	1.08	2

附录3 我国化学试剂的等级

级别	纯度分类	代表符号	标签颜色	附注
一级	优级纯	G.R.	绿色	纯度高,杂质极少,主要用于精密分析和科学研究
二级	分析纯	A.R.	红色	纯度略低于优级纯,杂质量略高于优级纯,适用于重要分析和一般性科研
三级	化学纯	C.R.	蓝色	纯度较分析纯差,但高于实验试剂,适用于工业分析与化学试验
四级	实验试剂	L.R.	黄色	纯度低于化学纯,高于工业品,适用于一般化学实验,不能用于分析工作

注:化学试剂除了上述几个等级外,还有基准试剂、光谱纯试剂及超纯试剂等。

附录4 几种常用酸碱指示剂

指示剂	变色范围(pH)及颜色	配制方法
甲基紫	(黄)0.1~1.5(蓝)	0.1g甲基紫溶于100mL水
溴酚蓝	(黄)3.0~4.6(蓝)	0.1g溴酚蓝溶于100mL 20%乙醇
甲基橙	(红)3.0~4.4(黄)	0.1g甲基橙溶于100mL水
溴甲酚绿	(黄)3.8~5.4(蓝)	0.1g溴甲酚绿溶于100mL 20%乙醇
甲基红	(红)4.2~6.2(黄)	0.1g甲基红溶于100mL 60%乙醇
溴百里酚蓝	(黄)6.0~7.6(蓝)	0.1g溴百里酚蓝溶于100mL 20%乙醇
酚红	(黄)6.8~8.4(红)	0.1g酚红溶于100mL 20%乙醇
中性红	(红)6.8~8.0(黄)	0.1g中性红溶于100mL 60%乙醇
酚酞	(无)8.2~10.0(红)	0.1g酚酞溶于100mL 60%乙醇
百里酚酞	(无)9.3~10.5(蓝)	0.1g百里酚酞溶于100mL 90%乙醇

附录 5 不同温度下水的蒸气压

$T/℃$	p/kPa	$T/℃$	p/kPa	$T/℃$	p/kPa	$T/℃$	p/kPa
1	0.65716	26	3.3629	51	12.970	76	40.205
2	0.70605	27	3.5670	52	13.623	77	41.905
3	0.75813	28	3.7818	53	14.303	78	43.665
4	0.81359	29	4.0078	54	15.012	79	45.487
5	0.87260	30	4.2455	55	15.752	80	47.373
6	0.93537	31	4.4953	56	16.522	81	49.324
7	1.0021	32	4.7578	57	17.324	82	51.342
8	1.0730	33	5.0335	58	18.159	83	53.428
9	1.1482	34	5.3229	59	19.028	84	55.585
10	1.2281	35	5.6267	60	19.932	85	57.815
11	1.3129	36	5.9453	61	20.873	86	60.119
12	1.4027	37	6.2795	62	21.851	87	62.499
13	1.4979	38	6.6298	63	22.868	88	64.958
14	1.5988	39	6.9969	64	23.925	89	67.496
15	1.7056	40	7.3814	65	25.022	90	70.117
16	1.8185	41	7.7840	66	26.163	91	72.823
17	1.9380	42	8.2054	67	27.347	92	75.614
18	2.0644	43	8.6463	68	28.576	93	78.494
19	2.1978	44	9.1075	69	29.852	94	81.465
20	2.3388	45	9.5898	70	31.176	95	84.529
21	2.4877	46	10.094	71	32.549	96	87.688
22	2.6447	47	10.620	72	33.972	97	90.945
23	2.8104	48	11.171	73	35.448	98	94.301
24	2.9850	49	11.745	74	36.978	99	97.759
25	3.1690	50	12.344	75	38.563	100	101.32

附录 6 一些弱电解质的电离常数（298K）

弱碱或弱酸	电离方程式		电离常数 $K^{\ominus}$	$pK^{\ominus}$
HAc	$CH_3COOH \rightleftharpoons H^+ + CH_3COO^-$		1.76×10^{-5}	4.75
HCN	$HCN \rightleftharpoons H^+ + CN^-$		4.93×10^{-10}	9.31
HF	$HF \rightleftharpoons H^+ + F^-$		3.53×10^{-4}	3.45
H_3BO_3	$H_3BO_3 + H_2O \rightleftharpoons H^+ + [B(OH)_4]^-$		5.8×10^{-10}	9.24
HNO_2	$HNO_2 \rightleftharpoons H^+ + NO_2^-$		5.1×10^{-4}	3.29
HClO	$HClO \rightleftharpoons H^+ + ClO^-$		2.95×10^{-8} (291K)	7.53
$H_2C_2O_4$	$H_2C_2O_4 \rightleftharpoons H^+ + HC_2O_4^-$	$K_1^{\ominus}$	5.9×10^{-2}	1.23
	$HC_2O_4^- \rightleftharpoons H^+ + C_2O_4^{2-}$	$K_2^{\ominus}$	6.4×10^{-5}	4.19
H_2S	$H_2S \rightleftharpoons H^+ + HS^-$	$K_1^{\ominus}$	9.1×10^{-8} (291K)	7.04
	$HO_2^- \rightleftharpoons H^+ + O^{2-}$	$K_2^{\ominus}$	1.1×10^{-12} (291K)	11.96
H_2O_2	$H_2O_2 \rightleftharpoons H^+ + HO_2^-$	$K_1^{\ominus}$	2.4×10^{-12}	11.62
	$HO_2^- \rightleftharpoons H^+ + O^{2-}$	$K_2^{\ominus}$	1.0×10^{-25}	25.00
H_2SO_3	$H_2SO_3 \rightleftharpoons H^+ + HSO_3^-$	$K_1^{\ominus}$	1.54×10^{-2} (291K)	1.81
	$HSO_3^- \rightleftharpoons H^+ + SO_3^{2-}$	$K_2^{\ominus}$	1.02×10^{-7} (291K)	6.91
H_2CO_3	$CO_2 + H_2O \rightleftharpoons H^+ + HCO_3^-$	$K_1^{\ominus}$	4.4×10^{-7}	6.36
	$HCO_3^- \rightleftharpoons H^+ + CO_3^{2-}$	$K_2^{\ominus}$	5.61×10^{-11}	10.25

续表

弱碱或弱酸	电离方程式	电离常数 $K^\ominus$		p$K^\ominus$
H_3PO_4	$H_3PO_4 \rightleftharpoons H^+ + H_2PO_4^-$	$K_1^\ominus$	7.52×10^{-3}	2.12
	$H_2PO_4^- \rightleftharpoons H^+ + HPO_4^{2-}$	$K_2^\ominus$	6.23×10^{-8}	7.21
	$HPO_4^{2-} \rightleftharpoons H^+ + PO_4^{3-}$	$K_3^\ominus$	4.4×10^{-13}	12.36
		$K_3^\ominus$	2.2×10^{-13}(291K)	12.67
$NH_3\cdot H_2O$	$NH_3\cdot H_2O \rightleftharpoons NH_4^+ + OH^-$		1.79×10^{-5}	4.75
$Ca(OH)_2$	$Ca(OH)^+ \rightleftharpoons Ca^{2+} + OH^-$	$K_2^\ominus$	3.1×10^{-2}	1.50
$Ba(OH)_2$	$Ba(OH)^+ \rightleftharpoons Ba^{2+} + OH^-$	$K_2^\ominus$	2.3×10^{-1}	0.64
$Pb(OH)_2$	$Pb(OH)_2 \rightleftharpoons Pb(OH)^+ + OH^-$	$K_1^\ominus$	9.6×10^{-4}	3.02
	$Pb(OH)^+ \rightleftharpoons Pb^{2+} + OH^-$	$K_2^\ominus$	3.0×10^{-8}	7.52
$Zn(OH)_2$	$Zn(OH)_2 \rightleftharpoons Zn(OH)^+ + OH^-$	$K_1^\ominus$	4.4×10^{-5}	4.36
	$Zn(OH)^+ \rightleftharpoons Zn^{2+} + OH^-$	$K_2^\ominus$	1.5×10^{-9}	8.82

附录7 难溶电解质的溶度积（291~298K）

难溶电解质	化学式	溶度积 $K_{sp}^\ominus$	难溶电解质	化学式	溶度积 $K_{sp}^\ominus$
溴化银	AgBr	5.2×10^{-13}	硫化亚铁	FeS	6.3×10^{-18}
氯化银	AgCl	1.8×10^{-10}	氯化亚汞	Hg_2Cl_2	1.3×10^{-18}
氰化银	AgCN	1.2×10^{-16}	碘化汞	HgI_2	2.8×10^{-29}
碳酸银	Ag_2CO_3	8.1×10^{-12}	碘化亚汞	Hg_2I_2	5.3×10^{-29}
铬酸银	Ag_2CrO_4	2.0×10^{-12}	硫化汞	HgS(黑)	1.6×10^{-52}
碘化银	AgI	8.2×10^{-17}	硫化亚汞	Hg_2S	1.0×10^{-47}
硫化银	Ag_2S	6.3×10^{-50}	碳酸镁	$MgCO_3$	3.5×10^{-8}
氢氧化铝	$Al(OH)_3$	1.3×10^{-33}	氢氧化镁	$Mg(OH)_2$	1.8×10^{-11}
碳酸钡	$BaCO_3$	2.6×10^{-9}	碳酸锰	$MnCO_3$	2.2×10^{-11}
铬酸钡	$BaCrO_4$	1.2×10^{-10}	氢氧化锰	$Mn(OH)_2$	1.9×10^{-13}
硫酸钡	$BaSO_4$	1.1×10^{-10}	硫化锰	MnS(无定形)	2.5×10^{-10}
氢氧化铋	$Bi(OH)_3$	4.0×10^{-31}	氢氧化镍	$Ni(OH)_2$(新析出)	2.0×10^{-15}
硫化铋	Bi_2S_3	1×10^{-97}	硫化镍	α-NiS	3.2×10^{-19}
碳酸钙	$CaCO_3$	2.8×10^{-9}		β-NiS	1.0×10^{-24}
草酸钙	$CaC_2O_4\cdot H_2O$	2.3×10^{-9}	碳酸铅	$PbCO_3$	1.5×10^{-13}
氟化钙	CaF_2	5.3×10^{-9}	草酸铅	PbC_2O_4	8.5×10^{-10}
磷酸钙	$Ca_3(PO_4)_2$	2.1×10^{-29}	氯化铅	$PbCl_2$	1.6×10^{-5}
氢氧化钙	$Ca(OH)_2$	5.6×10^{-6}	铬酸铅	$PbCrO_4$	2.8×10^{-13}
硫酸钙	$CaSO_4$	9.1×10^{-6}	碘化铅	PbI_2	7.1×10^{-9}
硫化镉	CdS	8.0×10^{-27}	碘酸铅	$Pb(IO_3)_2$	3.7×10^{-13}
氢氧化铬	$Cr(OH)_3$	6.3×10^{-31}	氢氧化铅	$Pb(OH)_2$	2.0×10^{-15}
氢氧化钴	$Co(OH)_2$(新析出)	1.6×10^{-15}	硫化铅	PbS	1.08×10^{-28}
硫化钴	α-CoS	4.0×10^{-21}	硫酸铅	$PbSO_4$	1.6×10^{-8}
	β-CoS	2.0×10^{-25}	氢氧化锑	$Sb(OH)_3$	4.0×10^{-42}
氯化亚铜	CuCl	1.2×10^{-6}	氢氧化亚锡	$Sn(OH)_2$	1.4×10^{-28}
氰化亚铜	CuCN	3.2×10^{-20}	硫化亚锡	SnS	1.0×10^{-25}
碘化亚铜	CuI	1.1×10^{-12}	硫化锡	SnS_2	2.0×10^{-27}
氢氧化铜	$Cu(OH)_2$	2.2×10^{-20}	碳酸锶	$SrCO_3$	1.1×10^{-10}
硫化铜	CuS	6.3×10^{-36}	铬酸锶	$SrCrO_4$	2.2×10^{-5}
硫化亚铜	Cu_2S	2.5×10^{-48}	硫酸锶	$SrSO_4$	3.4×10^{-7}
氢氧化亚铁	$Fe(OH)_2$	8.0×10^{-16}	氢氧化锌	$Zn(OH)_2$	1.2×10^{-17}
氢氧化铁	$Fe(OH)_3$	4.0×10^{-38}	硫化锌	α-ZnS	1.6×10^{-24}

附录8 一些配离子的不稳定常数（298K）

配离子	不稳定常数 $K_{不稳}^{\ominus}$	$K_{不稳}^{\ominus}$值($pK_{不稳}^{\ominus}$)
$[Ag(NH_3)_2]^+$	$K_{不稳}^{\ominus}=\dfrac{[Ag^+][NH_3]^2}{[Ag(NH_3)_2^+]}$	9.1×10^{-8} (7.04)
$[Ag(SCN)_2]^-$	$K_{不稳}^{\ominus}=\dfrac{[Ag^+][SCN^-]^2}{[Ag(SCN)_2^-]}$	2.7×10^{-8} (7.57)
$[Ag(CN)_2]^-$	$K_{不稳}^{\ominus}=\dfrac{[Ag^+][CN^-]^2}{[Ag(CN)_2^-]}$	7.9×10^{-22} (21.10)
$[Ag(S_2O_3)_2]^{3-}$	$K_{不稳}^{\ominus}=\dfrac{[Ag^+][S_2O_3^{2-}]^2}{[Ag(S_2O_3)_2^{3-}]}$	3.5×10^{-11} (10.46)
$[Cu(NH_3)_4]^{2+}$	$K_{不稳}^{\ominus}=\dfrac{[Cu^{2+}][NH_3]^4}{[Cu(NH_3)_4^{2+}]}$	4.8×10^{-14} (13.32)
$[Cu(CN)_2]^-$	$K_{不稳}^{\ominus}=\dfrac{[Cu^+][CN^-]^2}{[Cu(CN)_2^-]}$	1.0×10^{-24} (24.00)
$[Zn(NH_3)_4]^{2+}$	$K_{不稳}^{\ominus}=\dfrac{[Zn^{2+}][NH_3]^4}{[Zn(NH_3)_4^{2+}]}$	3.5×10^{-10} (9.46)
$[Zn(OH)_4]^{2-}$	$K_{不稳}^{\ominus}=\dfrac{[Zn^{2+}][OH^-]^4}{[Zn(OH)_4^{2-}]}$	2.2×10^{-18} (17.66)
$[Zn(CN)_4]^{2-}$	$K_{不稳}^{\ominus}=\dfrac{[Zn^{2+}][CN^-]^4}{[Zn(CN)_4^{2-}]}$	2.0×10^{-17} (16.70)
$[Cd(NH_3)_4]^{2+}$	$K_{不稳}^{\ominus}=\dfrac{[Cd^{2+}][NH_3]^4}{[Cd(NH_3)_4^{2+}]}$	7.6×10^{-8} (7.12)
$[HgI_4]^{2-}$	$K_{不稳}^{\ominus}=\dfrac{[Hg^{2+}][I^-]^4}{[HgI_4^{2-}]}$	1.5×10^{-30} (29.82)
$[HgCl_4]^{2-}$	$K_{不稳}^{\ominus}=\dfrac{[Hg^{2+}][Cl^-]^4}{[HgCl_4^{2-}]}$	8.5×10^{-16} (15.07)
$[Hg(CN)_4]^{2-}$	$K_{不稳}^{\ominus}=\dfrac{[Hg^{2+}][CN^-]^4}{[Hg(CN)_4^{2-}]}$	4.0×10^{-42} (41.40)
$[SnCl_4]^{2-}$	$K_{不稳}^{\ominus}=\dfrac{[Sn^{2+}][Cl^-]^4}{[SnCl_4^{2-}]}$	3.3×10^{-2} (1.48)
$[Fe(CN)_6]^{4-}$	$K_{不稳}^{\ominus}=\dfrac{[Fe^{2+}][CN^-]^6}{[Fe(CN)_6^{4-}]}$	1.26×10^{-37} (36.90)
$[Fe(CN)_6]^{3-}$	$K_{不稳}^{\ominus}=\dfrac{[Fe^{3+}][CN^-]^6}{[Fe(CN)_6^{3-}]}$	1.3×10^{-44} (43.89)
$[FeF_6]^{3-}$	$K_{不稳}^{\ominus}=\dfrac{[Fe^{3+}][F^-]^6}{[FeF_6^{3-}]}$	1.0×10^{-16} (16.00)

续表

配离子	不稳定常数 $K_{\text{不稳}}^{\ominus}$ 计算	$K_{\text{不稳}}^{\ominus}$ 值($pK_{\text{不稳}}^{\ominus}$)
$[Co(NH_3)_6]^{2+}$	$K_{\text{不稳}}^{\ominus}=\dfrac{[Co^{2+}][NH_3]^6}{[Co(NH_3)_6^{2+}]}$	7.7×10^{-6} (5.11)
$[Co(NH_3)_6]^{3+}$	$K_{\text{不稳}}^{\ominus}=\dfrac{[Co^{3+}][NH_3]^6}{[Co(NH_3)_6^{3+}]}$	6.3×10^{-36} (35.20)
$[Ni(CN)_4]^{2-}$	$K_{\text{不稳}}^{\ominus}=\dfrac{[Ni^{2+}][CN^-]^4}{[Ni(CN)_4^{2-}]}$	5.0×10^{-32} (31.3)
$[Ni(NH_3)_4]^{2+}$	$K_{\text{不稳}}^{\ominus}=\dfrac{[Ni^{2+}][NH_3]^4}{[Ni(NH_3)_4^{2+}]}$	1.1×10^{-8} (7.96)

附录9　标准电极电势(298.15K)

(1) 在酸性溶液中

氧化还原电对	半反应 氧化型 $+n$e $\Longleftrightarrow$ 还原型	$E^{\ominus}/V$
Li^+/Li	$Li^+ + e \Longleftrightarrow Li$	-3.0401
Cs^+/Cs	$Cs^+ + e \Longleftrightarrow Cs$	-3.026
Rb^+/Rb	$Rb^+ + e \Longleftrightarrow Rb$	-2.98
K^+/K	$K^+ + e \Longleftrightarrow K$	-2.931
Ba^{2+}/Ba	$Ba^{2+} + 2e \Longleftrightarrow Ba$	-2.912
Sr^{2+}/Sr	$Sr^{2+} + 2e \Longleftrightarrow Sr$	-2.89
Ca^{2+}/Ca	$Ca^{2+} + 2e \Longleftrightarrow Ca$	-2.868
Na^+/Na	$Na^+ + e \Longleftrightarrow Na$	-2.71
Mg^{2+}/Mg	$Mg^{2+} + 2e \Longleftrightarrow Mg$	-2.372
H_2/H^-	$1/2 H_2 + e \Longleftrightarrow H^-$	-2.23
Sc^{3+}/Sc	$Sc^{3+} + 3e \Longleftrightarrow Sc$	-2.077
$[AlF_6]^{3-}/Al$	$[AlF_6]^{3-} + 3e \Longleftrightarrow Al + 6F^-$	-2.069
Be^{2+}/Be	$Be^{2+} + 2e \Longleftrightarrow Be$	-1.847
Al^{3+}/Al	$Al^{3+} + 3e \Longleftrightarrow Al$	-1.662
Ti^{2+}/Ti	$Ti^{3+} + 2e \Longleftrightarrow Ti$	-1.630
Ti^{2+}/Ti	$Ti^{3+} + 3e \Longleftrightarrow Ti$	-1.37
$[SiF_6]^{2-}/Si$	$[SiF_6]^{2-} + 4e \Longleftrightarrow Si + 6F^-$	-1.24
Mn^{2+}/Mn	$Mn^{2+} + 2e \Longleftrightarrow Mn$	-1.185
V^{2+}/V	$V^{2+} + 2e \Longleftrightarrow V$	-1.175
Cr^{2+}/Cr	$Cr^{2+} + 2e \Longleftrightarrow Cr$	-0.913
H_3BO_3/B	$H_3BO_3 + 3H^+ + 3e \Longleftrightarrow B + 3H_2O$	-0.8698
Zn^{2+}/Zn	$Zn^{2+} + 2e \Longleftrightarrow Zn$	-0.7618
Cr^{3+}/Cr	$Cr^{3+} + 3e \Longleftrightarrow Cr$	-0.744
As/AsH_3	$As + 3H^+ + 3e \Longleftrightarrow AsH_3$	-0.608
Ga^{3+}/Ga	$Ga^{3+} + 3e \Longleftrightarrow Ga$	-0.549
H_3PO_2/P	$H_3PO_2 + H^+ + e \Longleftrightarrow P + 2H_2O$	-0.508

续表

氧化还原电对	半反应 氧化型 $+ ne \rightleftharpoons$ 还原型	$E^{\ominus}/V$
TiO_2/Ti^{2+}	$TiO_2 + 4H^+ + 2e \rightleftharpoons Ti^{2+} + 2H_2O$	-0.502
Fe^{2+}/Fe	$Fe^{2+} + 2e \rightleftharpoons Fe$	-0.447
Cr^{3+}/Cr	$Cr^{3+} + e \rightleftharpoons Cr^{2+}$	-0.407
Cd^{2+}/Cd	$Cd^{2+} + 2e \rightleftharpoons Cd$	-0.403
PbI_2/Pb	$PbI_2 + 2e \rightleftharpoons Pb + 2I^-$	-0.365
$PbSO_4/Pb$	$PbSO_4 + 2e \rightleftharpoons Pb + SO_4^{2-}$	-0.3588
Co^{2+}/Co	$Co^{2+} + 2e \rightleftharpoons Co$	-0.28
H_3PO_4/H_3PO_3	$H_3PO_4 + 2H^+ + 2e \rightleftharpoons H_3PO_3 + H_2O$	-0.276
Ni^{2+}/Ni	$Ni^{2+} + 2e \rightleftharpoons Ni$	-0.257
CuI/Cu	$CuI + e \rightleftharpoons Cu + I^-$	-0.180
AgI/Ag	$AgI + e \rightleftharpoons Ag + I^-$	-0.1522
Sn^{2+}/Sn	$Sn^{2+} + 2e \rightleftharpoons Sn$	-0.1375
Pb^{2+}/Pb	$Pb^{2+} + 2e \rightleftharpoons Pb$	-0.1262
$P(红)/PH_3(g)$	$P(红) + 3H^+ + 3e \rightleftharpoons PH_3(g)$	-0.111
WO_3/W	$WO_3 + 6H^+ + 6e \rightleftharpoons W + 3H_2O$	-0.090
Fe^{3+}/Fe	$Fe^{3+} + 3e \rightleftharpoons Fe$	-0.037
H^+/H_2	$2H^+ + 2e \rightleftharpoons H_2$	0.0000
$AgBr/Ag$	$AgBr + e \rightleftharpoons Ag + Br^-$	0.07133
$S_4O_6^{2-}/S_2O_3^{2-}$	$S^{2+} + S_4O_6^{2-} + 2e \rightleftharpoons S_2O_3^{2-}$	0.08
S/H_2S	$S + 2H^+ + 2e \rightleftharpoons H_2S(水溶液)$	0.142
Sn^{4+}/Sn^{2+}	$Sn^{4+} + 2e \rightleftharpoons Sn^{2+}$	0.151
Cu^{2+}/Cu^+	$Cu^{2+} + e \rightleftharpoons Cu^+$	0.153
SO_4^{2-}/H_2SO_3	$SO_4^{2-} + 4H^+ + 2e \rightleftharpoons H_2SO_3 + H_2O$	0.172
$AgCl/Ag$	$AgCl + e \rightleftharpoons Ag + Cl^-$	0.2223
Hg_2Cl_2/Hg	$Hg_2Cl_2 + 2e \rightleftharpoons 2Hg + 2Cl^-$	0.2681
Bi^{3+}/Bi	$Bi^{3+} + 3e \rightleftharpoons Bi$	0.308
Cu^{2+}/Cu	$Cu^{2+} + 2e \rightleftharpoons Cu$	0.3419
$[Fe(CN)_6]^{3-}/[Fe(CN)_6]^{4-}$	$[Fe(CN)_6]^{3-} + e \rightleftharpoons [Fe(CN)_6]^{4-}$	0.358
$H_2SO_3/S_2O_3^{2-}$	$2H_2SO_3 + 2H^+ + 4e \rightleftharpoons S_2O_3^{2-} + 3H_2O$	0.4101
Ag_2CrO_4/Ag	$Ag_2CrO_4 + 2e \rightleftharpoons 2Ag + CrO_4^{2-}$	0.447
H_2SO_3/S	$H_2SO_3 + 4H^+ + 4e \rightleftharpoons S + 3H_2O$	0.449
Cu^+/Cu	$Cu^+ + e \rightleftharpoons Cu$	0.521
I_2/I^-	$I_2 + 2e \rightleftharpoons I^-$	0.5355
MnO_4^-/MnO_4^{2-}	$MnO_4^- + e \rightleftharpoons MnO_4^{2-}$	0.558
H_3AsO_4/H_3AsO_3	$H_3AsO_4 + 2H^+ + 2e \rightleftharpoons H_3AsO_3 + H_2O$	0.560
Sb_2O_5/SbO^+	$Sb_2O_5 + 6H^+ + 4e \rightleftharpoons 2SbO^+ + 3H_2O$	0.581
O_2/H_2O_2	$O_2 + 2H^+ + 2e \rightleftharpoons H_2O_2$	0.695
Fe^{3+}/Fe^{2+}	$Fe^{3+} + e \rightleftharpoons Fe^{2+}$	0.771
Hg_2^{2+}/Hg	$Hg_2^{2+} + 2e \rightleftharpoons 2Hg$	0.7973
Ag^+/Ag	$Ag^+ + e \rightleftharpoons Ag$	0.7996
Hg^{2+}/Hg	$Hg^{2+} + 2e \rightleftharpoons Hg$	0.851
Hg^{2+}/Hg_2^{2+}	$2Hg^{2+} + 2e \rightleftharpoons Hg_2^{2+}$	0.920

续表

氧化还原电对	半反应 氧化型 + ne ⇌ 还原型	$E^{\ominus}$/V
NO_3^-/HNO_2	$NO_3^- + 3H^+ + 2e \rightleftharpoons HNO_2 + H_2O$	0.934
NO_3^-/NO	$NO_3^- + 4H^+ + 3e \rightleftharpoons NO + 2H_2O$	0.957
HNO_2/NO	$HNO_2 + H^+ + e \rightleftharpoons NO + H_2O$	0.983
Br_2/Br^-	$Br_2 + 2e \rightleftharpoons 2Br^-$	1.066
IO_3^-/I^-	$IO_3^- + 6H^+ + 6e \rightleftharpoons I^- + 3H_2O$	1.085
ClO_4^-/ClO_3^-	$ClO_4^- + 2H^+ + 2e \rightleftharpoons ClO_3^- + H_2O$	1.189
IO_3^-/I_2	$IO_3^- + 6H^+ + 5e \rightleftharpoons 1/2 I_2 + 3H_2O$	1.195
MnO_2/Mn^{2+}	$MnO_2 + 4H^+ + 2e \rightleftharpoons Mn^{2+} + 2H_2O$	1.224
O_2/H_2O	$O_2 + 4H^+ + 4e \rightleftharpoons 2H_2O$	1.229
$Cr_2O_7^{2-}/Cr^{3+}$	$Cr_2O_7^{2-} + 14H^+ + 6e \rightleftharpoons 2Cr^{3+} + 7H_2O$	1.232
Cl_2/Cl^-	$Cl_2 + 2e \rightleftharpoons 2Cl^-$	1.3583
ClO_4^-/Cl^-	$ClO_4^- + 8H^+ + 8e \rightleftharpoons Cl^- + 4H_2O$	1.389
BrO_3^-/Br^-	$BrO_3^- + 6H^+ + 6e \rightleftharpoons Br^- + 3H_2O$	1.423
ClO_3^-/Cl^-	$ClO_3^- + 6H^+ + 6e \rightleftharpoons Cl^- + 3H_2O$	1.4531
PbO_2/Pb^{2+}	$PbO_2 + 4H^+ + 2e \rightleftharpoons Pb^{2+} + 2H_2O$	1.455
ClO_3^-/Cl_2	$ClO_3^- + 6H^+ + 5e \rightleftharpoons 1/2 Cl_2 + 3H_2O$	1.47
$HClO/Cl^-$	$HClO + H^+ + 2e \rightleftharpoons Cl^- + H_2O$	1.482
BrO_3^-/Br_2	$BrO_3^- + 6H^+ + 5e \rightleftharpoons 1/2 Br_2 + 3H_2O$	1.482
Au^{3+}/Au	$Au^{3+} + 3e \rightleftharpoons Au$	1.498
MnO_4^-/Mn^{2+}	$MnO_4^- + 8H^+ + 5e \rightleftharpoons Mn^{2+} + 4H_2O$	1.507
$HClO_2/Cl^-$	$HClO_2 + 3H^+ + 4e \rightleftharpoons Cl^- + 2H_2O$	1.570
$NaBiO_3/Bi^{3+}$	$NaBiO_3 + 6H^+ + 2e \rightleftharpoons Bi^{3+} + Na^+ + 3H_2O$	1.60
$HClO/Cl_2$	$2HClO + 2H^+ + 2e \rightleftharpoons Cl_2 + 2H_2O$	1.611
NiO_2/Ni^{2+}	$NiO_2 + 4H^+ + 2e \rightleftharpoons Ni^{2+} + 2H_2O$	1.678
Au^+/Au	$Au^+ + e \rightleftharpoons Au$	1.692
MnO_4^-/MnO_2	$MnO_4^- + 4H^+ + 3e \rightleftharpoons MnO_2 + 2H_2O$	1.696
H_2O_2/H_2O	$H_2O_2 + 2H^+ + 2e \rightleftharpoons 2H_2O$	1.776
Co^{3+}/Co^{2+}	$Co^{3+} + e \rightleftharpoons Co^{2+}$	1.92
$S_2O_8^{2-}/SO_4^{2-}$	$S_2O_8^{2-} + 2e \rightleftharpoons 2SO_4^{2-}$	2.010
O_3/O_2	$O_3 + 2H^+ + 2e \rightleftharpoons O_2 + H_2O$	2.076
F_2/F^-	$F_2 + 2e \rightleftharpoons 2F^-$	2.866

（2）在碱性溶液中

氧化还原电对	半反应 氧化型 + ne ⇌ 还原型	$E^{\ominus}$/V
$Ca(OH)_2/Ca$	$Ca(OH)_2 + 2e \rightleftharpoons Ca + 2OH^-$	−3.02
$Ba(OH)_2/Ba$	$Ba(OH)_2 + 2e \rightleftharpoons Ba + 2OH^-$	−2.99
$Sr(OH)_2/Sr$	$Sr(OH)_2 + 2e \rightleftharpoons Sr + 2OH^-$	−2.88
$Mg(OH)_2/Mg$	$Mg(OH)_2 + 2e \rightleftharpoons Mg + 2OH^-$	−2.690
$[Al(OH)_4]^-/Al$	$[Al(OH)_4]^- + 3e \rightleftharpoons Al + 4OH^-$	−2.328
$Al(OH)_3/Al$	$Al(OH)_3 + 3e \rightleftharpoons Al + 3OH^-$	−2.31
$Mn(OH)_2/Mn$	$Mn(OH)_2 + 2e \rightleftharpoons Mn + 2OH^-$	−1.56

续表

氧化还原电对	半反应 氧化型 $+ne \rightleftharpoons$ 还原型	$E^{\ominus}/V$
$Cr(OH)_3/Cr$	$Cr(OH)_3 + 3e \rightleftharpoons Cr + 3OH^-$	-1.48
$Zn(OH)_2/Zn$	$Zn(OH)_2 + 2e \rightleftharpoons Zn + 2OH^-$	-1.249
PO_4^{3-}/HPO_3^{2-}	$PO_4^{3-} + 2H_2O + 2e \rightleftharpoons HPO_3^{2-} + 3OH^-$	-1.05
$[Sn(OH)_6]^{2-}/HSnO_2^-$	$[Sn(OH)_6]^{2-} + 2e \rightleftharpoons HSnO_2^- + 3OH^- + H_2O$	-0.93
SO_4^{2-}/SO_3^{2-}	$SO_4^{2-} + H_2O + 2e \rightleftharpoons SO_3^{2-} + 2OH^-$	-0.93
$Fe(OH)_2/Fe$	$Fe(OH)_2 + 2e \rightleftharpoons Fe + 2OH^-$	-0.8914
P/PH_3	$P + 3H_2O + 3e \rightleftharpoons PH_3 + 3OH^-$	-0.87
NO_3^-/N_2O_4	$2NO_3^- + 2H_2O + 2e \rightleftharpoons N_2O_4 + 4OH^-$	-0.85
H_2O/H_2	$2H_2O + 2e \rightleftharpoons H_2 + 2OH^-$	-0.8277
$Co(OH)_2/Co$	$Co(OH)_2 + 2e \rightleftharpoons Co + 2OH^-$	-0.73
$Ni(OH)_2/Ni$	$Ni(OH)_2 + 2e \rightleftharpoons Ni + 2OH^-$	-0.72
AsO_4^{3-}/AsO_2^-	$AsO_4^{3-} + 2H_2O + 2e \rightleftharpoons AsO_2^- + 4OH^-$	-0.71
AsO_2^-/As	$AsO_2^- + 2H_2O + 3e \rightleftharpoons As + 4OH^-$	-0.68
SO_3^{2-}/S^{2-}	$SO_3^{2-} + 3H_2O + 6e \rightleftharpoons S^{2-} + 6OH^-$	-0.61
$SO_3^{2-}/S_2O_3^{2-}$	$2SO_3^{2-} + 3H_2O + 4e \rightleftharpoons S_2O_3^{2-} + 6OH^-$	-0.571
$Fe(OH)_3/Fe(OH)_2$	$Fe(OH)_3 + e \rightleftharpoons Fe(OH)_2 + OH^-$	-0.56
S/S^{2-}	$S + 2e \rightleftharpoons S^{2-}$	-0.4763
NO_2^-/NO	$NO_2^- + H_2O + e \rightleftharpoons NO + 2OH^-$	-0.46
$Cu(OH)_2/Cu$	$Cu(OH)_2 + 2e \rightleftharpoons Cu + 2OH^-$	-0.222
$CrO_4^{2-}/Cr(OH)_3$	$CrO_4^{2-} + 4H_2O + 3e \rightleftharpoons Cr(OH)_3 + 5OH^-$	-0.13
O_2/HO_2^-	$O_2 + H_2O + 2e \rightleftharpoons HO_2^- + OH^-$	-0.076
$MnO_2/Mn(OH)_2$	$MnO_2 + 2H_2O + 2e \rightleftharpoons Mn(OH)_2 + 2OH^-$	-0.0514
NO_3^-/NO_2^-	$NO_3^- + H_2O + 2e \rightleftharpoons NO_2^- + 2OH^-$	0.01
$[Co(NH_3)_6]^{3+}/[Co(NH_3)_6]^{2+}$	$[Co(NH_3)_6]^{3+} + e \rightleftharpoons [Co(NH_3)_6]^{2+}$	0.108
$Co(OH)_3/Co(OH)_2$	$Co(OH)_3 + e \rightleftharpoons Co(OH)_2 + OH^-$	0.17
IO_3^-/I^-	$IO_3^- + 3H_2O + 6e \rightleftharpoons I^- + 6OH^-$	0.26
Ag_2O/Ag	$Ag_2O + H_2O + 2e \rightleftharpoons 2Ag + 2OH^-$	0.342
ClO_4^-/ClO_3^-	$ClO_4^- + H_2O + 2e \rightleftharpoons ClO_3^- + 2OH^-$	0.36
O_2/OH^-	$O_2 + H_2O + 4e \rightleftharpoons 4OH^-$	0.401
$NiO_2/Ni(OH)_2$	$NiO_2 + 2H_2O + 2e \rightleftharpoons Ni(OH)_2 + 2OH^-$	0.490
MnO_4^-/MnO_2	$MnO_4^- + 2H_2O + 3e \rightleftharpoons MnO_2 + 4OH^-$	0.595
MnO_4^{2-}/MnO_2	$MnO_4^{2-} + 2H_2O + 2e \rightleftharpoons MnO_2 + 4OH^-$	0.60
BrO_3^-/Br^-	$BrO_3^- + 3H_2O + 6e \rightleftharpoons Br^- + 6OH^-$	0.61
ClO_3^-/Cl^-	$ClO_3^- + 3H_2O + 6e \rightleftharpoons Cl^- + 6OH^-$	0.62
ClO_3^-/ClO^-	$ClO_3^- + H_2O + 2e \rightleftharpoons ClO^- + 2OH^-$	0.66
$H_3IO_6^{2-}/IO_3^-$	$H_3IO_6^{2-} + 2e \rightleftharpoons IO_3^- + 3OH^-$	0.7
ClO_2^-/Cl^-	$ClO_2^- + 2H_2O + 4e \rightleftharpoons Cl^- + 4OH^-$	0.76
ClO^-/Cl^-	$ClO^- + H_2O + 2e \rightleftharpoons Cl^- + 2OH^-$	0.841
HO_2^-/OH^-	$HO_2^- + H_2O + 2e \rightleftharpoons 3OH^-$	0.878
O_3/O_2	$O_3 + H_2O + 2e \rightleftharpoons O_2 + 2OH^-$	1.24

附录10 常见离子和化合物的颜色

无色离子	Na^+　K^+　NH_4^+　Mg^{2+}　Ca^{2+}　Sr^{2+}　Ba^{2+}　Al^{3+}　Sn^{2+}　Sn^{4+}　Pb^{2+}　Bi^{3+}　Ag^+　Zn^{2+}　Cd^{2+}　Hg^{2+}　Hg_2^{2+}　TiO^{2+}　$[Ag(NH_3)_2]^+$　SO_3^{2-}　BO_2^-　CO_3^{2-}　$C_2O_4^{2-}$　Ac^-　SiO_3^{2-}　NO_3^-　NO_2^-　PO_4^{3-}　SO_4^{2-}　I^-　$S_2O_3^{2-}$　S^{2-}　F^-　Cl^-　ClO^-　ClO_3^-　ClO_4^-　Br^-　BrO_3^-　IO_3^-　SCN^-　$[FeF_6]^{3-}$　$[Ag(S_2O_3)_2]^{3-}$				
有色离子	$[Ti(H_2O)_6]^{3+}$ 紫色	$[Cr(H_2O)_6]^{3+}$ 紫色	CrO_2^- 亮绿色	CrO_4^{2-} 黄色	$Cr_2O_7^{2-}$ 橙色
	$[Mn(H_2O)_6]^{2+}$ 浅粉色	MnO_4^{2-} 绿色	MnO_4^- 紫红色	$[Fe(H_2O)_6]^{2+}$ 浅绿色	$[Fe(H_2O)_6]^{3+}$ 淡紫色
	$[Fe(CN)_6]^{4-}$ 黄色	$[Fe(CN)_6]^{3-}$ 红棕色	$[Fe(SCN)_n]^{3-n}$ 血红色	$[Fe(C_2O_4)_3]^{3-}$ 黄绿色	$[Co(H_2O)_6]^{2+}$ 粉红色
	$[Co(NH_3)_6]^{2+}$ 黄色	$[Co(NH_3)_6]^{3+}$ 红棕色	$[Co(SCN)_4]^{2-}$ 蓝色	$[Ni(H_2O)_6]^{2+}$ 绿色	$[Ni(NH_3)_6]^{2+}$ 蓝色
	$[Cu(H_2O)_4]^{2+}$ 浅蓝色	$[Cu(NH_3)_4]^{2+}$ 深蓝色	$[Cu(C_2O_4)_2]^{2-}$ 蓝色	I_3^- 黄棕色	
氧化物	TiO_2 白色或红色	Cr_2O_3 绿色	CrO_3 橙红色	MnO_2 棕褐色	FeO 黑色
	Fe_2O_3 砖红色	CoO 灰色	Co_2O_3 黑色	NiO_2 暗绿色	Ni_2O_3 黑色
	Cu_2O 红色	CuO 黑色	Ag_2O 黑色	ZnO 白色	Hg_2O 黑褐色
	HgO 红色或黄色	Pb_3O_4 红色			
氢氧化物	$Mg(OH)_2$ 白色	$Ca(OH)_2$ 白色	$Al(OH)_3$ 白色	$Sn(OH)_2$ 白色	$Sn(OH)_4$ 白色
	$Pb(OH)_2$ 白色	$Sb(OH)_3$ 白色	$Bi(OH)_3$ 白色	$Cr(OH)_3$ 灰绿色	$Mn(OH)_2$ 白色
	$Fe(OH)_2$ 白色	$Fe(OH)_3$ 红棕色	$Co(OH)_2$ 粉红色	$Co(OH)_3$ 褐色	$Ni(OH)_2$ 浅绿色
	$Ni(OH)_3$ 黑色	$CuOH$ 黄色	$Cu(OH)_2$ 浅蓝色	$Zn(OH)_2$ 白色	$Cd(OH)_2$ 白色
卤化物	$Sn(OH)Cl$ 白色	$PbCl_2$ 白色	PbI_2 黄色	$SbOCl$ 白色	$BiOCl$ 白色
	$FeCl_3 \cdot 6H_2O$ 黄棕色	$CoCl_2$ 蓝色	$CoCl_2 \cdot 6H_2O$ 浅粉色	$CuCl_2$ 棕黄色	$CuCl_2 \cdot 2H_2O$ 蓝色
	$CuCl$ 白色	CuI 白色	$AgCl$ 白色	$AgBr$ 浅黄色	AgI 黄色
	$Hg(NH_2)Cl$ 白色	Hg_2Cl_2 白色	HgI_2 红色	Hg_2I_2 灰绿色	
硫化物	SnS 褐色	SnS_2 黄色	PbS 黑色	As_2S_3 浅黄色	As_2S_5 浅黄色
	Sb_2S_3 橙色	Sb_2S_5 橙红色	Bi_2S_3 暗棕色	MnS 肉色	FeS 黑色
	CoS 黑色	NiS 黑色	CuS 黑色	Cu_2S 黑色	Ag_2S 黑色
	ZnS 白色	CdS 黄色	HgS 黑色	Hg_2S 黑色	

续表

含氧酸盐	$CaSO_4 \cdot 2H_2O$ 白色	$SrSO_4$ 无色	$BaSO_4$ 白色	$PbSO_4$ 白色	$Cr_2(SO_4)_3 \cdot 18H_2O$ 紫色
	$MnSO_4 \cdot H_2O$ 粉红色	$FeSO_4 \cdot 7H_2O$ 蓝绿色	$CoSO_4 \cdot 7H_2O$ 粉红色	$CuSO_4 \cdot 5H_2O$ 蓝色	Ag_2SO_4 白色
	$CaCO_3$ 白色	$BaCO_3$ 白色	$PbCO_3$ 白色	$Cu_2(OH)_2CO_3$ 暗绿色	Ag_2CO_3 白色
	Ag_3PO_4 黄色	$BaCrO_4$ 黄色	$PbCrO_4$ 黄色	Ag_2CrO_4 砖红色	CaC_2O_4 白色
	$Ag_2C_2O_4$ 白色	$Ag_2S_2O_3$ 白色	$BaSiO_3$ 白色	$MnSiO_3$ 肉色	$Fe_2(SiO_3)_3$ 棕红色
	$CoSiO_3$ 紫色	$NiSiO_3$ 绿色	$CuSiO_3$ 蓝色	$ZnSiO_3$ 白色	

附录 11 常见阳离子的鉴定方法

离子	试剂及条件	鉴定方法及反应	主要干扰离子
Na^+	$Zn(Ac)_2 \cdot UO_2(Ac)_2$ (醋酸铀酰锌) 中性或 HAc 酸性溶液中	取 2 滴试液于试管中，加 4 滴 95% 乙醇和 8 滴醋酸铀酰锌溶液，用玻璃棒摩擦管壁，析出淡黄色晶状沉淀： $Na^+ + Zn^{2+} + 3UO_2^{2+} + 9Ac^- + 9H_2O \longrightarrow$ $NaAc \cdot Zn(Ac)_2 \cdot 3UO_2(Ac)_2 \cdot 9H_2O \downarrow$	大量 K^+ 存在时会生成针状 $KAc \cdot UO_2(Ac)_2$ 结晶，此时可用水冲稀后实验。Ag^+、Hg_2^{2+}、Sb^{3+} 对鉴定反应有干扰，PO_4^{3-}、AsO_4^{3-} 能使试剂分解
	$K[Sb(OH)_6]$ (六羟基锑酸钾) 中性或弱酸性介质 (酸能使试剂分解)	取试液与等体积的 $0.1 mol \cdot L^{-1} K[Sb(OH)_6]$ 溶液于试管中混合，用玻璃棒摩擦管壁，放置后产生白色沉淀： $Na^+ + [Sb(OH)_6]^- \longrightarrow Na[Sb(OH)_6] \downarrow$ 温度升高时沉淀的溶解度增大； Na^+ 浓度大时立即有沉淀析出，浓度小时应生成过饱和溶液，放很久才会析出晶体	除碱金属外的其他金属离子也能与试剂形成沉淀，应预先除去
K^+	$Na_3[Co(NO_2)_6]$ (六硝基合钴酸钠) 中性或微酸性介质 (酸、碱能分解试剂中的$[Co(NO_2)_6]^{3-}$)	取 2 滴试液于试管中，加 3 滴六硝基合钴酸钠溶液，放置片刻，析出黄色沉淀： $2K^+ + Na^+ + [Co(NO_2)_6]^{3-}$ $\longrightarrow K_2Na[Co(NO_2)_6] \downarrow$	NH_4^+ 与试剂生成橙色沉淀 $(NH_4^+)_2Na[Co(NO_2)_6]$ 而干扰鉴定反应，但在沸水浴中加热 $1 \sim 2 min$，橙色沉淀分解，而 $K_2Na[Co(NO_2)_6]$ 不变
	$Na[B(C_6H_5)_4]$ (四苯硼酸钠) 碱性、中性或稀酸介质	取 2 滴试液于试管中，加 $2 \sim 3$ 滴 $0.1 mol \cdot L^{-1} Na[B(C_6H_5)_4]$ 溶液，有白色沉淀析出： $K^+ + [B(C_6H_5)_4]^- \longrightarrow K[B(C_6H_5)_4] \downarrow$	NH_4^+ 有类似的反应而干扰，Ag^+、Hg^{2+} 的影响可以加 KCN 消除，当 $pH = 5$，若有 EDTA 存在时，其他阳离子不干扰
NH_4^+	NaOH 强碱性介质	取 10 滴试液于试管中，加 $2 mol \cdot L^{-1}$ NaOH 溶液碱化，微热，并用红色石蕊试纸(或 pH 试纸)检验逸出的气体，试纸显蓝色： $NH_4^+ + OH^- \longrightarrow NH_3 \uparrow + H_2O$	
	$K_2[HgI_4]$，KOH (奈斯勒试剂) 碱性介质	取 1 滴试液于白色点滴板上，加 2 滴奈斯勒试剂，生成红棕色沉淀，或取 10 滴试液于试管中，加入 $2 mol \cdot L^{-1}$ NaOH 溶液碱化，微热，并用滴加奈斯勒试剂的试纸检验逸出的气体，试纸上呈现红棕色斑点： $NH_4^+ + 2[HgI_4]^{2-} + 4OH^-$ $\longrightarrow HgO \cdot HgNH_2I \downarrow + 7I^- + 3H_2O$	Fe^{3+}、Cr^{3+}、Co^{2+}、Ni^{2+}、Hg^{2+}、Ag^+ 等因与碱生成有色沉淀而干扰鉴定反应； 大量 S^{2-} 存在使 $[HgI_4]^{2-}$ 分解析出 HgS 沉淀

续表

离子	试剂及条件	鉴定方法及反应	主要干扰离子
Mg^{2+}	镁试剂 I（对硝基苯偶氮间苯二酚）强碱性介质	取 2 滴试液于试管中,加 2 滴 $2mol·L^{-1}$ NaOH 和 2 滴镁试剂 I,析出天蓝色沉淀: Mg^{2+} + 镁试剂 I ——→ 天蓝色沉淀↓ 镁试剂 I 在碱性条件下呈现红色或红紫色,被 $Mg(OH)_2$ 沉淀吸附后呈天蓝色	大量 NH_4^+ 存在时,会降低溶液中 OH^- 的浓度,妨碍 Mg^{2+} 的检出,鉴定前应先加碱煮沸,除去 NH_4^+; Fe^{3+}、Cr^{3+}、Co^{2+}、Cu^{2+}、Ni^{2+}、Hg^{2+}、Mn^{2+}、Ag^+ 及大量的 Ca^{2+} 对鉴定反应有干扰
Ca^{2+}	$(NH_4)_2C_2O_4$ HAc 酸性、中性、碱性条件	取 2 滴试液于试管中,滴加饱和草酸铵溶液,析出白色沉淀: $Ca^{2+} + C_2O_4^{2-} \longrightarrow CaC_2O_4 \downarrow$	Mg^{2+}、Sr^{2+}、Ba^{2+} 有干扰,但 MgC_2O_4 可溶于醋酸,CaC_2O_4 不溶
Ca^{2+}	乙二醛双缩(2-羟基苯胺,简称 GBHA) 碱性介质	取 1 滴试液于试管中,加 4 滴 GBHA 的乙醇饱和溶液、1 滴 $2mol·L^{-1}$ NaOH、1 滴 10% Na_2CO_3 溶液及 10 滴 $CHCl_3$,加水数滴,振荡,$CHCl_3$ 层呈红色: $Ca^{2+} + GBHA \longrightarrow Ca(GBHA) \downarrow + 2H^+$	Sr^{2+}、Ba^{2+} 在相同条件下生成红色、橙色沉淀,但加入 Na_2CO_3 后因生成碳酸盐沉淀,使螯合物颜色变浅,而 Ca(GBHA) 颜色基本不变; Cu^{2+}、Cd^{2+}、Co^{2+}、Ni^{2+}、Mn^{2+} 等与试剂生成有色螯合物而干扰鉴定反应,当加萃取剂 $CHCl_3$ 时,只有 Cd^{2+}、Ca^{2+} 的螯合物被萃取
Ba^{2+}	K_2CrO_4 中性或弱酸性介质	取 2 滴试液于离心试管中,加 1 滴 $2mol·L^{-1}$ HAc 溶液和 1 滴 $1mol·L^{-1}$ K_2CrO_4 溶液,生成黄色沉淀,离心分离,沉淀上加 2 滴 $2mol·L^{-1}$ NaOH 溶液,沉淀不溶解: $Ba^{2+} + CrO_4^{2-} \longrightarrow BaCrO_4 \downarrow$	Sr^{2+}、Ag^+、Pb^{2+}、Hg^{2+} 等与 CrO_4^{2-} 生成有色沉淀,影响 Ba^{2+} 的检出; Ag^+、Pb^{2+}、Hg^{2+} 等可在鉴定前在浓氨水中加锌粉于在沸水浴中煮沸 1~2min,使之被还原并离心分离除去
Al^{3+}	茜素磺酸钠（茜素 S）	在滤纸上加 1 滴试液和 1 滴 0.1% 茜素磺酸钠,用浓氨水熏（或加 1 滴 $6mol·L^{-1}$ 氨水）至出现红色斑点,此时立即停止氨熏。如氨熏时间长,茜素磺酸钠显紫色,可将滤纸隔石棉网烤一下,紫色退去,出现红色: Al^{3+} + 茜素 S ——→ 红色沉淀	Fe^{3+}、Cr^{3+}、Mn^{2+} 及大量的 Cu^{2+} 干扰鉴定。可用 $K_4[Fe(CN)_6]$ 在纸上分离,干扰离子沉淀后留在斑点中央,Al^{3+} 不被沉淀,扩散到斑点外围（水渍区),用茜素 S 在斑点外围鉴定 Al^{3+}
Sn^{2+}	$HgCl_2$ 酸性介质	取 2 滴试液于试管中,加 1 滴 $0.1mol·L^{-1}$ $HgCl_2$ 溶液,生成白色沉淀,后沉淀变灰色或黑色: $Sn^{2+} + 2HgCl_2 + 4Cl^- \longrightarrow Hg_2Cl_2 \downarrow + [SnCl_6]^{2-}$ $Sn^{2+} + HgCl_2 + 4Cl^- \longrightarrow 2Hg \downarrow + [SnCl_6]^{2-}$	
Pb^{2+}	K_2CrO_4 中性或弱酸性介质	取 2 滴试液于离心试管中,加 2 滴 $6mol·L^{-1}$ HAc 使溶液呈弱酸性,再加 2 滴 $0.1mol·L^{-1}$ K_2CrO_4 溶液,析出黄色沉淀: $Pb^{2+} + CrO_4^{2-} \longrightarrow PbCrO_4 \downarrow$	Ba^{2+}、Ag^+、Hg^{2+} 等与 CrO_4^{2-} 生成有色沉淀,影响 Pb^{2+} 的检出; 可先用 $6mol·L^{-1}$ H_2SO_4,加热,搅拌,使 $PbSO_4$ 沉淀完全,离心分离,在沉淀中加入 $6mol·L^{-1}$ NaOH,使沉淀溶解为 $[Pb(OH)_3]^-$,离心分离,清液用 $6mol·L^{-1}$ HAc 调至弱酸性,再加 K_2CrO_4 鉴定 Pb^{2+}

续表

离子	试剂及条件	鉴定方法及反应	主要干扰离子
Bi^{3+}	$Na_2[Sn(OH)_4]$ 强碱性	取 1～2 滴试液于离心试管中,加 2～3 滴新配制的 $Na_2[Sn(OH)_4]$ 溶液,析出黑色沉淀: $2Bi^{3+}+3[Sn(OH)_4]^{2-}+6OH^- \longrightarrow 3[Sn(OH)_6]^{2-}+2Bi\downarrow$	Cu^{2+}、Cd^{2+} 等干扰鉴定反应,可先加浓氨水,使 Bi^{3+} 转化为 $Bi(OH)_3$ 沉淀,洗涤沉淀后再加 $Na_2[Sn(OH)_4]$ 进行检验
Cr^{3+}	H_2O_2、$Pb(NO_3)_2$ 强碱性介质中,H_2O_2 氧化 Cr^{3+} 为 CrO_4^{2-} 在弱酸性(HAc)条件下,Pb^{2+} 与 CrO_4^{2-} 沉淀为 $PbCrO_4$	取 2 滴试液于离心试管中,加 6 mol·L^{-1} NaOH 溶液至生成的沉淀刚好溶解,再多加 2 滴。搅动后加 3% H_2O_2,微热,溶液变黄色,继续加热分解过量 H_2O_2,冷却,加 6 mol·L^{-1} HAc,加 2 滴 $Pb(NO_3)_2$ 溶液,析出沉淀: $Cr^{3+}+4OH^- \longrightarrow CrO_2^-+2H_2O$ $2CrO_2^-+3H_2O_2+2OH^- \longrightarrow 2CrO_4^{2-}+4H_2O$ $Pb^{2+}+CrO_4^{2-} \longrightarrow PbCrO_4\downarrow (黄色)$	
	H_2O_2 碱性介质中	氧化 Cr^{3+} 成 CrO_4^{2-},方法同上。溶液变黄后,冷却,加 1mL 戊醇(或乙醚)和 5 滴 3% H_2O_2,再滴加 6 mol·L^{-1} HNO_3 酸化,戊醇层出现蓝色: $2CrO_2^-+3H_2O_2+2OH^- \longrightarrow 2CrO_4^{2-}+4H_2O$ $2CrO_4^{2-}+2H^+ \longrightarrow Cr_2O_7^{2-}+H_2O$ $Cr_2O_7^{2-}+4H_2O_2+2H^+ \longrightarrow 2CrO(O_2)_2+5H_2O$	$CrO(O_2)_2$ 在水中不稳定,需用戊醇萃取,且温度降低时,稳定性增强;其他离子对此反应无干扰
Mn^{2+}	$NaBiO_3$ 固体 硝酸或硫酸介质	取 2 滴试液于离心试管中,加 6 mol·L^{-1} HNO_3 酸化,加少量的 $NaBiO_3$ 固体,搅拌,离心分离,溶液呈现紫红色: $2Mn^{2+}+5NaBiO_3(s)+14H^+$ $\longrightarrow 2MnO_4^-+5Bi^{3+}+5Na^++7H_2O$	还原剂(Cl^-、Br^-、I^-、H_2O_2)存在时,影响此鉴定反应
Fe^{3+}	KSCN 酸性介质(不能用 HNO_3)	取 1 滴试液于白色点滴板上,加 1 滴 2 mol·L^{-1} HCl 酸化,加 1 滴 0.1 mol·L^{-1} KSCN 溶液,溶液呈现血红色: $Fe^{3+}+nSCN^- \longrightarrow [Fe(SCN)_n]^{3-n}$ ($n=1\sim 6$)	F^-、H_3PO_4、$H_2C_2O_4$、酒石酸、柠檬酸等能与 Fe^{3+} 生成稳定的配合物而干扰。溶液中若有大量的汞盐,由于形成 $[Hg(SCN)_4]^{2-}$ 而干扰鉴定反应。Cr^{3+}、Co^{2+}、Cu^{2+}、Ni^{2+} 盐,因离子有颜色或与 SCN^- 的反应产物有色,会降低鉴定反应的灵敏度
	$K_4[Fe(CN)_6]$ 酸性介质	取 1 滴试液于白色点滴板上,加 1 滴 $K_4[Fe(CN)_6]$ 溶液,产生蓝色沉淀: $Fe^{3+}+K^++[Fe(CN)_6]^{4-} \longrightarrow KFe^{III}(CN)_6Fe^{II}\downarrow$	大量存在的 Co^{2+}、Cu^{2+}、Ni^{2+} 等干扰鉴定反应
	$K_3[Fe(CN)_6]$ 酸性介质	取 1 滴试液于白色点滴板上,加 1 滴 $K_3[Fe(CN)_6]$ 溶液,产生蓝色沉淀: $Fe^{2+}+K^++[Fe(CN)_6]^{3-} \longrightarrow KFe^{III}(CN)_6Fe^{II}\downarrow$	本法灵敏度及选择性都很高,只有在大量其他金属离子存在,而 Fe^{2+} 量很少时,现象不明显
Fe^{2+}	邻菲罗啉 中性或微酸性介质	取 1 滴试液于白色点滴板上,加 2 滴 2% 邻菲罗啉溶液,溶液呈橘红色: $Fe^{2+}+$ 邻菲罗啉 $\longrightarrow$ 橘红色配合物	Fe^{3+} 与邻菲罗啉生成微橙色配合物,但不干扰鉴定反应;若 Fe^{3+} 与 Co^{2+} 同时存在,或有 10 倍量的 Cu^{2+}、40 倍量的 $C_2O_4^{2-}$、6 倍量的 CN^- 存在时,干扰鉴定反应

续表

离子	试剂及条件	鉴定方法及反应	主要干扰离子
Co^{2+}	KSCN,丙酮 酸性介质	取 2 滴试液于离心试管中,加饱和 KSCN 溶液或少量 KSCN 固体,再加数滴丙酮(或戊醇),振荡,静置,有机层呈现蓝色: $Co^{2+}+4SCN^{-}\longrightarrow [Co(SCN)_4]^{2-}$ $[Co(SCN)_4]^{2-}$在水中不稳定,在丙酮(或戊醇)中稳定性增强	Fe^{3+}的干扰,可通过加 NaF 掩蔽;大量存在的 Cu^{2+}、Ni^{2+}存在,干扰鉴定反应
Ni^{2+}	丁二酮肟(DMG) 氨性溶液 pH=5~9	取 1 滴试液于白色点滴板上,加 1 滴 $2mol \cdot L^{-1}$ 氨水,再加 1 滴 1% 丁二酮肟,出现鲜红色沉淀: $Ni^{2+}+2NH_3+2DMG\longrightarrow Ni(DMG)_2\downarrow +2NH_4^+$	大量 Fe^{3+}、Fe^{2+}、Cr^{3+}、Co^{2+}、Cu^{2+}、Mn^{2+} 因与氨水或试剂生成有色沉淀或可溶性物质而干扰鉴定反应
Cu^{2+}	$K_4[Fe(CN)_6]$ 中性或酸性介质	取 1 滴试液于白色点滴板上,加 2 滴 $0.1\ mol \cdot L^{-1}$ $K_4[Fe(CN)_6]$ 溶液,析出红棕色沉淀: $2Cu^{2+}+[Fe(CN)_6]^{4-}\longrightarrow Cu_2[Fe(CN)_6]\downarrow$ 生成的沉淀不溶于稀酸,但可溶于氨水生成$[Cu(NH_3)_4]^{2+}$,或与强碱生成 $Cu(OH)_2$	Fe^{3+}及大量的 Co^{2+}、Ni^{2+} 干扰鉴定反应
Ag^+	HCl,氨水 HNO_3 介质	取 2 滴试液于离心试管中,加 2 滴 $2mol \cdot L^{-1}$ HCl 溶液,搅拌,生成白色沉淀,水浴加热,使沉淀凝聚,离心分离。在沉淀上加 2 滴 $2mol \cdot L^{-1}$ 氨水,使沉淀溶解。再加 2 滴 $2mol \cdot L^{-1}$ HNO_3,沉淀又重新析出: $Ag^++Cl^-\longrightarrow AgCl\downarrow$ $AgCl+2NH_3\longrightarrow [Ag(NH_3)_2]^++Cl^-$ $[Ag(NH_3)_2]^++Cl^-+2H^+\longrightarrow 2NH_4^++AgCl\downarrow$	
Zn^{2+}	$(NH_4)_2[Hg(SCN)_4]$ 中性或微酸性介质	取 2 滴试液于离心试管中,用 $2mol \cdot L^{-1}$ HAc 酸化,加等体积$(NH_4)_2[Hg(SCN)_4]$溶液,摩擦管壁,析出白色沉淀: $Zn^{2+}+[Hg(SCN)_4]^{2-}\longrightarrow Zn[Hg(SCN)_4]\downarrow$ 若有极稀的 $CuSO_4$(<0.02%)溶液存在,可迅速产生铜锌紫色混晶,更便于观察; 也可用极稀的 $CoCl_2$(<0.02%)溶液,则产生钴锌蓝色混晶	Fe^{3+}及大量的 Co^{2+}、Cu^{2+} 干扰鉴定反应
	二苯硫腙 强碱性介质	取 2 滴试液于离心试管中,加 5 滴 $6mol \cdot L^{-1}$ NaOH、10 滴 CCl_4,再加入 2 滴二苯硫腙溶液,振荡试管,水层呈现粉红色,CCl_4 层由绿色变为棕色	在中性或弱酸性条件下,很多重金属离子都能与二苯硫腙生成有色配合物,因此应注意鉴定的介质条件
Hg^{2+}	$SnCl_2$ 酸性介质	取 2 滴试液于离心试管中,加 2~3 滴 $0.1mol \cdot L^{-1}$ $SnCl_2$ 溶液,生成白色沉淀,继续加过量 $SnCl_2$,白色沉淀变灰色或黑色: $Sn^{2+}+2HgCl_2+4Cl^-\longrightarrow Hg_2Cl_2\downarrow +[SnCl_6]^{2-}$ $Sn^{2+}+Hg_2Cl_2+4Cl^-\longrightarrow 2Hg\downarrow +[SnCl_6]^{2-}$	应先除去能与 Cl^- 产生沉淀的离子,及能与 $SnCl_2$ 反应的氧化剂
	$KI,Na_2SO_3,CuSO_4$ 中性或微酸性介质	取 2 滴试液于离心试管中,加 $0.1mol \cdot L^{-1}$ KI 溶液使生成沉淀后又溶解,加 2 滴 $KI-Na_2SO_3$ 溶液、2~3 滴 $0.1mol \cdot L^{-1}$ $CuSO_4$ 溶液,析出橙红色沉淀: $Hg^{2+}+2I^-\longrightarrow HgI_2\downarrow$ $HgI_2+2I^-\longrightarrow [HgI_4]^{2-}$ $2Cu^{2+}+4I^-\longrightarrow 2CuI\downarrow +I_2$ $2CuI+[HgI_4]^{2-}\longrightarrow Cu_2[HgI_4]\downarrow +2I^-$ 反应生成的 I_2 由 Na_2SO_3 除去: $SO_3^{2-}+I_2+H_2O\longrightarrow SO_4^{2-}+2I^-+2H^+$	WO_4^{2-}、MoO_4^{2-} 干扰鉴定反应 $Cu_2[HgI_4]$ 与 HgI_2 的颜色相近,但 $Cu_2[HgI_4]$不溶于 KI

附录12 常见阴离子的鉴定方法

离子	试剂及条件	鉴定方法及反应	主要干扰离子
Cl^-	$AgNO_3$ 酸性介质	取2滴试液于离心试管中,加 $6mol \cdot L^{-1}$ HNO_3 酸化,加 $0.1mol \cdot L^{-1}$ $AgNO_3$ 溶液至沉淀完全,水浴加热,使沉淀凝聚,离心分离。在沉淀上滴加 $2mol \cdot L^{-1}$ 氨水,使沉淀溶解。再滴加 $6mol \cdot L^{-1}$ HNO_3,沉淀又重新析出: $Ag^+ + Cl^- \longrightarrow AgCl\downarrow$ $AgCl + 2NH_3 \longrightarrow [Ag(NH_3)_2]^+ + Cl^-$ $[Ag(NH_3)_2]^+ + Cl^- + 2H^+ \longrightarrow 2NH_4^+ + AgCl\downarrow$	
Br^-	氯水,CCl_4 中性或酸性介质	取2滴试液于离心试管中,加10滴 CCl_4,滴加氯水,振荡,有机层显红棕色或黄色: $2Br^- + Cl_2 \longrightarrow Br_2 + 2Cl^-$	
I^-	氯水,CCl_4 中性或酸性介质	取2滴试液于离心试管中,加10滴 CCl_4,滴加氯水,振荡,有机层显紫红色: $2I^- + Cl_2 \longrightarrow I_2 + 2Cl^-$	加入氯水过量时,被氧化为 IO_3^-,有机层紫红色退去
S^{2-}	H_2SO_4	取3滴试液于离心试管中,加 $2mol \cdot L^{-1}$ H_2SO_4 酸化,用 $Pb(Ac)_2$ 试纸检验放出的气体,试纸变黑: $S^{2-} + 2H^+ \longrightarrow H_2S\uparrow$	
	$Na_2[Fe(CN)_5NO]$ 碱性介质	取1滴试液于白色点滴板上,加1滴1% $Na_2[Fe(CN)_5NO]$ 溶液,溶液呈紫红色: $S^{2-} + [Fe(CN)_5NO]^{2-} \longrightarrow [Fe(CN)_5NOS]^{4-}$	在酸性介质中,由于 $S^{2-} + H^+ \longrightarrow HS^-$ 无紫红色产生
$S_2O_3^{2-}$	稀盐酸	取2滴试液于离心试管中,加2~3滴 $2mol \cdot L^{-1}$ HCl 溶液,加热,出现白色浑浊: $S_2O_3^{2-} + 2H^+ \longrightarrow SO_2\uparrow + S\downarrow + H_2O$	S^{2-} 和 SO_3^{2-} 同时存在时,干扰鉴定反应
	$AgNO_3$ 中性介质	取1滴试液于白色点滴板上,加2滴 $0.1mol \cdot L^{-1}$ $AgNO_3$ 溶液,产生白色沉淀,并很快变成黄色、棕色,最后变为黑色: $S_2O_3^{2-} + 2Ag^+ \longrightarrow Ag_2S_2O_3\downarrow$ $Ag_2SO_3 + H_2O \longrightarrow Ag_2S\downarrow + 2H^+ + SO_4^{2-}$	S^{2-} 干扰鉴定反应,必须先除去。可加少量 $PbCO_3$ 固体于试液中,搅拌,当白色沉淀变为黑色时,再加少量 $PbCO_3$ 固体,搅拌,直至沉淀呈灰色,离心分离,取清液进行鉴定
SO_3^{2-}	$ZnSO_4$, $K_4[Fe(CN)_6]$, $Na_2[Fe(CN)_5NO]$ 中性介质酸能使沉淀消失,所以需用氨水将溶液调至中性	在点滴板上加1滴饱和 $ZnSO_4$ 溶液、1滴 $0.1mol \cdot L^{-1}$ $K_4[Fe(CN)_6]$ 和1滴1% $Na_2[Fe(CN)_5NO]$ 溶液,再加1滴 $2mol \cdot L^{-1}$ 氨水,及1滴试液,产生红色沉淀 $Zn_2[Fe(CN)_5NOSO_3]$	S^{2-} 与 $Na_2[Fe(CN)_5NO]$ 生成紫红色配合物,干扰鉴定反应,应先除去
SO_4^{2-}	$BaCl_2$ 酸性介质	取2滴试液于离心试管中,用 $6mol \cdot L^{-1}$ HCl 酸化,加2滴 $0.1mol \cdot L^{-1}$ $BaCl_2$ 溶液,析出白色沉淀: $SO_4^{2-} + Ba^{2+} \longrightarrow BaSO_4\downarrow$ 白色沉淀不溶于 HCl 及 HNO_3	
NO_3^-	$FeSO_4$,浓 H_2SO_4	取5滴试液于离心试管中,加入少量 $FeSO_4$ 晶体,振荡溶解后,斜持试管,沿试管壁慢慢加入 1mL 浓 H_2SO_4,在 H_2SO_4 层和水层界面处出现"棕色环": $3Fe^{2+} + NO_3^- + 4H^+ \longrightarrow 3Fe^{3+} + NO\uparrow + 2H_2O$ $FeSO_4 + NO \longrightarrow [Fe(NO)]SO_4$	NO_2^-、Br^-、I^-、CrO_4^{2-} 干扰鉴定反应,应先除去。取10滴试液,加5滴 $2mol \cdot L^{-1}$ H_2SO_4、1mL $0.02mol \cdot L^{-1}$ Ag_2SO_4 溶液,搅拌,离心分离,在清液中加入尿素(除去 NO_2^-),微热,然后进行 NO_3^- 的鉴定

续表

离子	试剂及条件	鉴定方法及反应	主要干扰离子
NO_2^-	$FeSO_4$，HAc	取 5 滴试液于离心试管中，加少量 $FeSO_4$ 晶体，振荡溶解后，加 10 滴 $2mol \cdot L^{-1}$ HAc，溶液呈棕色： $Fe^{2+} + NO_2^- + 2HAc \longrightarrow Fe^{3+} + NO\uparrow + Ac^- + H_2O$ $FeSO_4 + NO \longrightarrow [Fe(NO)]SO_4$	Br^-、I^- 干扰鉴定反应
	对胺基苯磺酸 α-萘胺 中性或 HAc 介质	取 1 滴试液于离心试管中，加 $6mol \cdot L^{-1}$ HAc 酸化，再加对胺基苯磺酸、α-萘胺各 1 滴，溶液呈红紫色	
PO_4^{3-}	$(NH_4)_2MoO_4$，为避免沉淀溶于过量的磷酸盐生成配离子，应加入过量试剂	取 2 滴试液于离心试管中，加 10 滴 $(NH_4)_2MoO_4$ 溶液，水浴加热，析出黄色沉淀： $PO_4^{3-} + 3NH_4^+ + 12MoO_4^{2-} + 24H^+$ $\longrightarrow (NH_4)_3PO_4 \cdot 12MoO_3 \cdot 6H_2O\downarrow + 6H_2O$	还原性离子可将 Mo(Ⅵ) 还原为低价钼的化合物——"钼蓝"而使溶液呈蓝色，干扰鉴定反应。大量 Cl^- 存在会降低鉴定反应的灵敏度。可通过加入浓 HNO_3，并加热煮沸的方法除去 Cl^- 和还原性离子
	$AgNO_3$ 中性或弱酸性介质	取 2 滴试液于离心试管中，加 2~3 滴 $0.1mol \cdot L^{-1}$ $AgNO_3$ 溶液，振荡，析出黄色沉淀： $3Ag^+ + PO_4^{3-} \longrightarrow Ag_3PO_4\downarrow$	CrO_4^{2-}、S^{2-}、I^-、$S_2O_3^{2-}$、AsO_4^{3-}、AsO_3^{3-} 等能与 Ag^+ 生成有色沉淀，干扰鉴定反应

附录 13 无机化学实验室常见安全标志

	图形标志	名称	设置地点		图形标志	名称	设置地点
禁止标志（红/黑）		禁止饮用	实验室自来水或蒸馏水取水处以及灯用酒精取用处附近	警告标志（黄/黑）		当心高温表面	实验室电加热设备附近
		禁止用水灭火	精密电子仪器设备附近			当心触电	实验室总电源开关和通风设备启动处
指令标志（蓝/白）		必须戴防护眼镜	实验室内高温蒸发和浓酸稀释等场所			当心腐蚀	实验预备室腐蚀性试剂贮藏专柜等处
提示标志（白/绿）		紧急出口	实验室内/外走廊等			当心中毒	实验预备室剧毒或有毒试剂储藏专柜等处

注：更多的安全标志图形，请查阅《安全标志及其使用导则》(GB 2894—2008)。

附录14 《危险化学品目录（2015）》（常见无机物部分）

编号	品名/别名	CAS号	编号	品名/别名	CAS号
2	氨/液氨；氨气（特别管控）	7664-41-7	732	氟（剧毒）	7782-41-4
23	氨基化钙/氨基钙	23321-74-6	740	氟硅酸/硅氟酸	16961-83-4
24	氨基化锂/氨基锂	7782-89-0	741	氟硅酸铵	1309-32-6
35	氨溶液/氨水	1336-21-6	742	氟硅酸钾	16871-90-2
46	白磷/黄磷	12185-10-3	743	氟硅酸钠	16893-85-9
47	钡/金属钡	7440-39-3	744	氟化铵	12125-01-8
159	超氧化钾	12030-88-5	751	氟化钾	7789-23-3
160	超氧化钠	12034-12-7	753	氟化锂	7789-24-4
161	次磷酸	6303-21-5	754	氟化钠	7681-49-4
163	次氯酸钙	7778-54-3	756	氟化氢[无水]	7664-39-3
164	次氯酸钾溶液	7778-66-7	757	氟化氢铵/酸性氟化铵	1341-49-7
165	次氯酸锂	13840-33-0	758	氟化氢钾/酸性氟化钾	7789-29-9
166	次氯酸钠溶液	7681-52-9	759	氟化氢钠/酸性氟化钠	1333-83-1
172	氮[压缩或液化]	7727-37-9	771	氟硼酸	16872-11-0
173	氮化锂	26134-62-3	789	钙/金属钙	7440-70-2
174	氮化镁	12057-71-5	793	高碘酸/过碘酸；仲高碘酸	10450-60-9
188	碘化钾汞/碘化汞钾	7783-33-7	794	高碘酸铵/过碘酸铵	13446-11-2
190	碘化亚汞/一碘化汞	15385-57-6	796	高碘酸钾/过碘酸钾	7790-21-8
191	碘化亚铊/一碘化铊	7790-30-9	797	高碘酸钠/过碘酸钠	7790-28-5
194	碘酸	7782-68-5	798	高氯酸/过氯酸	7601-90-3
195	碘酸铵	13446-09-8	803	高氯酸钾/过氯酸钾	7791-03-9
197	碘酸钙/碘钙石	7789-80-2	806	高氯酸钠/过氯酸钠	7601-89-0
199	碘酸钾	7758-05-6	813	高锰酸钾/过锰酸钾；灰锰氧	7722-64-7
200	碘酸钾合一碘酸/碘酸氢钾	13455-24-8	814	高锰酸钠/过锰酸钠	10101-50-0
202	碘酸锂	13765-03-2	819	铬酸钾	7789-00-6
204	碘酸钠	7681-55-2	820	铬酸钠	7775-11-3
205	碘酸铅	25659-31-8	822	铬酸铅	7758-97-6
207	碘酸铁	29515-61-5	823	铬酸溶液	7738-94-5
209	碘酸银	7783-97-3	835	汞/水银	7439-97-6
217	叠氮化钠（剧毒）/三氮化钠	26628-22-8	851	过二硫酸铵/高硫酸铵	7727-54-0
270	多聚磷酸/四磷酸	8017-16-1	852	过二硫酸钾/高硫酸钾	7727-21-1
271	多硫化铵溶液	9080-17-5	860	过硼酸钠/高硼酸钠	15120-21-5
310	二氨基镁	7803-54-5	894	过氧化钾	17014-71-0
328	二碘化汞/碘化汞；红色碘化汞	7774-29-0	898	过氧化钠/双氧化钠；二氧化钠	1313-60-6
340	二氟化氧（剧毒）/一氧化二氟	7783-41-7	932	红磷/赤磷	7723-14-0
494	二硫化碳	75-15-0	1013	镓/金属镓	7440-55-3
534	二氯化硫	10545-99-0	1203	钾/金属钾	7440-09-7
639	二氧化硫/亚硫酸酐	7446-09-5	1240	锂/金属锂	7439-93-2
640	二氧化氯	10049-04-4	1243	连二亚硫酸钠/保险粉	7775-14-6
641	二氧化铅/过氧化铅	1309-60-0	1266	磷化氢（剧毒）/磷化三氢；膦	7803-51-2
642	二氧化碳[压缩或液化]	124-38-9	1269	磷化锌	1314-84-7
723	发烟硫酸/焦硫酸	8014-95-7	1274	磷酸	10294-56-1
724	发烟硝酸	52583-42-3	1283	硫化铵溶液	
725	钒酸铵钠	12055-09-3	1284	硫化钡	21109-95-5

续表

编号	品名/别名	CAS 号	编号	品名/别名	CAS 号
1285	硫化镉	1306-23-6	1618	偏硅酸钠/三氧硅酸二钠	6834-92-0
1286	硫化汞/朱砂	1344-48-5	1621	漂白粉	
1287	硫化钾/硫化二钾	1312-78-8	1648	氢/氢气	1333-74-0
1288	硫化钠/臭碱	1313-82-2	1649	氢碘酸/碘化氢溶液	10034-85-2
1289	硫化氢	7783-06-4	1650	氢氟酸/氟化氢溶液	7664-39-3
1290	硫黄/硫	7704-34-9	1655	氢化钾	7693-26-7
1293	硫氢化钠/氢硫化钠	16721-80-5	1656	氢化锂	7580-67-8
1296	硫氰酸汞	592-85-8	1658	氢化铝锂/四氢化铝锂	16853-85-3
1297	硫氰酸汞铵	20564-21-0	1661	氢化钠	7646-69-7
1298	硫氰酸汞钾	14099-12-8	1665	氢溴酸/溴化氢溶液	10035-10-6
1302	硫酸	7664-93-9	1666	氢氧化钡	17194-00-2
1313	硫酸镉	10124-36-4	1667	氢氧化钾/苛性钾	1310-58-3
1314	硫酸汞/硫酸高汞	7783-35-9	1668	氢氧化锂	1310-65-2
1315	硫酸钴	10124-43-3	1669	氢氧化钠/苛性钠;烧碱	1310-73-2
1318	硫酸镍	7786-81-4	1673	氢氧化铊	17026-06-1
1321	硫酸铅[含游离酸>3%]	7446-14-2	1675	氟/氟气	460-19-5
1324	硫酸氢铵/酸式硫酸铵	7803-63-6	1680	氰化钙	592-01-8
1325	硫酸氢钾/酸式硫酸钾	7646-93-7	1682	氰化汞/氰化高汞;二氰化汞	592-04-1
1326	硫酸氢钠/酸式硫酸钠	7681-38-1	1686	氰化钾(剧毒)/山奈钾(特别管控)	151-50-8
1330	硫酸亚汞	7783-36-0	1688	氰化钠(剧毒)/山奈(特别管控)	143-33-9
1328	硫酸铊(剧毒)/硫酸亚铊	7446-18-6	1693	氰化氢(剧毒)/无水氢氰酸	74-90-8
1341	六氟化硫	2551-62-4	1698	氰化金钾	14263-59-3
1377	铝粉	7429-90-5	1699	氰化亚金钾	13967-50-5
1379	铝酸钠	1302-42-7	1703	氰化银	506-64-9
1381	氯(剧毒)/液氯;氯气(特别管控)	7782-50-5	1704	氰化银钾(剧毒)/银氰化钾	506-61-6
1441	氯铂酸	16941-12-1	1769	三氟化氯	7790-91-2
1456	氯化铵汞/白降汞;氯化汞铵	10124-48-8	1770	三氟化硼/氟化硼	7637-07-2
1457	氯化钡	10361-37-2	1841	三氯化磷/氯化磷;氯化亚磷	7719-12-2
1463	氯化镉	10108-64-2	1842	三氯化铝溶液/氯化铝溶液	7446-70-0
1464	氯化汞(剧毒)/升汞	7487-94-7	1844	三氯化硼	10294-34-5
1465	氯化钴	7646-79-9	1847	三氯化砷	7784-34-1
1473	氯化镍/氯化亚镍	7718-54-9	1850	三氯化铁/氯化铁	7705-08-0
1474	氯化铍	7787-47-5	1897	三溴化磷	7789-60-8
1475	氯化氢[无水]	7647-01-0	1909	三氧化二氮/亚硝酐	10544-73-7
1477	氯化铜	7447-39-4	1911	三氧化二磷/亚磷酸酐	1314-24-5
1480	氯化锌	7646-85-7	1912	三氧化(二)砷/白砒;砒霜;	1327-53-3
1494	氯化亚汞/甘汞	10112-91-1	1913	三氧化铬[无水]/铬酸酐	1333-82-0
1495	氯化亚铊/一氯化铊	7791-12-0	1914	三氧化硫[稳定的]/硫酸酐	7446-11-9
1497	氯磺酸	7790-94-5	1924	砷	7440-38-2
1530	氯酸铵	10192-29-7	1926	砷化镓	1303-00-0
1533	氯酸钾(特别管控)	3811-04-9	1927	砷化氢(剧毒)/砷化三氢;胂	7784-42-1
1535	氯酸钠(特别管控)	7775-09-9	1929	砷酸	7778-39-4
1536	氯酸溶液[浓度≤10%]		1930	砷酸铵	24719-13-9
1542	氯酸银	7783-92-8	1933	砷酸二氢钠	10103-60-3
1572	镁	7439-95-4	1934	砷酸钙	7778-44-1
1575	锰酸钾	10294-64-1	1938	砷酸钠/砷酸三钠	13464-38-5
1582	钠/金属钠	7440-23-5	2023	四氟化硅/氟化硅	7783-61-1
1605	硼氢化钾/氢硼化钾	13762-51-1	2051	四氯化硅/氯化硅	10026-04-7
1608	硼氢化钠/氢硼化钠	16940-66-2	2054	四氯化铅	13463-30-4
1609	硼酸	10043-35-3	2055	四氯化钛	7550-45-0

续表

编号	品名/别名	CAS 号	编号	品名/别名	CAS 号
2059	四氯化锡五水合物	10026-06-9	2313	硝酸镍/二硝酸镍	13138-45-9
2060	四氯化锗/氯化锗	10038-98-9	2319	硝酸铅	10099-74-8
2087	四氧化锇(剧毒)/锇酸酐	20816-12-0	2329	硝酸铁/硝酸高铁	10421-48-4
2088	四氧化二氮	10544-72-6	2332	硝酸亚汞	7782-86-7
2089	四氧化三铅/红丹;铅丹;铅橙	1314-41-6	2340	硝酸银	7761-88-8
2103	铊/金属铊	7440-28-0	2358	锌粉	7440-66-6
2107	碳化钙/电石	75-20-7	2361	溴/溴素	7726-95-6
2112	碳酸铍	13106-47-3	2401	溴化氢	10035-10-6
2113	碳酸亚铊	6533-73-9	2416	溴酸	7789-31-3
2115	碳酰氯(剧毒)/光气	75-44-5	2419	溴酸钾	7758-01-2
2118	羰基镍(剧毒)/四羰基镍	13463-39-3	2444	亚磷酸	13598-36-2
2121	锑粉	7440-36-0	2450	亚硫酸	7782-99-2
2149	五氯化磷	10026-13-8	2451	亚硫酸氢铵/酸式亚硫酸铵	10192-30-0
2153	五氯化锑/过氯化锑;氯化锑	7647-18-9	2455	亚硫酸氢钠/酸式亚硫酸钠	7631-90-5
2157	五羰基铁(剧毒)/羰基铁	13463-40-6	2457	亚氯酸钙	14674-72-7
2160	五氧化二碘/碘酐	12029-98-0	2458	亚氯酸钠	7758-19-2
2162	五氧化二磷/磷酸酐	1314-56-3	2462	亚砷酸钠/偏亚砷酸钠	7784-46-5
2163	五氧化二砷/砷酸酐;五氧化砷	1303-28-2	2470	亚硒酸	7783-00-8
2164	五氧化二锑/锑酸酐	1314-60-9	2477	亚硒酸氢钠(剧毒)/重亚硒酸钠	7782-82-3
2188	硒	7782-49-2	2487	亚硝酸铵	13446-48-6
2191	硒化氢[无水]	7783-07-5	2491	亚硝酸钾	7758-09-0
2195	硒酸	7783-08-6	2492	亚硝酸钠	7632-00-0
2197	硒酸钾	7790-59-2	2507	盐酸/氢氯酸	7647-01-0
2198	硒酸钠(剧毒)	13410-01-0	2528	氧[压缩的或液化的]	7782-44-7
2283	硝酸盐酸/王水	8007-56-5	2529	氧化钡/一氧化钡	1304-28-5
2285	硝酸	7697-37-2	2533	氧化汞(剧毒)/黄升汞;红降汞	21908-53-2
2288	硝酸钡	10022-31-8	2535	氧化钾	12136-45-7
2291	硝酸铋	10361-44-1	2536	氧化钠	1313-59-3
2294	硝酸钙	10124-37-5	2539	氧化亚汞/黑降汞	15829-53-5
2296	硝酸镉	10325-94-7	2541	氧化银	20667-12-3
2297	硝酸铬	13548-38-4	2559	一氧化氮	10102-43-9
2298	硝酸汞/硝酸高汞	10045-94-0	2561	一氧化二氮[压缩或液化]/笑气	10024-97-2
2299	硝酸钴/硝酸亚钴	10141-05-6	2562	一氧化铅/氧化铅;黄丹	1317-36-8
2303	硝酸钾	7757-79-1	2563	一氧化碳	630-08-0
2306	硝酸锂	7790-69-4	2626	乙硼烷/二硼烷	19287-45-7
2308	硝酸铝	7784-27-2	2790	正磷酸/磷酸	7664-38-2
2309	硝酸镁	10377-60-3	2815	重铬酸铵/红矾铵	7789-09-5
2310	硝酸锰/硝酸亚锰	20694-39-7	2817	重铬酸钾/红矾钾	7778-50-9
2311	硝酸钠	7631-99-4	2824	重铬酸银	7784-02-3

注：1. "编号"是指国家颁布的《危险化学品目录（2015 年版）》中的编号，更多的危险化学品信息请查阅该目录。

2. "CAS 号"是指美国化学文摘社为一种化学物质指定的唯一索引编号。

3. "特别管控"是指被列入 2020 年国家颁布的《特别管控危险化学品目录》中的无机物危险化学品。

参 考 文 献

[1] 北京师范大学,等. 无机化学实验. 4版. 北京:高等教育出版社, 2016.
[2] 华南理工大学无机化学教研室. 无机化学实验. 北京:化学工业出版社, 2009.
[3] 中山大学,等. 无机化学实验. 3版. 北京:高等教育出版社, 1992.
[4] 武汉大学化学与分子科学学院实验中心. 无机化学实验. 武汉:武汉大学出版社, 2002.
[5] 袁书玉. 无机化学实验. 北京:清华大学出版社, 1995.
[6] 南京大学大学化学实验教学组. 大学化学实验. 3版. 北京:高等教育出版社, 2018.
[7] 浙江大学大学化学系组. 大学化学基础实验. 2版. 北京:科学出版社, 2010.
[8] 刘晓薇. 实验化学基础. 北京:国防工业出版社, 2005.
[9] 袁天佑,吴文伟,王清. 无机化学实验. 上海:华东理工大学出版社, 2005.
[10] 古国榜,李朴. 无机化学. 2版. 北京:化学工业出版社, 2007.
[11] 仝克勤. 基础化学实验. 北京:化学工业出版社, 2007.
[12] 吴俊生. 大学化学基础实验. 北京:化学工业出版社, 2006.
[13] 呼世斌. 无机及分析化学实验. 3版. 北京:高等教育出版社, 1998.
[14] 蔡维平. 基础化学实验(一). 北京:科学出版社, 2004.
[15] 李于善. 无机化学实验. 北京:中国水利水电出版社, 2007.
[16] 张其颖,王麟生,陈波. 元素化学试验. 上海:华东师范大学出版社, 2006.
[17] 曹凤岐. 无机化学实验与指导. 2版. 北京:中国医药科技出版社, 2006.
[18] 王林山,张霞. 无机化学实验. 北京:化学工业出版社, 2004.
[19] 罗士平,陈若愚. 基础化学实验:上. 北京:化学工业出版社, 2005.
[20] 张勇. 现代化学基础实验. 2版. 北京:科学技术出版社, 2005.
[21] 周锦兰,张开诚. 实验化学. 武汉:华中科技大学出版社, 2005.
[22] 北京大学化学系分析化学教研组. 基础分析化学实验. 2版. 北京:北京大学出版社, 1998.
[23] 蔡明招. 分析化学实验. 北京:化学工业出版社, 2004.
[24] 夏玉宇. 化验员实用手册. 2版. 北京:化学工业出版社, 2008.
[25] 方惠群,于俊生,史坚. 仪器分析. 北京:科学出版社, 2002.
[26] 黄晓钰. 食品化学综合实验. 北京:中国农业大学出版社, 2002.
[27] 岩石矿物分析编写小组. 岩石矿物分析. 北京:地质出版社, 1974.
[28] 全国化学标准技术委员会化学试剂分会等. 化学工业标准汇编化学试剂. 北京:中国标准出版社, 2001.
[29] 北京师范大学《化学试验规范》编写组. 化学试验规范. 北京:北京师范大学出版社, 1987.
[30] 夏玉宇. 化学实验室手册. 北京:化学工业出版社, 2006.
[31] 刘海涛等. 无机材料合成. 北京:化学工业出版社, 2003.
[32] Zhan S Z, Yu K B, Liu J. Chem. Commun., 2006, 9:1007-1010.
[33] 朱祖芳. 铝合金阳极氧化与表面处理技术. 北京:化学工业出版社, 2008.
[34] 唐宗薰. 中级无机化学. 北京:高等教育出版社, 2003.
[35] 严业安. 多钨酸盐阴离子结构浅析. 大学化学, 2008, 23(3):60-63.
[36] 武汉大学,等. 分析化学. 下册. 5版. 北京:高等教育出版社, 2007.
[37] Zuin Fantoni, Molphy Z, Slator C, et al. Chem. Eur. J., 2019, 25:221-237.
[38] 阮殿波. 动力型双电层电容器:原理、制造及应用. 北京:科学出版社, 2018.
[39] 黄惠忠. 纳米材料分析. 北京:化学工业出版社, 2003.

[40] GB 11906—89. 北京：国家标准出版社，1989.
[41] Wieser M E, Holden N, Coplen T B, et al. Pure Appl. Chem., 2013, 85 (5): 1047-78.
[42] Zhu Y W, Murali S, Stoller M D, et al. Science, 2011, 332: 1537-1541.
[43] Bonaccorso F, Colombo L, Yu G, et al. Science, 2015, 347: 1246501-9.
[44] Tao Z, Yan L, Qiao J, et al. Progress in Materials Science, 2015, 74: 1-50.
[45] Abdullayev A, Bekheet M, Hanaor D. Membranes, 2019, 9: 105.
[46] Trova M P, Gauuan P J F, Pechulis A D, et al. Bioorg. Med. Chem., 2003, 11 (13): 2695-2707.
[47] Terazono Y, North E J, Moore A L, et al. Org. Lett., 2012, 14 (7): 1776-1779.
[48] Zhu X, Yang W. Advanced Materials, 2019, 31: 1902547-1902567.
[49] Sunarso J, Baumann S, Serra J, et al. Journal of Membrane Science, 2008, 320 (1): 13-41.
[50] Xue J, Weng G, Chen L, et al. Journal of Membrane Science, 2019, 573: 588-594.
[51] Kleitz F, Choi S H, Ryoo R. Chem. Commun., 2003, 17: 2136-2137.
[52] Choudhary V R, Jha R, Chaudhari N K, Jana P. Catal. Commun., 2007, 8: 1556-1560.
[53] Lu X N, Yuan Y Z. Appl. Catal. A: General., 2009, 365: 180-186.
[54] Li B T, Luo X, Huang J, et al. Chin. J. Catal., 2017, 38: 518-528.